方正飞翔跨媒介出版实用教程

杨雷鸣 贾皓 梅林 李谦 编著

清華大学出版社
北京

内容简介

本书结合我国书刊版面编排的实际情况，以跨媒介内容创意编排设计工具方正飞翔的应用和操作为切入点，由浅入深、从理论到实践，讲解书刊出版物版面设计编排的实际生产流程、排版基础知识、软件的应用方法，内容突出"实用性"，注重实际应用场景及工具操作与使用技巧的介绍。

本书主要面向出版行业的编辑、美编、排版人员、出版传媒相关专业学生、版式设计爱好者。读者可以通过本书了解图书出版的工作流程与专业规范、版式设计基础知识、软件应用方法与技巧等内容，并将其作为提升自我、获得从业知识与技能的渠道。本书配有软件操作微课视频，扫描书中二维码即可参考使用。

图书在版编目（CIP）数据

方正飞翔跨媒介出版实用教程/杨雷鸣等编著．—北京：清华大学出版社，2022.10
ISBN 978-7-302-61595-8

Ⅰ．①方…　Ⅱ．①杨…　Ⅲ．①电子排版—应用软件—教材　Ⅳ．①TS803.23

中国版本图书馆CIP数据核字（2022）第144351号

责任编辑：张　弛
封面设计：刘　键
责任校对：刘　静
责任印制：宋　林

出版发行：清华大学出版社
网址：http://www.tup.com.cn，http://www.wqbook.com
地址：北京清华大学学研大厦A座　　**邮　编**：100084
社总机：010-83470000　　**邮　购**：010-62786544
投稿与读者服务：010-62776969，c-service@tup.tsinghua.edu.cn
质量反馈：010-62772015，zhiliang@tup.tsinghua.edu.cn
印 装 者：天津安泰印刷有限公司
经　　销：全国新华书店
开　　本：185mm×260mm　　**印　张**：12.75　　**字　数**：300千字
版　　次：2022年12月第1版　　**印　次**：2022年12月第1次印刷
定　　价：49.00元

产品编号：095514-01

前　　言

近年来，媒体深度融合进程加快，信息革命加速演进，数字技术快速发展，媒介形态、传播技术、受众对象正在发生着深刻的变化。围绕着出版物的内容创新、形式创新、流程创新的不断涌现，一方面促进着出版行业新技术、新机制、新模式的不断产生，推动生产工具的迭代，生产技术的进步；另一方面也对传统出版行业的人才培养和从业者队伍建设提出了更高的要求。

在出版物的生产过程中，编审、排版、印制是非常重要的三个环节和组成部分，三者相互影响、有机结合，共同决定着出版物的生产效率和质量。而在出版行业发生深刻变化的今天，如何在保证质量和效率的前提下，进一步发挥出版物的内容优势，以便在纸质出版物推出的同时，满足数字化内容创作和产品经营的需要，还需回到出版物的生产流程中寻求创新与突破。

本书由北京北大方正电子有限公司组织编写，凭借版面编排方面的技术积淀，以及对出版行业发展需要、用户应用场景的充分了解，立足于纸质排版、跨媒介版面内容编排的生产环节，出版单位和相关从业者的需求与痛点，基于方正飞翔国产排版软件，对排版技巧和多元出版物的版面编排、多元内容制作、输出与发布提供创新思路、实践指导和实操指南。

本书主要介绍跨媒介内容创意编排设计工具——方正飞翔，该工具针对图书、期刊等纸质出版物的版面编排设计，以及ePub电子书、流版结合HTML5电子书刊的制作、输出与发布，提供专业的工作环境与版面设计功能。与此同时，方正飞翔属于北京北大方正电子有限公司自主研发的跨媒介内容创意编排工具集。这一工具集秉持专业易用、智能高效、融合开放的设计理念，全面支持传统排版与多形态数字内容发布，提供以方正飞翔、方正飞翔数字版、方正飞翔云阅读为主打产品的一站式、跨媒介内容创意编排发布解决方案，以满足新闻出版单位多平台、跨媒介、纸电同步的全方位应用需求。在本书中，读者会从实际的学习和实践过程中体会“一元制作、多元发布”“融合出版”“跨媒介版面创意制作”“智能高效处理”的产品设计理念和实际排版功能。这也正是本书通过工具实操指导，传达给读者的“多元内容形式和生产流程创新”的主题应有之义。

本书是一本书刊排版的实用教程，结合我国书刊出版物版面编排中的实际情况，以方正飞翔的应用和操作为切入点，由浅入深、从理论到实践，讲解出版行业出版物版面设计编排的实际生产流程、排版基础知识、排版软件的应用方法。本书格外注重技术常识的讲解，以及软件应用的实际操作与使用技巧的介绍，内容上主要突出实际排版过程中的“实用性”。本书主要面向出版行业的编辑、美编、排版人员、出版传媒相关专业学生、版式设计爱好者。读者可以通过本书了解到图书出版的工作流程与专业规范、版式设计基础知识、软件应用方法与技巧等内容,并将其作为提升自我、获得从业知识与技能的渠道。

本书由北京北大方正电子有限公司杨雷鸣、贾皓、梅林、李谦编著。

在本书的编写过程中,杨雷鸣主要编写第8章、第9章,以及文稿的汇总、统稿,并为本书提供指导;梅林主要编写第3章至第5章,以及第11章实践任务一和任务三;李谦主要编写第6章、第7章以及实践任务四和任务五;贾皓主要编写第1章、第2章、第10章和第11章、实践任务二,并进行各章学习目标的梳理和编写。

为了突出实用教程帮助读者“学以致用”的目标,本书在设计方面,与市面同类图书有所不同。首先,在实操排版环节,本书在各章节排版知识与实操技能的讲解之后,规划了综合实践案例,采用业内比较常见的书刊出版物版面,如科技图书、教辅图书、文字图书、期刊等,讲解排版的实现过程及操作,对前文讲解的内容升华点睛。另外,本书在各个章节中,伴随软件实操的图文讲解,配套操作讲解短视频,读者可使用微信扫描书中的二维码查看视频,有助于快速掌握软件的应用方式与使用技巧。除了操作讲解短视频外,本书涉及的实操讲解案例,均具备配套的实操素材,读者可按照图书的内容,边看边操作。在综合实践案例的章节中,配套与综合案例相关的实践练习题,读者可以使用练习题中的素材,通过排版练习题提供的场景和版面结果边学边练,达到举一反三、进一步提升排版技能的目的。

编著者

2022年7月

目　录

第1章
书刊排版的基础知识与技术常识

学习目标：

1. 熟悉书刊排版工作中涉及的工具和文件格式。
2. 了解书刊的基本构成，以及各部分构成要素的特点。
3. 深入理解书刊排版中涉及的术语与概念。
4. 深入理解书刊排版的相关规范、各类元素在排版中的处理方式。
5. 熟悉书刊印刷与排版的关系，以及涉及排版环节的相关知识和注意事项。

第1节　书刊排版涉及的工具与技术

本节会介绍书刊排版过程中一定会接触或涉及的工具和技术。一方面书刊排版工作需要对这些工具的功能和在书刊排版过程中承担的角色有一定了解；另一方面还需对与书刊排版相关的技术有所掌握，这样才能更好、更轻松地完成书刊的排版工作。

一、文本编辑技术与文本处理工具

文本编辑技术通常是指对文本进行内容录入、修改、格式编辑等操作，与之相关的工具就是我们在工作中最常使用的文本处理工具。在本书中，我们介绍两个工具，这两个工具均是Microsoft Office套件中的工具，一个是Word，主要用于文本编辑和格式处理；另一个是Excel，主要用于表格制作和编辑。

（一）Word

Microsoft Word是微软公司研发的用于文字处理的应用程序。Word充分利用Windows系统图形界面的优势，具有丰富的文字处理功能，提供菜单和图标的操作方式，易学易用。目前，Word软件已成为用户广泛使用的字表处理软件。Microsoft Word软件的操作界面如图1-1-1所示。

图1-1-1　Microsoft Word软件操作界面

Word的首要功能就是文字编辑功能。利用Word软件可以编排文档,包括在文档上编辑文字、图形、图像等数据,还可以插入来源不同的其他数据源信息。此外,Word软件还提供了绘图工具,可以制作图形、设计艺术字、编写数学公式等,满足用户多方面的文档处理需求。在一些特殊元素的编辑方面,Word也能够满足用户的基础编辑。例如,Word软件具备基础的表格编辑功能,通过自动制表或手动制表,可以制作多种类型的表格,包括柱形图、折线图等。而且在Word中可以设置页眉、页脚、页码,也可以进行分栏编排。

在书刊出版领域,作者提供的原稿一般都是Word文档编辑的.doc或.docx格式,因此对Word文档,以及作者写作原稿中使用的特殊功能的了解,就显得至关重要。

（二）Excel

Microsoft Excel是微软公司的办公软件Microsoft Office的套件之一,它可以进行各种数据的处理,具备很多表格的编辑、运算等功能,主要应用于会计专用、预算、账单和销售、报表、计划跟踪、日历等。Microsoft Excel软件的操作界面如图1-1-2所示。

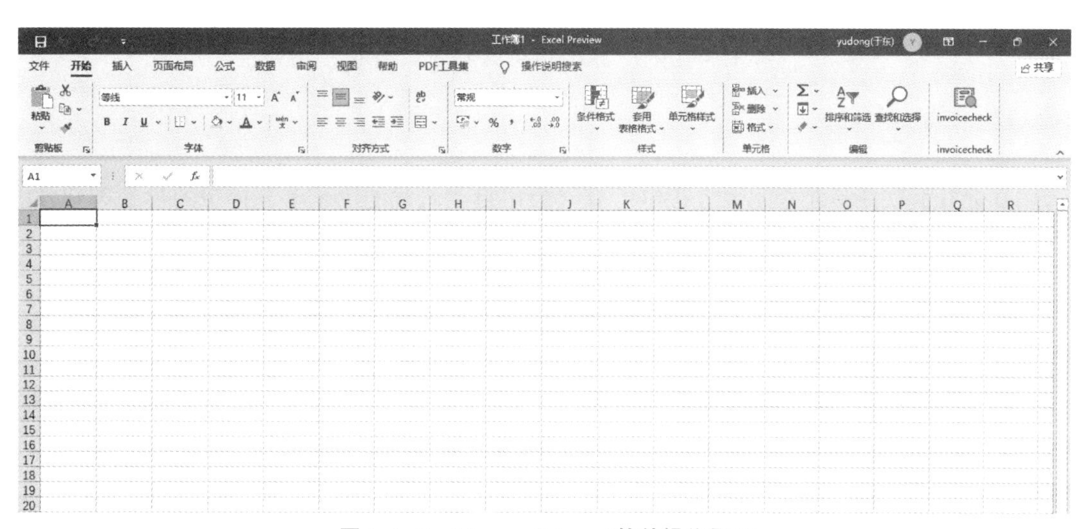

图1-1-2　Microsoft Excel软件操作界面

Excel在制表和运算领域具有较大优势的原因是,其中有大量的公式函数可以应用选择,使用Excel可以执行计算,分析并管理电子表格或网页中的数据信息列表与数据资料图表,可以实现许多方便的功能,因此有很多研究人员,通常把Excel作为科学统计辅助的工具。也正是基于此,书刊在出版过程中,尤其是科技书刊在出版过程中,经常会遇到作者使用Excel制作的表格文件作为原稿的一部分。

二、计算机排版技术与方正排版软件

计算机排版技术主要指使用计算机的排版软件功能以及计算机字库,实现一定的版面效果并提供成品进行版面印刷。事实上,计算机排版技术涉及的范围也比较广泛,以排版技术为主,兼顾文字图像处理。下文介绍方正计算机排版技术的起源和发展,以及方正历代排版软件的技术特点。

提到方正计算机排版技术，不得不提王选院士。王选院士的“汉字激光照排系统”不仅使古老汉字在计算机世界涅槃重生，而且以大规模商业应用验证了“产学研模式”的强大生命力。1975年，王选院士开始主持我国计算机汉字激光照排系统和后来的电子出版系统的研究开发，针对汉字印刷的特点和难点，发明了高分辨率字形的高倍率信息压缩技术和高速复原方法，在世界上首次使用控制信息描述笔画特性，率先设计出相应的专用芯片，并获一项欧洲专利和八项中国专利，跨越当时日本流行的二代机和欧美流行的三代机阶段，开创性地研制成功当时国外尚无商品的第四代激光照排系统，引发了我国出版印刷业“告别铅与火、迎来电与光”的技术革命，被公认为“毕昇发明活字印刷术后中国印刷技术的第二次革命”，成为我国自主创新和用高新技术改造传统行业的典范，也为信息时代汉字和中华民族文化的传播与发展创造了条件。

此后，王选院士又提出并领导研制了大屏幕中文报纸编排系统、远程传版技术、彩色中文激光照排系统、新闻采编流程管理系统和直接制版系统等，这些成果达到国际先进水平，在国内外得到迅速推广应用。在此，我们主要介绍与方正与书刊排版相关的两类内容制作产品，一是方正书版，二是方正飞翔跨媒介内容创意编排工具集。

（一）方正书版

方正书版软件是北京北大方正电子有限公司自主研发的用于书刊排版的批处理软件。方正书版从20世纪90年代初的方正书版6.0，历经了7.0、9.1、2008、11.0版本，软件采用批处理的排版方式，排版速度快，支持超大字库，排版结果简洁、规范，适用于期刊、辞书、典籍、科技类书刊的编辑和排版。方正书版软件界面如图1-1-3所示。

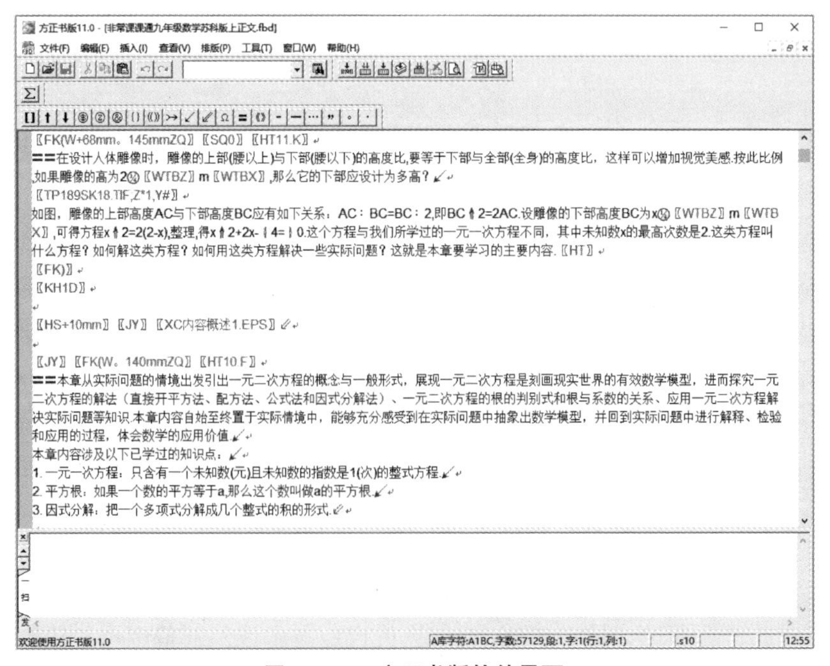

图1-1-3　方正书版软件界面

（二）方正飞翔跨媒介内容创意编排工具集

基于方正电子在版面编排方面的技术积淀，以及对行业发展需要、用户应用场景的充分了解，方正飞翔于2021年全新推出“跨媒介内容创意编排工具集”，围绕满足出版传媒单位多平台、跨媒介、纸电同步的内容制作及发布需求，推出纸质出版物、数字出版物、互联网出版物制作与发布的一站式解决方案，工具集的构成如图1-1-4所示。

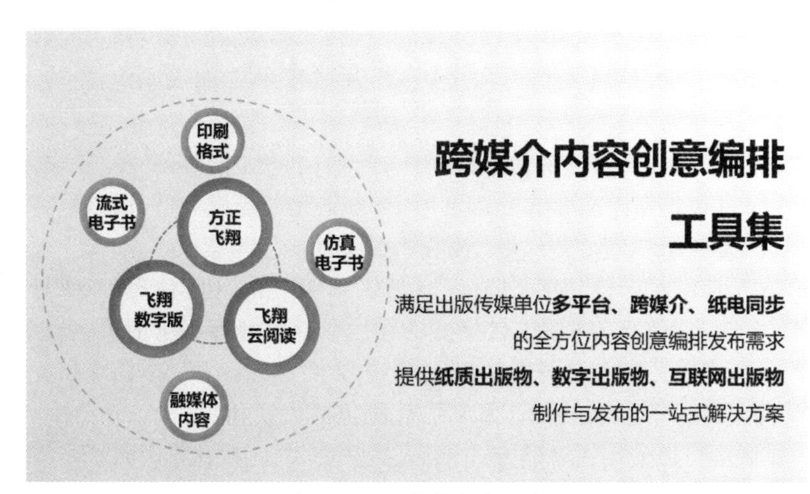

图1-1-4　方正飞翔跨媒介内容创意编排工具集

1. 方正飞翔

方正飞翔是跨媒介内容创意编排软件，针对图书、期刊等纸质出版物的版面编排设计，以及ePub电子书、流版结合HTML5电子书刊的制作、输出与发布，提供专业的工作环境与版面设计功能。方正飞翔软件界面如图1-1-5所示。方正飞翔的功能特色如下。

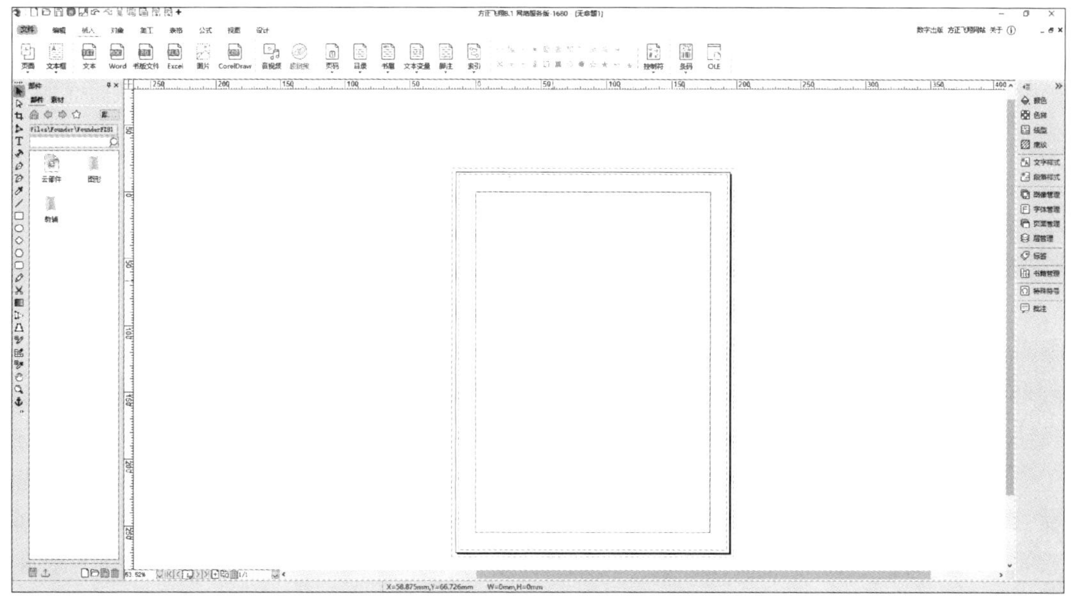

图1-1-5　方正飞翔软件界面

（1）数字出版专属功能。提供数字出版专属入口和专项功能，基于方正飞翔排版文件生产数字内容，可通过“数字出版”选项，无缝对接并发布流版结合HTML5电子书刊，实现两微一端及多平台发布传播；可输出ePub流式电子书，文件符合ePub2.0、3.0的标准，内容和文件结构满足主流电商平台上架要求；速度更快、质量更高，支持电子读物的发布与运营。

（2）审阅模式。基于方正飞翔排版软件，为排版和编审提供统一的工作环境，减少文件格式转换中的内容误差和损失。内置版面设计和编辑审阅两种工作环境，审阅模式为编辑人员提供极简工作环境，遵循Word文档编辑的习惯，具备基础编辑功能、内容和图片的批注能力。根据批注内容，排版人员可在排版、修改过程中实现快速定位，全面、准确、无疏漏。

（3）全面兼容Word。支持Word文件的导入与输出，包含图、文、表、公式、脚注等元素的Word文件可以将版式与样式导入方正飞翔中；方正飞翔排版文件，可以保留排版的完整内容与样式，输出为Word文件，便于生产流程中的文档协作与交换。

（4）多元格式兼容。支持PDF、FBD、EPS、TIF、BMP、JPG和GIF等15种文件格式的导入；支持PS、JPG、EPS、DOCX等9种文件格式的输出。通过兼容OLE对象，可以支持多种应用程序的文件。兼容以往版本飞腾文件、飞腾创艺文件、书版小样文件，支持在方正飞翔中进行二次编辑，为过往排版文件再加工和数字化提供更大便利。

（5）公式排版。可以使用拼音的方式，录入数学公式、无机化学公式、原子结构、有机化学公式，全面支持导入Mathtype公式和OMath公式，录入过程中，可自动进行正体识别。与此同时，支持公式自定义布局参数调整，可调整数学公式、无机化学公式的字符间距、内容对齐方式、符号偏移量、特殊符号延伸量等多元参数，实时预览，一键应用。提供公式全局设置，可对版面已有公式和新公式同时生效。公式符号参考《作者编辑常用标准及规范（第三版）》，字形效果在贴合专业规范的同时，进一步提高美观度。

（6）智能查找替换。支持对文本和公式进行查找替换，可用格式自定义组合、正则表达式的方式进行查找替换；支持公式内字符，及字符正斜体的查找替换。

（7）中文排版规范与特色。可以快捷定义和应用中文排版的版面规范，禁排处理、立地调整、对位排版、单字不成行、禁止背题等版面规范可一键应用实现，具备拼注音、拆笔画、叠题、折接、割注等中文排版特色功能。

2. 方正飞翔数字版

方正飞翔数字版是HTML5融媒体互动作品制作和发布的创意工具，与方正飞翔数字版功能无缝衔接，方正飞翔HTML5云服务为用户的HTML5作品提供云端预览、管理、发布的一体化中心，包括作品展示专区、模板专区、数据收集与分析等。在方正飞翔数字版中，编辑工具、互动组件均以模块化的形式呈现，帮助传媒出版行业从业者便捷完成多种交互效果的HTML5作品制作。方正飞翔数字版与HTML5云服务界面如图1-1-6所示。方正飞翔数字版的功能特色如下。

（1）丰富的互动组件。音视频、虚拟现实、图片扫视、图像对比、图像序列、滚动内容、画廊、按钮、逻辑判断、擦除、弹出内容、动画、超链接等功能，无须程序脚本开发，便捷实现创意效果；支持自定义按钮动作，能够一次触发多个动作，并可设置逻辑条件，在不同的条件下触发不同的动作；提供合成图片功能，可以设置用户端操作，体验结果保存为图片。

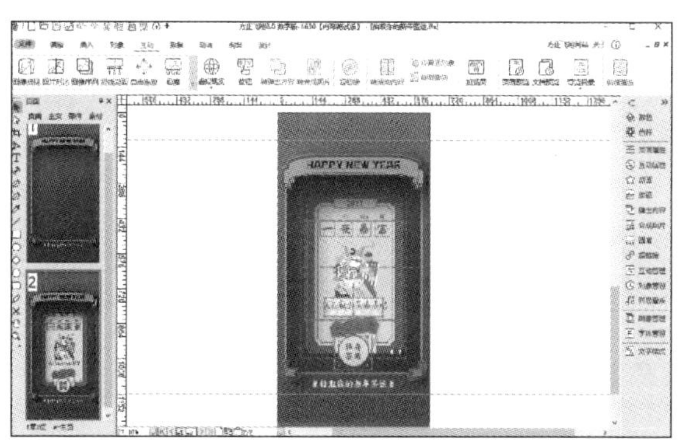

图1-1-6　方正飞翔数字版与HTML5云服务界面

（2）多样的动画效果。提供动画选项卡，支持进入、强调、退出三种不同类型的预设动画效果，包含上百种动画效果；路径动画、形变动画、形变路径功能，可实现随心所欲地自主设计制作动画效果；个性化的HTML5加载页面，支持进度条、进度环、旋转、条状、饼状、百分比六种加载页风格，全方面支持背景、进度条、Logo的自定义。

（3）高效的数据服务。支持文本、单选、复选、列表、照片5种类型的表单数据收集，并提供云端查看与数据导出服务；可在HTML5作品中展示读者或转发者的微信头像、昵称、填写提交的数据信息；提供接力计数、计时器的功能，可使用数据服务打造更多的创意场景。

3. 方正飞翔云阅读

方正飞翔云阅读是流版结合HTML5电子书刊的在线编辑发布平台，可无缝对接方正飞翔，发布流版结合电子书刊，也可直接基于网页，一键将PDF文件发布为仿真电子书刊。两种电子书刊呈现方式各有千秋，均可以实现在PC端、移动端自动适配、跨平台传播。方正飞翔云阅读平台首页界面如图1-1-7所示。方正飞翔云阅读的功能特色如下。

图1-1-7　方正飞翔云阅读平台首页界面

（1）多种发布方式。支持以二维码图片、网页链接、嵌入代码、自动生成海报4种方式发布和阅读电子书刊，便于在两微一端和多元的第三方平台上快速分享和传播。

（2）个性化的书刊效果。配合电子书刊的发布，可以定义个性化的书刊内容和呈现效果，如分享描述、目录跳转、内容检索、书刊背景、翻页音效等。

(3) 运营数据统计。在方正飞翔云阅读的后台，制作者可以看到特定作品的详细运营数据，如浏览量、访客量、分享数、访客地域分布、访客阅读设备等，以更精准定位到阅读用户，方便更进一步的内容运营与用户运营，如图1-1-8所示。

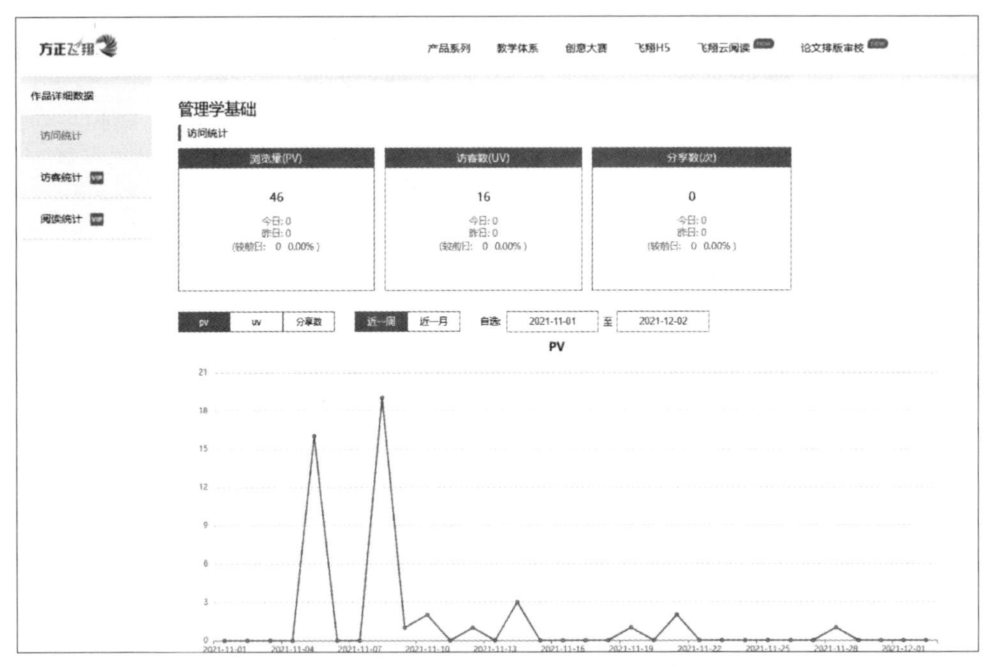

图1-1-8 方正飞翔云阅读运营数据统计

(4) 书架包装与推广。支持将多本已发布书刊包装为书架专辑，进行集中展示，同步生成的专辑二维码、嵌入代码可应用于系列读物的推广。

三、图像的格式与图像处理软件

(一) 不同的图片格式及其技术特点

1. TIFF格式

TIFF格式(Tag Image File Format，标签图像文件格式，*.tif、*.tiff)是为桌上出版系统研制开发的一种较为通用的图像文件格式，也是现存图像文件格式中最复杂的一种，具有扩展性、方便性、客观性和可改性，是一种非常灵活的位图图像格式，得到几乎所有的绘图、图像处理、排版软件等应用程序的支持，并且几乎所有的桌面扫描仪都可以产生TIFF图像。TIFF文档的最大文件大小可达4 GB，可以以任何颜色深度存储单个光栅图像，被认为是印刷行业中受到支持最广的图形文件格式。

然而，这种格式的文件不适用于在Web浏览器中查看，而且TIFF文件的标准可以被研发者自行修改，因此并不是所有TIFF文件都与支持基本TIFF标准的程序兼容。

2. JEPG格式

JEPG格式(Joint Photographic Experts GROUP，联合图像压缩格式，*.jpg、*.jpeg)是最常

用的图像文件格式，这是一种有损压缩格式。JEPG是一种非常灵活的格式，具备根据压缩级别调节图像质量的功能，压缩级别可以从10∶1到40∶1。此外，JEPG格式支持CMYK、RGB和灰度颜色模式，因此这种格式应用非常广泛，特别是在网络和数字读物上。对于这种格式的文件，文件大小的压缩是以图像质量为代价的，因此压缩会造成图像质量的损失。另外，这种格式的文件不支持Alpha半透明通道。

3. PNG格式

PNG格式（Portable Network Graphics，可移植性网络图像，*.png）是一种位图文件存储格式，用来存储灰度图像时，这种格式的深度可多到16位，存储彩色图像时，深度可多到48位，并且还可存储多到16位的Alpha半透明通道。PNG使用无损数据压缩算法，一般应用于Java程序中，它的压缩比高，生成文件容量小，但遗憾的是，PNG格式只支持RGB颜色模式，不支持用于印刷的CMYK颜色模式。

4. PSD格式

PSD格式（Photoshop Document，Photoshop软件专用文件格式，*.psd）是Adobe公司的图像处理软件Photoshop的专用格式。这种格式可以存储Photoshop中的图层、通道、参考线、注解和颜色模式等信息。PSD格式在保存时会将文件压缩，以减少占用磁盘空间，但PSD格式所包含图像数据信息较多，因此比其他格式的图像文件还是要大得多。由于PSD文件保留了所有原图像数据信息，因而修改起来较为方便。需要注意的是，由于是Photoshop的专用格式，因此大多数排版软件不支持PSD格式的文件查看，并且只有Photoshop支持该格式的编辑。

5. BMP格式

由于BMP格式（Bitmap，位映射存储图片格式，*.bmp）是Windows环境中交换与图有关的数据的一种标准，因此在Windows环境中运行的图形图像软件都支持BMP图像格式。它采用位映射存储格式，除了图像深度可选1bit、4bit、8bit及24bit以外，不采用其他任何压缩，因此，BMP格式文件所占用的空间很大。

（二）图像处理软件

1. Adobe Photoshop

Photoshop是由美国Adobe公司开发的图像处理软件。Photoshop有很多功能，在图像、图形、文字、视频等各方面都有涉及，最主要的功能可分为图像编辑、图像合成、校色调色及特效制作四个部分，可以高效地进行图形图片设计与处理工作，深受广大平面设计人员和计算机美术爱好者的喜爱。Adobe Photoshop软件界面如图1–1–9所示。

2. Adobe Illustrator

Adobe Illustrator是由美国Adobe公司开发的制作矢量插画的软件。作为一款非常好的矢量图形处理工具，该软件主要应用于书籍插画、专业插画、多媒体图像处理和互联网页面的制作等，也可以为线稿提供较高的精度和控制，适合生产任何小型设计及大型的复杂项目。Adobe Illustrator软件界面如图1–1–10所示。

图 1-1-9　Adobe Photoshop 软件界面

图 1-1-10　Adobe Ilustrator 软件界面

3. CorelDRAW

CorelDRAW Graphics Suite是加拿大Corel公司的平面设计软件、矢量图形制作工具软件。这个图形工具软件给设计师提供了矢量动画、页面设计、网站制作、位图编辑和网页动画等多种功能。该图像软件包含两个绘图应用程序，一个用于矢量图及页面设计，另一个用于图像编辑，具有很强的交互式和灵活性。CorelDRAW软件界面如图1-1-11所示。

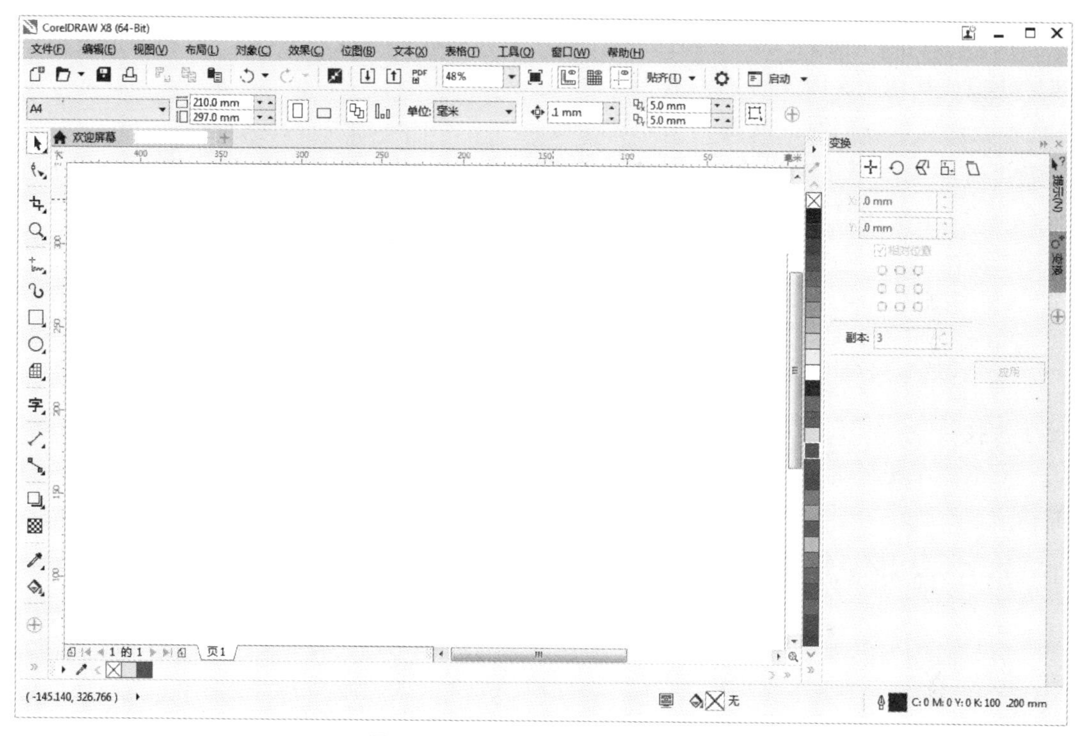

图1-1-11 CorelDRAW软件界面

第2节 排版的基础知识与要点

一、书刊构成与书刊排版

我们经常阅读书刊，也经常会看到书店中摆放和展示的平装书、精装书，但从排版的专业角度，书刊是由哪些部分构成的，每部分应该呈现什么内容，以何种思想进行版式设计和内容编排，这里的讲究和学问，还要从一本书的构成要素谈起。

（一）外表部分

（1）封面（又称封一、前封面、封皮、书面）印有书名、作者、译者姓名和出版社的名称。封面起到美化书刊和保护书芯的作用。

（2）封里（又称封二）是指封面的背页。封里一般是空白的，但在期刊中常用它来印目录或有关图片。

（3）封底里（又称封三）是指封底的里面一页。封底里一般为空白页，但期刊中常用它来印正文或其他正文以外的文字、图片。

（4）封底（又称封四、底封）：书刊在封底的右下方印统一书号和定价，期刊在封底印版权页，或用来印目录及其他非正文部分的文字、图片。

（5）书脊（又称封脊）是指连接封面和封底的书脊部。书脊上一般印有书名、册次（卷、集、册）、作者、译者姓名和出版社名，以便于查找。

图1-2-1展示了书刊外表各部分的名称与构成。

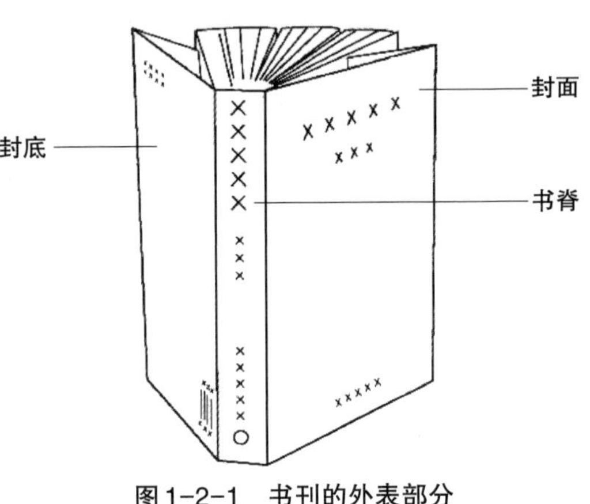

图1-2-1　书刊的外表部分

（二）前置部分

（1）扉页（又称里封面或副封面）是指在书籍封面或衬页之后、正文之前的一页。扉页上一般印有书名、作者或译者姓名、出版社和出版的年月等。扉页也起装饰作用，增加书籍的美观度。

（2）版权页指的是版本的记录页。按规定版权页记录有书名、作者或译者姓名、出版社、发行者、印刷者、版次、印次、印数、开本、印张、字数、出版年月、定价、书号等项目。书刊版权页一般印在扉页背页的下端。版权页主要供读者了解书刊的出版情况，常附印于书刊的正文前后。

（3）目录是书刊中章、节标题的记录，起到主题索引的作用，便于读者查找。目录一般放在书刊的正文之前，期刊中因印张所限，常将目录放在封二、封三或封四上。

（三）正文部分

（1）正文是书刊内容的主体部分，也是作者原稿和书刊的主要内容。书刊正文必须按照书刊的内容进行设计，不同性质的刊物应该有不同的特点。在正文排版中遵循“忠实于原稿”的原则。

（2）篇章页又称中扉页或隔页，指的是在正文各篇、章起始前排的，印有篇、编或章名称的一面单页，篇章页有时用带颜色的纸印刷来显示区别。

（3）插页指的是版面超过开本范围的、单独印刷插装在书刊内、印有图或表的单页；有时指的是版面不超过开本，纸张与开本尺寸相同，但用不同于正文的纸张或颜色印刷的书页。

（四）后附部分

索引分为主题索引、内容索引、名词索引、学名索引、人名索引等多种。索引属于正文以外部分的文字记载，一般用较小字号双栏排于正文之后。索引中标有页码以便于读者查找。在科技书中，索引的作用十分重要，它能使读者迅速找到需要查找的资料。

二、书刊排版工作中的术语与概念

排版工作主要集中于对出版物版面的制作，所谓书刊出版物的版面，指的是图书、期刊出版物的一面中图文部分和空白部分的组合，通过版面，我们可以看到书刊出版物一整面的内容，以及一面整体的版式设计。在书刊排版工作中，了解版面是由哪些要素构成的，是进行排版实践的理论基础，也对工作中与他人的沟通交流，以及顺利、规范地进行排版工作有极大帮助。

（一）版面与版面布局

（1）版面的大小称为开本，开本以全张纸为计算单位，每全张纸裁切和折叠多少小张就称多少开本。我国习惯上对开本的命名是以几何级数命名的。

（2）版心是指每面书页上的文字部分，包括章、节标题、正文以及图、表、公式等。

（3）版式是指书刊正文部分的全部格式，包括正文和标题的字体、字号、版心大小、通栏、双栏、每页的行数、每行字数、行距及表格、图片的排版位置等。

（4）版口是指版心左右上下的极限，在某种意义上即指版心。严格地说，版心是以版面的面积来计算范围的，版口则以左右上下的周边来计算范围。

（5）天头是指每面书页的上端空白处；

（6）地脚是指每面书页的下端空白处。

（二）文本排版

（1）横排本、直排本：横排本是指翻口在右，订口在左，文字从左至右，字行由上至下排印的版本；直排本是指翻口在左，订口在右，文字从上至下，字行由右至左排印的版本，一般用于古书。

（2）密排和疏排：密排是字与字之间没有空隙的排法，一般书刊正文多采用密排；疏排是字与字之间留有一些空隙的排法，大多用于低年级教科书及通俗读物，排版时应放大行距。

（3）通栏排、分栏排、破栏排：通栏是指以版心的整个宽度为每一行的长度，这是书籍常用的排版方法；有些书刊，特别是期刊和开本较大的书籍及工具书，版心宽度较大，为了缩短过长的字行，正文往往分栏排，有的分为两栏（双栏），有的三栏，甚至多栏；破栏又称跨栏，期刊大多是用分栏排的，这种在一栏之内排不下的图或表延伸到另一栏而占多栏的排法称为破栏排。

(4) 字距:字与字之间的空白距离。一般书刊的字距大都为所用正文字的五分之一宽度。

(5) 行距:两行文字之间的空白距离。在通常情况下,行距为所用正文字的二分之一高度,即占半个字空位。

(三) 页码相关概念

(1) 页码:书刊正文每一面都排有页码,一般页码排于书籍切口一侧,有时也居中排。

(2) 页:一个页码称为一面,一页即两面(正、反两个印面)。

(3) 暗页码又称暗码:指不排页码而又占页码的书页。一般用于超版心的插图、插表、空白页或隔页等。

(4) 另页起:一篇文章从单页码起排。如果第一篇文章以单页码结束,第二篇文章也要求另页起,就必须在上一篇文章的最后留出一个双码的空白面,即放一个空码,每篇文章要求另页起的排法,多用于单印本印刷。

(5) 另面起:一篇文章可以从单、双码开始起排,但必须另起一面,不能与上篇文章接排。

(四) 正文以外的文字说明

(1) 表注:表格的注解和说明,一般排在表下方,也有的排在表框之内,表注的行长一般不要超过表的宽度。

(2) 图注:插图的注解和说明。一般排在图题下面,少数排在图题之上。图注的行长一般不应超过图的宽度

(3) 注文:又称注释、注解,指对正文内容或对某一字词所做的解释和补充说明。对于注文的形式,一般按照注文位置分为四种注文形式:脚注,也称"面末注",把一个页面上的注文排于本面正文下脚,注文条目按正文中出现先后次序排列,便于对照阅读;页后注,也称"单码面末注",是把左右两个码上的注文,集中排在后一面的正文末;段后注,注文排在文章的每一段后面,形成注文与正文的夹排形式,有便于正文对照阅读的优点,适用于古文类注释频繁的书稿;书后注,把注文集中放在全书最后。

(4) 书眉:排在版心上部的文字及符号的集合,包括页码、文字和书眉线,主要的作用是检索篇章。

(五) 汉字字体与字号

(1) 字体:文字的风格式样。印刷用汉字字体通常可分成三种类型,第一类是基本字体:宋体、黑体、楷体、仿宋;第二类是基本字体的变体,如宋三体、书宋体、等线体等;第三类是艺术体,如隶书、魏碑、琥珀、综艺等。

(2) 字号:从字符的顶部到字符的底部之间的垂直距离。印刷用的字号有大小之分。尺寸规格以正方形的汉字为准,对于长或扁的变形字,则要用字的双向尺寸参数。汉字常用的字号单位有两种,一种是点数制,另一种是号数制。

（3）点数制：以磅为单位来计量字形大小的体制。“点”的英文是Point，音译为“磅”，我国的规定1磅相当于0.35毫米。

（4）号数制：以铅活字的大小用号来称谓的体制。常用的号数有九种：一号至七号，还有小五号和小四号。除了排版软件以外，在Word软件中，字号也是用号数制称谓的。

在排版过程中，偶尔也会涉及号数制与点数制的换算，这里提供常用号数对应的磅数，以便可以快速查询，如表1-2-1所示。

表1-2-1　常用号数对应的磅数

序　号	号　数	磅　数
1	—	72
2	大特号	63
3	特号	54
4	初号	42
5	小初号	36
6	大一号	31.5
7	一号	28
8	二号	21
9	小二号	18
10	三号	16
11	四号	14
12	小四号	12
13	五号	10.5
14	小五号	9
15	六号	8
16	小六号	6.875
17	七号	5.25
18	八号	4.55

第3节　书刊排版工作中的专业规范

排版原则在实际工作中要灵活使用，具体问题具体对待，既要有原则又要灵活。工艺设计人员以及排版操作人员只要完全掌握这些知识，就能使采用计算机排版软件排出的书刊更加美观。

一、书刊主体的排版规则

(一) 标题的排版规则

标题是一篇文章核心和主题的概括,其特点是字句简明、层次分明、美观醒目。书籍中的标题层次比较多,有大、中、小之别。书籍中最大的标题称之为一级标题,其次是二级标题、三级标题等。如本书最大的标题是章,则一级标题从章开始,二级是节,三级是目。标题的层次,表现出正文内容的逻辑结构,通常采用不同的字体、字号来加以区别,使全书章节分明、层次清楚,便于阅读。

(1) 标题的类别及其与正文的关系。另页标题必须从单码开始,下面可以接排正文,也可让标题单占一页,一般用于"部分"或"篇"级标题。另面标题为篇、章的一级标题所常用,表明下一篇文章的开始。另面标题,一般下面接排正文,可从单码起,也可从双码起。接排标题为低级标题所常用,如节、段、目等小标题,它是按正文行文次序接排的一种形式,可以使版面紧凑。接排标题可分为居中排、边排和顶格排等各种版式,以区分各级标题的不同层次。

(2) 标题的位置与禁止背题。以不与正文相脱离为原则。标题禁止背题,即必须避免标题排在页末与正文分排在两面上的情况。各种出版物对背题的要求也有所不同。有的出版要求二级标题下不少于三行正文,三级标题不少于一行正文。没有特殊要求的出版物,二、三级标题下应不少于一行正文。背题是指排在一面的末尾,并且其后无正文相随的标题。排印规范中禁止背题出现,当出现背题时应设法解决。解决的办法是在本页内加行、缩行或留下尾空而将标题移到下页。避免背题的方法是把上一面(或几面)的正文缩去一行,同时把下一面的正文移一行上来;或者把标题移到下一面的上端,同时把上一面(或几面)的正文伸出几行补足空白的地位,如实在不能补足,上一面的末端有一行空白是允许的。

(3) 标题的字体和字号。标题的字体应与正文的字体有所区别,既美观醒目又与正文字体协调。标题字和正文字如为同一字体,标题的字号应大于正文。标题的字体字号要根据书刊开本的大小来选用。一般说来,开本越大,字号也应越大。16开版面可选一号字或二号字作一级标题,32开版面可选用二号字或三号字作一级标题。应根据一本书中标题分级的多少来选用字号。多级标题的字号,原则上应按部、篇、章、节的级别逐渐缩小。常见的排法是:大标题用二号或三号,中标题用四号和小四号,小标题用与正文相同字号的其他字体。

(4) 标题的字距和行距。在排版中,所有标题都必须是正文行的倍数。标题所占位置的大小,视具体情况而定。篇幅较多的经典著作,正文分为若干部或若干篇,部或篇的标题常独占一页;一般书籍另面起排的一级标题,所占位置要大些,约占版心的四分之一。横排约占正文的六至七行,上空三、四行;下空二、三行。接排的一级标题约占四、五行;二级标题约占二、三行;三级标题约占一、二行。如一、二级标题或一、二、三级标题接连排在一起时，除上空不变外，标题和标题之间的行距要适当缩小。标题在一行排不下需要回行时，题与题之间二号字回行行间加一个五号字的高度；三号字行间加一个六号字的高度；四号字以下与正文相同。在标题排版中，标题占行和字间加空还没有统一标准。

（5）标题的长度。题序和题文一般都排在同一行，题序和题文之间空1字或1.5字。每一行标题不宜排得过长，最多不超过版心的五分之四，排不下时可以转行，下面一行比上面一行应略短些。同时应照顾语气和词汇的结构，不要故意割裂，当因词句不能分割时，也可下行长于上行。有题序的标题在转行时，次行要与上行的题文对齐；超过两行的，行尾也要对齐（行末除外）。题文的中间可以穿插标点符号，以用对开的为宜。题末除问号和叹号以外，一般不排标点符号。

（6）节以下的小标题一般不采用左右居中占几行的办法，改为插题，采用与正文同一号的黑体字排在段的第一行行头，标题后空一字，标题前空两字。

（二）正文的排版规则

（1）段首缩进。每段首行必须空两格，特殊的版式做特殊处理。

（2）行首禁排与行末禁排。每行之首不能是句号、分号、逗号、顿号、冒号、感叹号、引号、括号、模量号以及矩阵号等的后半个；非成段落的行末必须与版口平齐，行末不能排引号、括号、模量号以及矩阵号等的前半个。

（3）对位排版。双栏排的版面，如有通栏的图、表或公式时，则应以图、表或公式为界，其上方的左右两栏的文字应排齐，其下方的文字再从左栏到右栏接续排；在章、节或每篇文章结束时，左右两栏应平行；行数成奇数时，则右栏可比左栏少排一行字。

（4）不间断连字。在转行时，整个数码、连点、波折线、数码前后附加符号的内容必须在同一行中，保持连续、不间断。

（三）标点符号的排版规则

标点符号的排版方式，在某种程度上体现了一种排版物的版面风格，因此，排版时应仔细了解出版单位的工艺要求。目前标点符号排版规则主要有行首禁排和行末禁排。行首禁则又称防止顶头点，指的是在行首不允许出现句号、逗号、顿号、叹号、问号、冒号、后括号、后引号、后书名号；行末禁则，指的是在行末不允许出现前引号、前括号、前书名号。破折号“——”和省略号“……”不能从中间分开排在行首和行末。

对于中文的标点符号，在出版物中有几种特殊的、约定俗成的规范，目前已经体现在国家标准中，主要指的是以下几种中文跟标点的位置与占位方式。

（1）全角式：又称全身式，在全篇文章中除了两个符号连在一起时，前一符号用对开外，所有符号都用全角。

（2）开明式：凡表示一句结束的符号（如句号、问号、叹号、冒号等）用全角外，其他标点符号全部用对开。目前大多出版物用此法。

（3）行末对开式：这种排法要求凡排在行末的标点符号都用对开，以保证行末版口都在一条直线上。

(4) 全部对开式:全部标点符号(破折号、省略号除外)都用对开版。这种排版多用于工具书。

(5) 竖排式:在竖排中标点一般为全身,排在字的中心或右上角。

(6) 自由式:一些标点符号不遵循排版禁则,一般在国外比较普遍。

标点符号的排版禁则,一般采用伸排法和缩排法来解决。伸排法是将一行中的标点符号加开些,伸出一个字排在下行的行首,避免行首出现禁排的标点符号;缩排法是将全角标点符号换成对开的,缩进一行位置,将行首禁排的标点符号排在上行行末。

(四) 注文的排版规则

注文是在行文中需另加说明的文字,如“脚注”“页后注”“段后注”“书后注”等,一般应小于正文,用六号字排。在注文格式方面,一般有以下四种常用的排版格式。

(1) 起行顶格,回行齐肩。适用于注文条目多、注文长的文稿,成版后注文井然有序。

(2) 起行顶格,回行顶格。适用于多条目、条目中有分段的文稿。

(3) 起行缩格,回行顶格。适用于少条目、多段落类的文稿。

(4) 起行缩格,回行齐肩。适用于条目众多、注文简短的文稿。

二、插图的排版规则

以文字为主的书刊版面中的图称为插图。书刊中的插图是书刊版面的重要组成部分,是为了弥补文字的不足,能够直观、形象地说明问题,使读者能够获得更深刻的印象。在激光照排的排版工艺中,插图有两种排法,一种是留图空人工拼图,另一种是图片、文字同时排版,图文合一后输出。

(1) 插图的位置。通常正文中的插图应排在与其有关的文字附近,并按照先看见文字后见图的原则处理,文图应紧紧相连。如有困难,可稍前后移动,但不能离正文太远,只限于在本节内移动,图不能超越节题。图与图之间要适当排三行以上的文字,以做间隔,插图上下避免空行。版面开头宜先排三至五行文字后再排图。若两图比较接近可以并排,不必硬性错开反而造成版面凌乱。总之,插图排版的关键是在版面位置上合理安排插图,插图排版既要使版面美观,又要便于阅读。

(2) 插图的尺寸。当插图宽度超过版心的三分之二时,应把插图左右居中排,两边要留出均匀一致的空白位置,并且不排文字。也就是说,当插图的宽度超过版心的三分之二时,插图不串文字且居中排通栏。在特殊情况下,如有些出版物,版面要求有较大的空间,即使图较小,也要排通栏。而多数期刊则要求充分使用版面,4个字以上即可串文。辞典等工具书,为了节约篇幅,一般不留出空白边,图旁要尽量串文。

当插图宽度小于三分之二时,一般的排版原则是插图应靠边排。如果在一面上只有一个图,图名应放在切口的一边;如果有两个图,图名应对角交叉排,上图排在切口,下图排在订口,上下两图之间必须排有两行以上的通栏文字;如果有三个图,则应作三角交叉排,即将第一图及第三图排在切口,第二图排在订口。也可将第一、二图并列排通栏,第三图排在切口。

(3) 图序。图序是对插图按顺序进行编码的一种序号。书刊插图必须有图序。正文中的图统一用阿拉伯数字表示，可写为图1、图2……英文版的图序可写为Fig.1、Fig.2……对于科技书刊，如果每一篇（章）的插图较多，可按每一篇（章）独立编码。编码方法是在图序的数字前加上某篇（章）的序码，篇（章）号与图号用一个二分下脚点或短线隔开。图序的末尾一律不加标点符号，即使图序的后面有图名，也只能在图序与图名之间加一个空格隔开。

(4) 图名。习惯上，把图序和图名总称为图题。一般情况下，插图应有图名。图名置于图序之后，两者之间空一格。图名应简洁而准确地表达图的主题，一般以不超过15字为宜。图名较长时，其间允许有逗号、顿号等标点符号，但图名末尾一律不加标点符号。

(5) 图注。图注又称图说，它是图名所加的一种注释性说明。图注常用来说明图形中字符的含义。图注应排在图题图号的下方，末尾不加标点符号。

三、表格的排版规则

普通表格一般可分为表题、表头、表身和表注四个部分。表题由表序与题文组成，一般采用与正文字号小1字号的黑体字；表头由各栏头组成，表头文字比正文小1～2字号；表身是表格的内容与主体，由若干行、栏组成，栏的内容有项目栏、数据栏及备注栏等，各栏中的文字要求比正文小1～2字号；表注是表的说明，要求比表格内容小1字号。

(1) 表格中的横线称为行线，竖线称为栏线，行线和栏线均排正线。行线之间称为行，栏线之间称为栏。每行的最左边一行称为行头，每栏最上方一格称为栏头。行头所在的栏称为（左）边栏、项目栏或竖表头，即表格的第一栏；栏头是表头的组成部分，栏头所在的行称为头行，即表格的第一行。边栏与第二栏的交界线称为边栏线，头行与第二行的交界线称为表头线。

(2) 表格的四周边线称为表框线。表框线包括顶线、底线和墙线。顶线和底线分别位于表格的顶端和底部；墙线位于表格的左右两边。由于墙线是竖向的，故又称为竖边线。表框线均应排反线。一般的表格可不排墙线。

(3) 表格尺寸的大小受版心规格的限制，一般不能超出版心。表格的上下尺寸应根据版面的具体情况进行调整。

(4) 表格在文中的位置应该遵循“表随正文”的原则。表随文走。若由于版面所限，表格只能下推，不能前移。如果由于版面确实无法调整，确需逆转时，必须加上“见第×页字样”。表格所占的位置一般较大，因此多数表格是居中排。对于少数表宽度小于版心三分之二的表格，可采用串文排。串文排的表格应靠切口排，并且不宜多排。当有上下两表时，也采用左右交叉排。横排表排法与插图相同，若排在双页码上，表头应靠切口；排在单码上，则表头靠订口。

(5) 表内文字格式。表内字号的大小应小于正文字号，在科技书籍和杂志中表格文字多采用6号，有时也用小五号。表格的风格、规格（如表格的用线、表头的形式、计量单位等）

应力求全书统一。

(6) 表头。常见的表头有单层表头和双层表头。单层表头高度应大于表身的行距,双层表头的每层高度应等于或略大于表身的行距。若表身只有二、三行,而表头有较多层次,按照正常排法,会使表头的高度超过表身的高度,形成头大身小。此时则应该放宽表身的行间来加长表身,使表头和表身的高度相匹配。表头的字宜用横排,当表格宽度小而高度大时,则可竖排或侧排。各单元格内的字与字、行与行之间的距离要均等,且与四周的框线保持一定的距离。格内文字较多时,可以密排或转行排。转行时应力求在词或词组处转行。当上下行字数不等时,要使上行字数比下行字数多一至二字,并且采用上下行字宽相等的排法(下行字距可加大)。如果格子较长、字数较少,可将文字宽度加至格子的三分之二长度为宜。斜角内搭角线上下的文字要斜排,而不能平行排。

(7) 表序又称表号、表码,是指表格的编号次序。表序一律用阿拉伯数字表示。表序可写为表1、表2……英文表序可写为Table 1、Table 2……表序排在表格上方,表序后面空一格接排表名,表题应居中排。在仅有表序而没有表名时,表序可居中排,也可靠切口方向缩一格排版,或排在表格的右上角处。

(8) 表名指的是表的名称。表名排在表序之后,两者之间空一格隔开。表名末尾不加标点符号。表题与正文之间至少要空一个对开的位置;表题与表顶线之间空一个对开的位置。表题一般用黑体字,其所用字号应小于正文而大于或等于表文。表题居中排以后如果表题字较少,可在表题字间适当加空,以加大距离;如表题字较多,则可将表题字转行居中排或转行齐头排,但无论怎样排版,表题宽度都不能大于表格宽度。

(9) 表注是表的说明文字。表注排在表格下方。表注与正文之间至少空一个对开的位置。表注通常用六号字。表注宽度不得大于表格宽度。表注转行方法与表题相同。表注末尾要加句号。

四、数学公式的排版规则

一般的数学公式有几种常见的排版方式:在通常排版中,公式有排在行中(即公式不单独占行)及单独占行两种排法;串文排是指串排于正文行中间的公式,排这种数学式一般要求与相邻汉字的间空为四分空;结论性公式或较长公式,则单独占行,并排在每行中间,这种公式一律居中排,超过版四分之三时可回行排;叠排公式是指在数理公式中,凡出现分式的式子,其版式称为叠排式;单行公式或横排公式是指没有分式的式子,其版式为单行式。

(1) 公式的序码简称式码,当书刊中出现公式较多时,式码能起到引证和检索的作用。式码统一用数字编码并置于圆括号内。对于单篇论文,由于公式不多,则可用自然数编式码。对于科技书刊,由于公式较多,为了明确式码与篇、章、节的对应关系,则常在式码前加上篇、章、节的序号。式码应排在公式后边的顶版口处(居右排)。

(2) 根据国家标准所确定的规范化缩写词,如三角函数、反三角函数、双曲函数、反双曲函数、对数函数、指数函数以及复数等,一律应排成白正体。与此同时,数学中表示名称、数值的字母用斜体。

(3) 公式的回行规则，一般以等号对齐。在特殊情况下，也可从运算符号处回行。回行后，运算符号(+、-、×、÷)应比等号错后一字。在各种公式中，乘号一般是省略的。如果公式在排版时需要从相乘关系处回行时，最好在行首加"·"符号，以便在阅读时明确其运算关系。在行末是否保留运算符号，需根据出版社的工艺要求全书保持统一。从阅读效果看，行末保留运算符号，在阅读到行末时，便于知道后续的运算关系。分式长出版心时，可从分子、分母的加、减、乘、除号处回行。

(4) 对于重叠式、行列式，在排版中有着特殊的排版规则。对于重叠式这种特殊的分式，分式线应比分子或分母最长的一行字的两边再长出一半左右，多层分式中的主线略长一些，与整个公式的主体部分对齐。特别是多层公式，要分清主线和辅线；行列式要上下主体居中对齐，每行式子间距要均匀，线与上行字和下排字对齐。线两边与字空半倍，行隙空半倍，线外数字居中排，遇到行列式有"+""-"号时，应"+""-"对齐；公式中的括号、开方号按公式层次，一层用一倍的，双层用两倍的，三层用三倍的；方程组行数很多，限于空间在一面中排不完整个式子时，可分开两面排。也可分为两半排，即上一面末排，下一面首排。如果有若干相关公式形成上下排式，则其公式左边应对齐，形成所谓齐头排。有些公式也可以排成上下等式对齐的排式。

五、化学式的排版规则

化学方程式和化学结构式也是科技排版的内容之一，和数学式相比，化学式有以下特殊的排版规则。

(1) 化学元素符号与化学键。对于无机化学公式，化学元素符号用正体的英文，应特别注意区分大小写，如CO、Co等，内容方面含义可能不同的内容，在大小写的形式上不能一味地机械统一。对于有机化学公式，在键状结构式内，不论横键、竖键、斜键、单键、双键以及三键通常均使用正文字号的一个字的长度，键的两端需要和字母适当贴近，次要反应原子必要时可倒过来。

(2) 上标与下标。元素符号右下角的数码用下角的三分之一位置，元素符号上的正负号用对开上角的。

(3) 化学反应式。化学反应式一般居中排版，反应式过长排不下时，可在"══"或"⟶"处回行。以不拆为主，可改用更小字号排。回行时"⟶"放在前行末，下行前不放，其他符号两头各放一个。

(4) 反应符号的使用。(══，⟶)需要使用正文文字字号的两倍长度，反应符号上文字一般使用小六号字，上方文字较多时，可以适当增加反应符号的长度；文字排不下时，可回行排在反应号下。但是"══"号上有字时，不论字有多少，不应把上面的字转到"══"号的下边。

第4节　书刊排版与印刷

一、排版与印刷的关系

在国家标准《印刷技术术语》中将印刷定义为“使用印版或其他方式将原稿上的图文信息转移到承印物上的工艺技术”。印刷是一门科学，同时又是一项科技含量很高的系统工程，因此，印刷的结果和排版过程、排版应用的技术、排版的规范性、专业程度息息相关。因此，书刊印刷中，有一些注意事项是与排版工作、排版文件相关的。

二、书刊印刷的注意事项

（一）纸张的分类和适用范围

印刷用纸一般分为新闻纸、凸版纸、胶版纸、铜版纸和特种纸五种，其中前四种纸张适用于市面不同类别出版物的印刷。

（1）新闻纸，主要用于印刷报刊。新闻纸的主要特点是质地松软、吸墨性强、成本较低，但是抗水性差，容易发黄、变脆，因此适用于时效性较强，看中传播便捷性而非长久留存的出版物，不太适用于图书。

（2）凸版纸质地均匀、颜色较白，最大的特点是不易发黄、变脆，因此主要用于印刷书籍、杂志。

（3）书刊内页一般使用凸版纸，而书籍和杂志的封面、插页主要使用胶版纸。相比上面的两种纸张，胶版纸相对高级，从外观来看，质地紧密、白度较高；从触感来看，更加平滑有质感，且抗水性较强。除了书籍、杂志，胶版纸还经常用于印刷一些彩页。

（4）高级画册主要使用铜版纸，又名涂料纸。铜版纸是在原纸表面涂布一层白色涂料，然后再进行压光或超级压光而成的高级印刷纸张（原纸为胶版纸、凸版纸等非涂料纸张），表面平滑度高，色泽洁白，抗水性强。

（二）色彩的使用

打印机、印刷机、喷绘机等印刷设备的色彩模型通常使用CMYK，是描述色彩的模型之一。CMYK是青色、品红、黄色、黑色英文首字母的简称，黑色Black为了避免与RGB的Blue混淆而改为K，而计算机的显示屏、电视、手机、投影仪、数码相机、扫描仪等都使用的是RGB色彩模型。由于RGB颜色模式和CMYK有所不同，如果排版过程中使用RGB颜色模式，在印前又转为CMYK模式，会出现很大的色差，和此前的肉眼效果有很大区别，因此一定要注意正确地使用色彩模式。

印刷过程中，只在承印物上印刷一种墨色，称为“单色印刷”；在承印物上印刷两种或两种以上的墨色，称为“多色印刷”；不通过四色合成色彩，而是专门用一种特定的油墨来印刷，称为“专色印刷”。任何一种颜色都可以转换成专色，专色油墨覆盖性强，具有不透明的性质，在色彩方面也较CMYK更加鲜艳。从成本来说，专色印刷也会更加高昂。对于一些专色的印刷品，需要使用黄、品红、青三原色油墨调配出特定的颜色或由油墨制造厂供给专色油墨进行印刷。因此排版过程中，除了特殊需要以外，只有在四色无法满足编辑、作者或出版单位的要求时，才会使用专色来进行排版和印刷。

（三）成品的分辨率

标准印刷所需要的成品分辨率不低于300dpi，一些对清晰度要求较高的画册、彩页等成品，分辨率可能要更高，在600dpi左右。分辨率低会导致印刷不清晰，因此在排版完成、输出成品前，需要特别检查排版使用的各个图片的分辨率，以及输出的分辨率。

（四）出血

印刷术语中的“出血”指的是印刷品在最后裁切的时候被裁掉部分的版式设计。“出血”的主要作用是使版面上的图版部分不留外边，保护成品得到应有的设计效果。在设计时，出血位的设计标准通常为3mm，由于“出血”基本都是印刷出来后裁切掉，因此在排版时，不能做成成品四边加出血的白边，而是底图和底色要延长到出血的部分，也就是在实际尺寸的基础上增加3mm的外边。

第2章 图书排版的准备工作

学习目标：

1. 了解图书出版流程中，前期版式设计的工作内容。
2. 了解图书出版流程中，版式细节和各类元素格式选择与确定的依据。
3. 理解书稿规范化作为图书排版的准备工作，对排版工作的意义与价值。
4. 深入理解书稿规范化的工作内容及涉及的书刊元素。
5. 熟练掌握手动，以及借助工具进行书稿规范化的方法。

第1节　版式设计的沟通与确定

一、前期版式设计的工作内容

书刊前期的版式设计工作与书刊排版工作有所不同，是书刊排版之前的准备工作。书刊的版面设计一般确定的是基本的版式，如版面和版心尺寸、正文整体的排版方式、标题的层次，并根据书刊的性质做出与该书刊内容相协调的版面构图效果。排版的主要作用是，把版式设计完成的版式，搭配原稿内容形成最终的成品书刊版面，最后打印输出。本节主要介绍在排版工作之前，进行书刊版式设计的相关工作内容和技巧。

二、图书整体定位与设计风格的确定

出版社的图书特色定位是一个系统工程，是多种因素相互作用的结果，包括出版社的专业领域、图书内容、风格形式、品牌图书等，以及这些因素背后的出版理念、员工素质、综合实力等。其中单纯的哪一方面都不足以形成图书特色定位。基于这一点，在进行书籍设计之前，首先应该确定图书整体的定位，例如，这本书的受众是谁？与同类书籍相比，此书的特点和优势是什么？市场需求的重点是什么？价值定位及预期销售的价格是什么？同类书籍的价格是多少？确定了以上内容后，就可以为书籍选定一种最适合的设计风格或表现形式，以便确定书籍设计的整体风格以及设计细节。

在版式设计风格确定的过程中，对市场同类图书、相关设计趋势、书稿等书籍相关资料的分析研究，是非常有必要的。书籍是文化的载体，书籍设计需要有文化的内涵，除了平时的积累，还应该注意文化传统的继承与发扬。设计师只有从各个方面充分研究分析，将各类知识融会贯通，才有利于创作出适宜且新颖独特的书籍设计。

另外，在版式设计风格确定的过程中，也需要与出版单位、书籍作者进行充分沟通。依据对方对书籍设计提出的要求和想法，设计师进行充分的权衡这是设计成功的重要条件。作者对书籍内容的熟悉以及出版单位对市场的了解决定了他们对书籍设计提出的意见有特别重要的价值。设计师要学会仔细聆听，以足够的耐心仔细分析这些意见和建议，并结合自己的专业知识和技能，大胆提出自己的想法，把握好版式设计的方向。

三、版式细节的选择与确定

（一）开本、版面与版式

开本的大小需要根据书刊的不同情况来确定。一般插图较大、较多的书稿，如建筑、机械类图书和期刊，可使用16开；经典著作、理论书籍、各类词典和高等院校教材，可使用787×1092mm的16开或850×1168mm的大32开；便于携带的一般通俗读物，一般使用32开；字典等工具书还可用64开；儿童读物多用接近正方形开本，如使用787×1092mm的12开、20开、24开等。开本的确定要根据书籍的类型和内容，做到形式美观，便于阅读。

书刊版心大小是由书刊的开本决定。版心过小，则版心内，容纳的字数自然减少；版心过大，则会有损可读性和美观度。版心的宽度和高度，要根据正文用字的大小、每面行数和每行字数来决定。

对于内文的文本排列，一般文学、社科、科技类书籍，会使用通栏排版的方式。如果版面特殊，可设置分栏。分栏的方式有两种，一种是把整个篇幅平均分成几个相同容量的块；另一种是根据文本内容的结构，以自然段为基础进行分栏，也就是每一段分为一栏，这种分栏方式能产生比较灵活自由、错落有致的视觉风格，但不是所有的篇幅都适合这种分栏方式，这种方式只适用于自然段比较明显均衡，段落数量不多的篇幅。一般来说，15~25个字的栏宽视觉效果比较适舒，过长或过短均会造成阅读的不便。

（二）书刊结构与标题层次

书刊中常见“部分”“篇”“章”“节”“目”等所标识的文章题目，称为“标题”。书刊结构，一般通过标题级别来进行梳理、划分，以便读者能够清晰阅读和检索。标题的级别一般按照不同的层次来划分，按照不同的字体、字号来区分，若以章为一级标题，则节、目为二、三级标题。

开本越大标题字号越大，同时根据书中标题分级的多少来选择字号。随着级数的增加，字号也应逐级减小，最小一级标题的字号不得小于正文的字号，同时用不同的字体变换来突出标题。字体应该由重至轻、由粗至细，如依次为黑体、宋体、楷体、仿宋，如图2-1-1所示。

第二章　图书排版的准备工作

第一节　版式设计的沟通与确定

一、前期版式设计的工作内容

书刊前期的版式设计工作与书刊排版工作有所不同，是书刊排版之前的准备工作。书刊的版面设计一般确定的是基本的版式，如版面和版心尺寸、正文整体的排版方式、标题的层次，并根据书刊的性质做出与该书刊内容相协调的版面构图效果。排版的主要作用是，把版式设计完成的版式，搭配原稿内容形成最终的成品书刊版面，最后打印输出。本节主要介绍在排版工作之前，进行书刊版式设计的相关工作内容和技巧。

图2-1-1　标题层次示例

一本书的同级标题除字体、字号应完全相同外，排版格式也应完全相同，包括占行、序码、标点符号以及在版面中的位置均应完全相同。

（三）字体与字号的选择

字体和字号的选择也是版式设计的内容之一。常用的字号有三号、四号、小四号、五号、小五号。国家规定政治理论、经典著作以及中小学课本的正文不得小于四号字；文艺类、科技类图书的正文，一般用五号字；教材一般正文用五号字；练习题、思考题或表题、图题等，一般用小五号字；注释、表格等一般用六号字。对于字体来说，不同的字体有着不同的性格和气质，也就是说字体是有生命的。在这里，我们介绍黑体、宋体、仿宋、楷体四种字体的特点。

（1）黑体的特点是横竖笔画粗细一致，首尾方正如刀切，粗壮有力，特点是醒目。一般用于标题或重要的内容提示，不适宜用作正文。常见的黑体字库如图2-1-2所示。

方正正黑
故人西辞黄鹤楼
方正兰亭黑
烟花三月下扬州
方正雅士黑
孤帆远影碧空尽
方正悠黑 506L
惟见长江天际流

图2-1-2　常见的黑体字库

（2）宋体的特点是字体笔画横细竖粗，结构稳健，均匀，字体平正端庄，体现了汉字字形的质朴，给人以爽朗、舒适之感。排成版面后，整齐醒目，是书刊正文使用最普遍的一种字体。常见的宋体字库如图2-1-3所示。

（3）仿宋横竖笔画基本相同，字体秀丽、典雅，纤细轻巧，常用于书刊的前言、后记等。常见的仿宋字库如图2-1-4所示。

方正粗雅宋
故人西辞黄鹤楼
方正颜宋简体_粗
烟花三月下扬州
方正风雅楷宋
孤帆远影碧空尽
方正悠宋 507R
惟见长江天际流

图2-1-3　常见的宋体字库

方正仿宋
故人西辞黄鹤楼
方正古仿
烟花三月下扬州
方正刻本仿宋
孤帆远影碧空尽
方正聚珍新仿
惟见长江天际流

图2-1-4　常见的仿宋字库

（4）楷体的字体方正，笔画端庄，柔中有刚，与手写楷书相似，从整版看，不如宋体整齐醒目，一般正文很少采用，多用于引文、小标题等。常见的楷体字库如图2-1-5所示。

方正楷体

故人西辞黄鹤楼

方正盛世楷书

烟花三月下扬州

方正北魏楷书

孤帆远影碧空尽

方正榜书楷

惟见长江天际流

图2-1-5　常见的楷体字库

第2节　图书排版的准备工作——书稿规范化

一、稿件规范化的意义

书稿的内容和质量决定加工时间的长短，质量好、错误少的加工周期短，反之看起来费劲的书稿花费时间长。另外，编辑手里还有其他稿件需要处理，所以完成一部书稿的加工需要1～2个月时间。

对于很多刚入职的编辑人员，由于编辑加工经验的不足，在进行体例统一处理时往往缺乏把控性、整体性和敏感性，容易只顾及眼前段落、页码的内容而疏忽整本稿件前后文的体例，导致加工过后或图书出版后才发现有些体例在全文中未保持一致。特别是内容较多的大部头稿件或者成套的系列图书，因为编辑加工时间跨度较长，更容易出现一本书前后不统一、一系列书每本之间不统一的问题。

二、稿件规范化的工作内容

（一）稿件“齐、清、定”

随着信息技术的发展和普及，几乎所有作者都用电子文档交稿。这不仅方便作者写稿，也在一定程度上大大方便了编辑的工作。“齐、清、定”是对作者交稿的要求，同时也直接关系到编辑发稿工作质量的高低。随着信息技术在编辑出版工作中的应用，“齐、清、定”的边界就显得愈发重要，既有利于提高原稿质量，也有利于从源头上保证出版物质量。因此，在书稿的规范化方面，编辑应该有意识地将某些工作内容迁移，做好稿件的规范化。

（1）齐指的是原稿齐全（封面、内封、内容简介、前言、目录、正文、附录、图稿等），完整无缺，一次交齐。

（2）清指的是全稿文字清楚、准确无误；插图中的注字清楚，图清晰无误；全书批注清楚；章、节层次分明，格式规范统一。

（3）定指的是发稿时要定稿，防止在校样上随意增删或修改。要求做到五个“衔接”、六个“统一”、七个“对应”：五个“衔接”指的是章节的序号、表号、图号、公式号、页码要衔接好，不得有重复或跳号；六个“统一”指的是格式、层次、名词术语、符号、代号、计量单位要统一；七个“对应”指的是目录与正文标题、标题与内容、正文与插图、正文与表格、呼应注与注释内容、图字代号与图注、书中内容前后对应，避免重复和矛盾。

（二）使用“方正智能审校”进行预检与稿件规范化

我们可以进行稿件规范化。在Word中可以进行稿件预检，以便获得准确、高效的检查结果。

在此之前，需要检查Word文档的几部分内容：检查Word文档中是否有“浮动文本、浮动图”，导入Word时无法确保将“浮动内容”排版至正确的位置。

（1）检查Word文档中是否有“组合图形”，导入Word时无法确保准确无误排版“组合图形”。

（2）检查Word文档中所有“表格”。

（3）检查Word文档中是否存在通过“域”制作的内容，导入Word时无法确保通过“域”制作内容排版效果准确无误。

（4）确保Word文档中标题顺序准确，以实现不同级别的标题可以设定的排版样式。

三、稿件规范化的基本步骤

（一）浮动文本

用Word书写文档时，对于一些特殊元素，没有使用正确的创建方式，而采用“插入”文本框的方式，在视觉上达到排版效果，如图2-2-1中，上标、下标、脚注，就是典型的“浮动文本”。

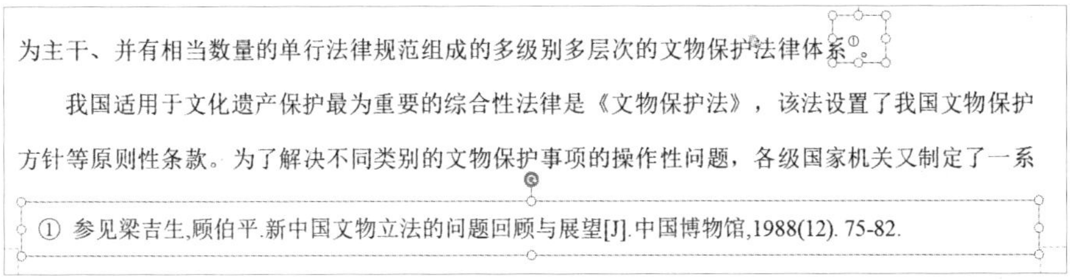

为主干、并有相当数量的单行法律规范组成的多级别多层次的文物保护法律体系①

我国适用于文化遗产保护最为重要的综合性法律是《文物保护法》，该法设置了我国文物保护方针等原则性条款。为了解决不同类别的文物保护事项的操作性问题，各级国家机关又制定了一系

① 参见梁吉生，顾伯平.新中国文物立法的问题回顾与展望[J].中国博物馆,1988(12). 75-82.

图2-2-1　浮动文本示例

人工对文件进行分析。如上标、下标、脚注，将浮动文本使用Word提供的正确制作方式重新制作，并删除浮动文本框。

（二）浮动图

Word中的图片如没有被嵌入文字流，就会成为浮动图，图片被放置在页面之上。在图2-2-2中，浮动图被设置了“环绕效果”。需要将这类图片的环绕模式改为嵌入型，嵌入文字流中并移动至文章对应内容的位置之后，方能确保自动化排版时图片位置不偏离。图文互斥的效果，可在导入Word文件之后，在方正飞翔软件中进行设置。

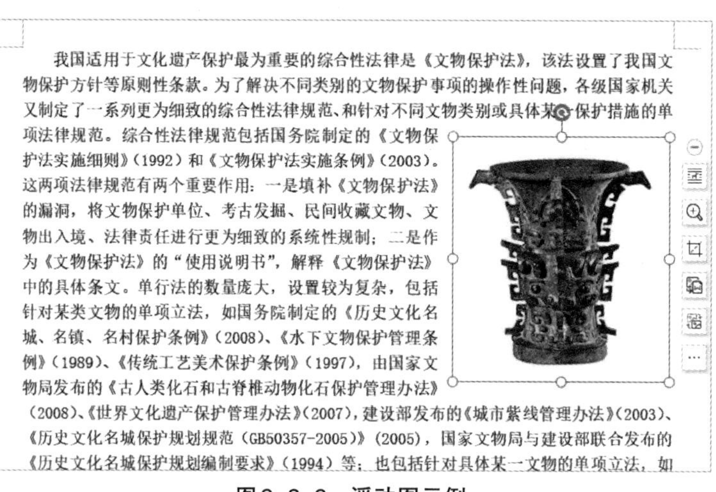

我国适用于文化遗产保护最为重要的综合性法律是《文物保护法》，该法设置了我国文物保护方针等原则性条款。为了解决不同类别的文物保护事项的操作性问题，各级国家机关又制定了一系列更为细致的综合性法律规范、和针对不同文物类别或具体某[illegible]保护措施的单项法律规范。综合性法律规范包括国务院制定的《文物保护法实施细则》（1992）和《文物保护法实施条例》（2003）。这两项法律规范有两个重要作用：一是填补《文物保护法》的漏洞，将文物保护单位、考古发掘、民间收藏文物、文物出入境、法律责任进行更为细致的系统性规制；二是作为《文物保护法》的“使用说明书”，解释《文物保护法》中的具体条文。单行法的数量庞大，设置较为复杂，包括针对某类文物的单项立法，如国务院制定的《历史文化名城、名镇、名村保护条例》（2008）、《水下文物保护管理条例》（1989）、《传统工艺美术保护条例》（1997），由国家文物局发布的《古人类化石和古脊椎动物化石保护管理办法》（2008）、《世界文化遗产保护管理办法》（2007），建设部发布的《城市紫线管理办法》（2003）、《历史文化名城保护规划规范（GB50357-2005）》（2005），国家文物局与建设部联合发布的《历史文化名城保护规划编制要求》（1994）等；也包括针对具体某一文物的单项立法，如

图2-2-2 浮动图示例

人工对文件进行分析。需要将将图片的布局选项改为“嵌入型”，并放置到合适的位置，也可以直接在结果列表选中全部图片，单击“图片内嵌”，智能审校工具可将浮动图自动嵌入文章中。

（三）表格和组合图形

Word书稿中存在一些表格，底色被设置为“无颜色”、线框被设置为“无线”，从视觉上无法直观地将其识别为表格。正式排版前，需要将这些表格检查出来，根据需要决定是否要将表格转换为文本或保留其表格的属性。

当作者或编辑在Word书稿中将多个图形做成一个组合，形成一个表达一定含义的新图，如图2-2-3所示。规范的处理方法是，将其制作为一张图，将该图以图片的形式插入文字。

图2-2-3 组合图像示例

（四）域内容

一些通过“域”制作的内容，在文件导入过程中可能造成内容丢失或损失，也可能转换为图片。因此在排版前，需使用Alt+F9组合键将Word文档中的“域”内容转换为代码，可通过此方式检查文档里有哪些域内容。

在图2-2-4中，“2021-7-12”是采用“域”制作的，按Alt+F9组合键后这段日期变成了一段代码。针对检查出的“域”内容，需要将文字改为纯文本，公式使用Mathtype或Omath进行制作或转换。

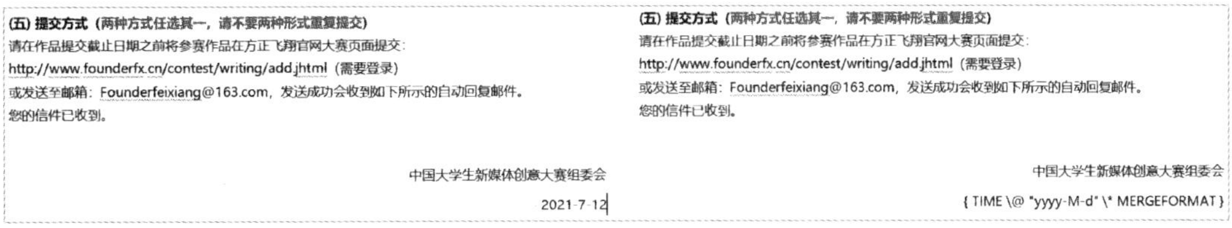

(五) 提交方式（两种方式任选其一，请不要两种形式重复提交）
请在作品提交截止日期之前将参赛作品在方正飞翔官网大赛页面提交：
http://www.founderfx.cn/contest/writing/add.jhtml（需要登录）
或发送至邮箱：Founderfeixiang@163.com，发送成功会收到如下所示的自动回复邮件。
您的信件已收到。

中国大学生新媒体创意大赛组委会
2021-7-12

(五) 提交方式（两种方式任选其一，请不要两种形式重复提交）
请在作品提交截止日期之前将参赛作品在方正飞翔官网大赛页面提交：
http://www.founderfx.cn/contest/writing/add.jhtml（需要登录）
或发送至邮箱：Founderfeixiang@163.com，发送成功会收到如下所示的自动回复邮件。
您的信件已收到。

中国大学生新媒体创意大赛组委会
{ TIME \@ "yyyy-M-d" * MERGEFORMAT }

图2-2-4　域内容示例

第3章 方正飞翔基础操作入门

学习目标：

1. 熟悉方正飞翔的适用范围及基本应用场景。
2. 熟悉方正飞翔软件的基本界面构成和基础操作。
3. 能够根据自身排版习惯，在方正飞翔中配置适合自己使用的工作环境。
4. 掌握排版文件的版面设置及新建、保存、输出成品文件、合并文件和打包的操作方法。
5. 深入理解方正飞翔中对象块和盒子的含义，掌握版面中对象的相关操作，以及对多个对象的相关操作。

第1节　方正飞翔的基本界面与基础操作

本节首先对方正飞翔的基本界面和基础操作进行介绍，对于一款软件，只有在了解了它的基本功能与特点，才能更加深入地进行操作学习。方正飞翔的界面风格类似Office新版本的界面风格，采用了扁平化设计理念，按照用户排版过程中的操作习惯、操作频率和基础功能，对界面布局、功能分类和层次划分进行设计，快捷键的使用和自定义让专业人员使用更加方便，Tips和简单易懂的模块化界面又可以帮助初学者快速上手。

一、方正飞翔的基本界面构成

在使用方正飞翔之前需要安装方正飞翔软件。

视频1：方正飞翔软件的安装

安装方正飞翔后，双击桌面上的快捷图标即可启动方正飞翔。方正飞翔的基本界面如图3-1-1所示，主要包含六个部分：上方的部分称为功能区选项卡，按照功能进行了选项卡的卡片划分，单击每个选项卡，可以切换至相应类别的功能；左边是工具箱，纵向排列了版面操作中使用的一系列常用工具；右边是浮动面板，可以进行格式、属性、样式

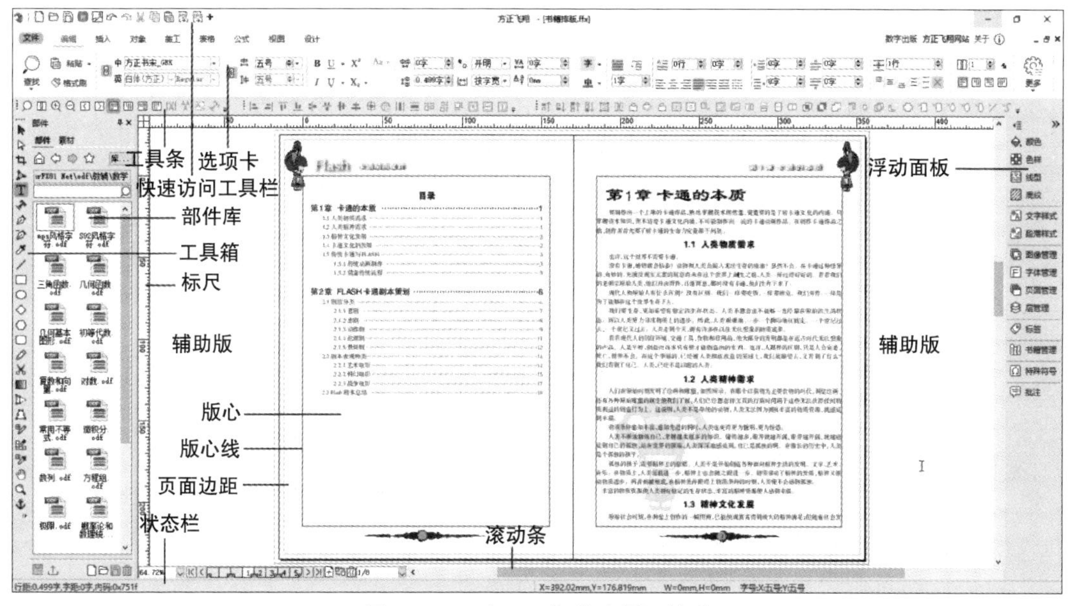

图3-1-1　方正飞翔基本界面构成

的设置,也可以对排版文件的元素进行查看和管理;中间是版面区域,排版过程中在版面区域编辑内容和版式;最下方是状态栏和滚动条,用于查看光标位置、字符内码等信息;最顶部的是快速访问栏,用于呈现一些功能的快捷入口,以及进行个性化工具条的快速自定义。

(一) 功能区选项卡

功能区选项卡是方正飞翔最主要的操作界面,每个选项卡都集合了相关的操作按钮。有的选项卡上有“更多”菜单项,选中子菜单项可以右击选择添加到当前选项卡上。

(二) 工具箱

工具箱中包含了各种工具,用于创建、修改对象等。例如,选择表格画笔工具可以用鼠标来绘制表格,选择矩形工具可以用鼠标绘制矩形等。

工具箱中的选取工具和T工具是两个非常重要的工具。在选取工具下,可以用鼠标选中、移动对象,也可以改变对象大小等。在T工具下,我们可以将鼠标单击到文字流中,对文字进行编辑;T工具放在对象上,可以智能切换为选取工具,不用切换工具就能选中对象。表3-1-1列举了工具箱中包含的全部工具及其描述。

表3-1-1　工具箱中的工具及其功能

工　具	功 能 描 述
选取工具	选择对象
穿透工具	主要编辑节点。用钢笔工具绘图后,可利用它来编辑节点。此外,穿透工具还可以透过图像框,单独选中框内的图像,移动图像在框内的位置或编辑框内的图像大小
图像裁剪	裁剪图像
旋转变倍	选择变形工具,单击到对象上,可以对对象进行缩放、旋转或倾斜操作;单击到文字块或图像上,可以使文字或图像随外框一起缩放
文字工具	又称为T工具或T光标。在方正飞翔里必须选择文字工具才能进入文字编辑状态,进行录入文字、修改文字、选中文字等操作。在文字工具下,按Ctrl+ Q组合键可切换到选取工具
沿线排版	单击到任意的线段或封闭的图元上,即可输入文字,输入的文字沿图元形状走位
钢笔工具	主要用来绘制贝塞尔曲线、折线。也可以使用钢笔工具连接多个独立的折线或曲线,或在线段或曲线上续绘,以延长该线段或曲线
删除节点工具	可以删除曲线上的任意一个节点,或同时删除多个节点
颜色吸管	复制颜色属性,如果要复制包含颜色属性在内的所有属性,必须选择“编辑”→“格式刷”
直线工具	绘制直线或任意方向的斜线。选择直线工具,单击到版面,按住鼠标左键不放,直接在页面上拖曳可生成直线。按住Shift键可画出倾斜度为45°的直线线条
矩形工具	选择矩形工具,单击到版面,按住鼠标左键不放,在页面上拖曳,可绘制矩形,按住Shift键可绘制正方形

续表

工　具	功 能 描 述
椭圆	绘制椭圆，按住Shift键可绘制正圆
菱形	绘制菱形，按住Shift键可绘制正菱形
多边形工具	绘制多边形，按住Shift键可绘制正多边形。双击多边形工具，还可在弹出的对话框内设置多边形的边数及内插角度数，绘制出需要的多边形
异形角矩形工具	绘制圆角、圆角反转、内缩角、平角和特殊角的矩形。按住Shift键可绘制正圆角矩形。双击异形角矩形工具，还可在弹出的对话框内设置相应的角效果和参数
画笔工具	可以像绘图铅笔一样，绘制任意封闭或非封闭的图元
剪刀工具	使用剪刀工具可以像剪刀裁纸一样，将图元或图像分割为几个部分
渐变工具	设置渐变颜色后，单击渐变工具，在版面拖曳，可按拖曳的方向、角度应用渐变色，设置线性或放射状渐变的起点终点以及渐变中心
扭曲透视工具	使图元产生扭曲透视效果
平面透视工具	使图元产生平面透视效果
表格画笔	选择表格画笔工具在版面拖曳，可以手动创建表格，或者绘制表线
表格橡皮擦	单击到表线上，即可方便地擦除表线
表格吸管	吸取表格单元格底纹、颜色等效果，作用于其他单元格
小手工具	选中小手工具，可以移动版面，调整版面的位置
放大镜工具	调整版面及对象的显示比例，方正飞翔显示比例范围为5%～5000%。按住Ctrl键，光标变为缩小显示状态
锚定工具	通过锚定工具，可以设置图片在文字流中的锚点，并设置锚定对象与锚点之前的锚定关系

为了更快速地排版，方正飞翔提供了一些常用工具之间的相互切换，如：

(1) 按Ctrl+Q组合键，可以在文字工具和选取工具之间切换；

(2) 任意工具状态下都可以按Ctrl+Q组合键回到选取工具状态；

(3) Ctrl+选取工具，同时拖动图像的控制点可以实现裁图；

(4) T光标在文字块中，按ESC键，选中文字块并切换到选取工具；

(5) T光标移动到版面的独立对象上，智能临时切换为选取工具，可以选中对象操作；

(6) 选取工具双击文字块进入T光标状态；Shift+双击文字块框适应文本（偏好设置——文本中可以修改为相反的操作方式）。

拖动工具箱离开边框即可显示标题栏，如图3-1-2所示。双击标题栏即可快速使其贴齐边框，因此，用户可以根据自己的需要将工具箱放置在界面的指定位置。

图3-1-2　工具箱离开边框的效果

（三）浮动面板

方正飞翔将一些需要持续操作，并且在操作时需要随时看到版面效果的常用功能纳入到浮动面板。使用时，选中对象，在浮动面板的编辑框内输入数值，或在下拉列表里选择选项即可应用于对象，并且实时预览对象在版面中的效果。

（四）状态栏和滚动条

“状态栏”在界面最底端，用来反馈版面上的一些重要信息，例如，查看字符的内码，空格是0020还是3000内码等。“滚动条”在版面的下方，滚动条上也可以进行增加页面、跳转到主页和删除页面的操作。状态栏和滚动条的界面如图3-1-3所示。

图3-1-3　状态栏和滚动条

（五）快速访问栏

在方正飞翔界面的最顶端还提供了快速访问工具栏，可以将一些随时可能用到的操作命令放到此处。选择“更多命令”的“自定义－快速访问工具栏”添加命令到快速访问工具栏，也可以选中菜单项右击添加到快速访问工具栏。

在快速访问栏中，用户还可以自定义新的工具条，将自己常用功能组合在工具条上，建立个性化的工作环境，方便使用。选择“更多命令”的“自定义－工具条”新建一个工具条，在“自定义－工具条命令”中选中命令拖入新建的工具条中，形成个性化工具条。

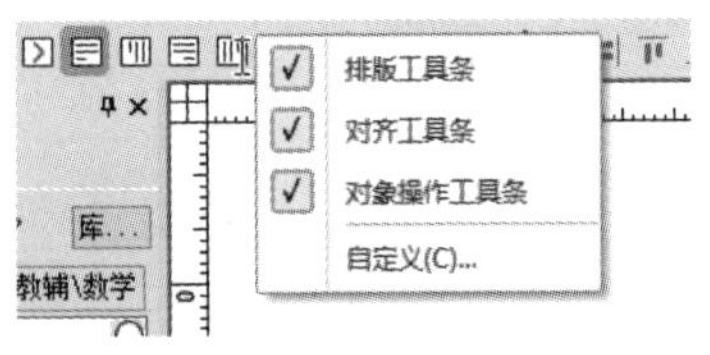

图3-1-4　工具条的右键菜单

在“快速访问工具栏”里或工具条上右击，在菜单中选择打开/关闭排版、对齐、对象操作的工具条，如图3-1-4所示。

二、界面中的辅助工具和提示

（一）Tips（提示）

方正飞翔的界面上提供一些指导功能使用方法的Tips（提示），如图3-1-5所示。选项卡上有大量图标，需要了解图标功能，只要将鼠标停留在按钮或菜单上，可以看到相关的操作或功能提示信息。对于不熟悉界面图标和功能菜单的初学用户，可以通过Tips学习和了解飞翔的功能，快速掌握方正飞翔的排版功能。

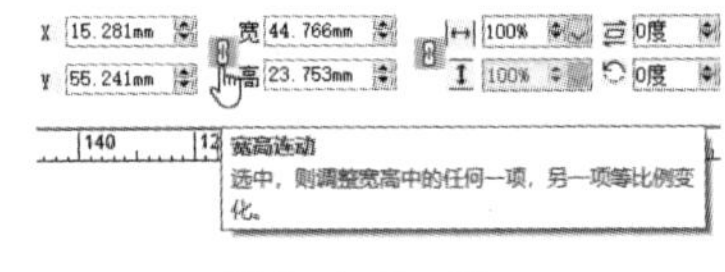

图3-1-5　Tips

（二）标尺

如果页面上没有显示标尺，勾选“视图”→“标尺”，即可显示标尺。在排版区域的上边和左边分别显示出水平和垂直标尺，如图3-1-6所示。

拖动两个标尺的交点，可以修改标尺的坐标原点(0,0)；双击交点，可以将坐标原点恢复为版心左上角；按住Shift键双击则将原点设为页面左上角。

标尺上的刻度单位也可以在"偏好设置"对话框的"单位和步长"属性页设置，或者在标尺上直接右击，在菜单里修改，如图3-1-7所示。

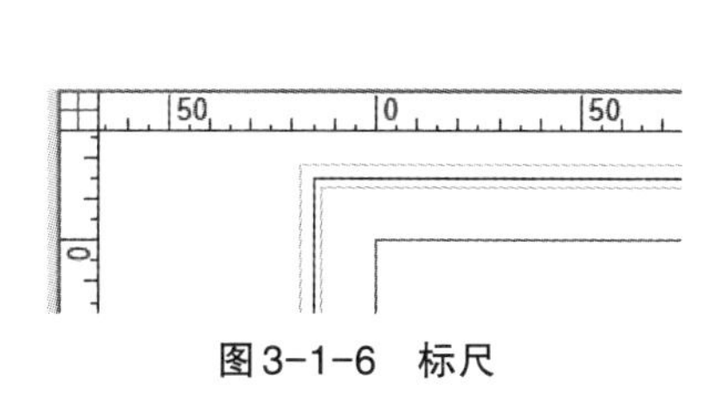

图3-1-6　标尺

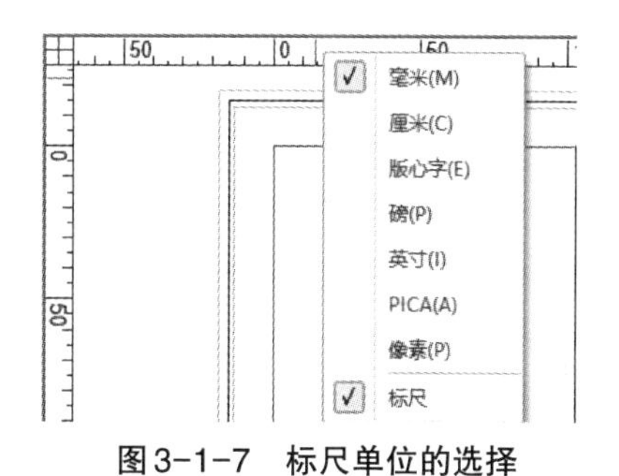

图3-1-7　标尺单位的选择

(三) 显示辅助线和隐藏符

(1) 辅助线包括提示线、背景格、版心线、对象边框线和块连接线等，这些辅助线只供显示，并不输出到PDF，"视图"选项卡可以选择这些辅助线是否需要显示在版面中。

(2) 版心线指版心的框线，"视图"→"版心线"可以控制在版面上显示或隐藏版心线。

(3) 对象边框指版面中所有线型为空线的对象的边框，选中"视图"→"对象边框"，则版面的对象显示出对象边框，取消选中状态，则所有对象均不显示边框。

(4) 块连接线指续排文字块之间的连接线，选中"视图"→"块连接线"，在有续排关系的文字块之间就会显示出一条连接线，可以通过这条线的连接方式来查看续排文字块的连接关系和文字流动的顺序。

(5) 隐藏符指版面上的控制符、锚点和锚点线等排版标记。选中"视图"→"隐藏符"，则空格、Tab键、换行/换段符、锚点和锚定线等排版标记会显示出来。

(四) 提示线

书籍排版一般需要在主页上拉出提示线，规划版式布局，保证排版页面的布局、位置统一。在方正飞翔中，提供水平和垂直两种提示线，用于对象的精确定位。

视频2：提示线的相关操作

单击"视图"选项卡的"提示线"按钮或按Ctrl+;组合键可显示与隐藏提示线。提示线的常用操作包括生成、选中、移动，设置提示线等距等，在这里，我们用一段视频讲解提示线的相关操作。

(五) 背景格

用户可以通过背景格，查看文字排版行与行的对位情况，从而推断设置的样式属性是否合理。方正飞翔背景格分为版心背景格(即在整个版心部分显示统一的背景格)和文章背景格(即在每一个文字块中单独显示一个背景格)。

在“视图”上单击“版面背景格”,可以显示或隐藏版心背景格。版心背景格的栏数、类型、颜色等参数在“文件”→“版面设置”→“版心背景格”中设置,版心背景格的字形大小由“版面设置”→“缺省字属性”的字号决定。选中文字块,在右键菜单里选择“文章背景格”,即可为文章添加背景格,如图3-1-8所示。

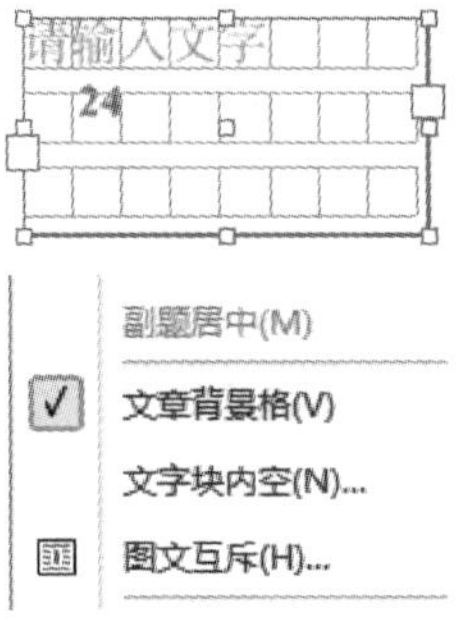

图3-1-8 文章背景格

三、页面布局风格

在“视图”→“页面布局风格”下,可以选择“传统风格”和“体验风格”的显示方式。

(1) 传统风格是传统的单屏幕显示方式,一屏内只能显示一个跨页,多页文档可以单击视窗左下角页码翻页。传统风格的辅助版是共用的,翻页时,所有页的辅助版内容都是相同的。

(2) 体验风格是多页显示方式,一屏内可以显示多页,可使用鼠标滚轮上下翻页。体验风格的辅助版是独立的,翻页时只显示本页的辅助版内容,与其他页无关。

四、右键菜单的功能与操作

方正飞翔中,选中对象右击,可以显示该对象的右键菜单,选中的对象不同,右键菜单不同,如选中文字块、图像、表格、公式、成组块、盒子等,都会弹出与对象类型对应的右键菜单。如图3-1-9所示,选中公式块内的上标右击,右键菜单中会出现用于此内容调整的功能选项。右键菜单大部分功能在选项卡里都能找到,使用右键菜单让操作变得更加便捷,右键菜单与选项卡上的功能项相辅相成,适用于用户的不同应用场景。

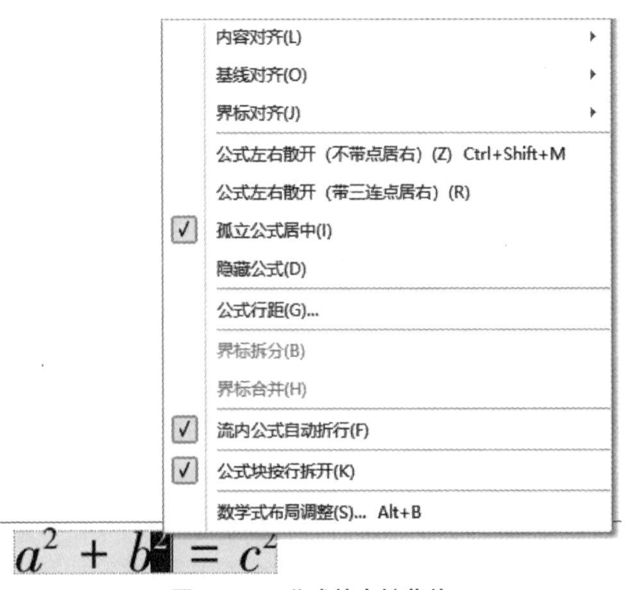

图3-1-9 公式的右键菜单

第2节 操作习惯与工作环境设置

工作环境、工作习惯可以对工作效率产生深刻的影响，而每个用户都非常希望根据自己以往的工作经验和操作习惯来使用排版软件进行版面的编排。所以在开始排版工作前，我们首先讲解一下在方正飞翔中对于操作习惯和工作环境的设置操作，以便用户可以预先根据个人习惯设置工作环境和操作偏好，有效保证工作效率。

工作环境设置分为文件设置和偏好设置。文件设置的参数是保存到当前文件中，在其他机器上打开仍起作用，称为文件量；偏好设置的参数不保存到当前文件中，而是本机系统的设置，称为机器量。

一、文件设置

选择"文件"→"工作环境设置"→"文件设置"，可以设置常规、文章背景格、默认图元设置和默认排版设置。如果需要将文件设置恢复到默认状态，可以选择"恢复缺省设置"。"文件设置"对话框如图3-2-1所示，下面介绍对话框中的重要参数。

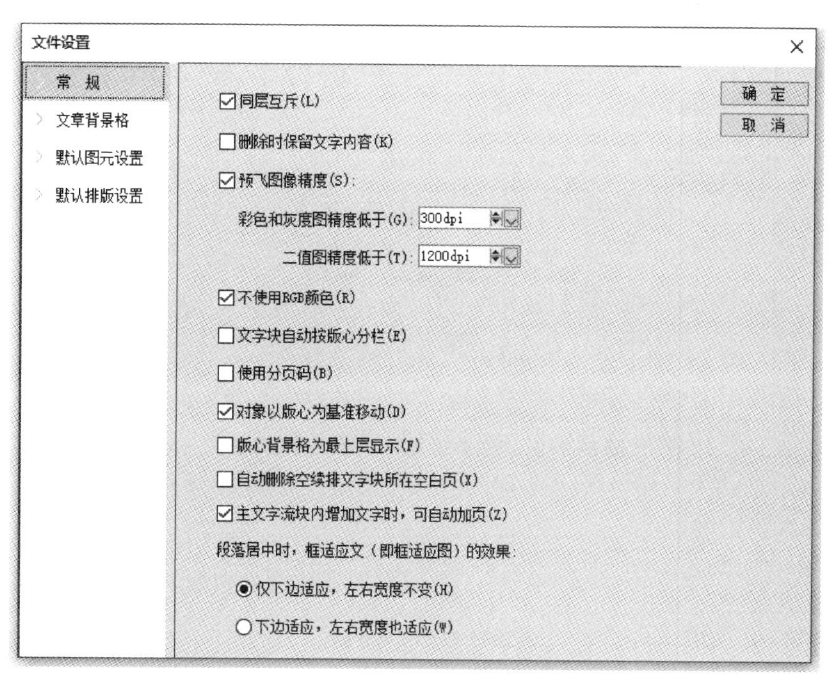

图3-2-1 "文件设置"→"常规"设置

(一) 常规

1. 删除时保留文字内容

选中该选项,当有续排关系的几个文字块分别放在不同的页面上时,删除其中的一个页面时将保留该页面上文字块的内容,否则该页面删除的同时也将删除文字块及其文字内容;当删除或剪切有续排关系的文字块时将只删除文字块,而保留文字内容,将文字内容流动到下一块或前一块的续排中,否则文字块与文字内容同时删除。

2. 不使用RGB颜色

根据活件的应用场景,是供印刷出书,还是网上发布,选择是否限制使用RGB颜色。印刷要求CMYK颜色空间,而RGB颜色与CMYK颜色空间的转换存在巨大的色差。文件中不能使用RGB颜色模式,也不允许置入RGB颜色空间的图像。

3. 自动删除空续排文字块所在空白页

选中此选项,在文字流内删内容、改变文字块的大小时,就自动删除空续排文字块所在的空白页。

4. 主文字流块内增加文字时,可自动加页

此项控制普通页上的主文字流块增加内容时,是否自动加页。

(二) 默认排版设置

"默认排版设置"非常重要,在出版物策划中要考虑排版特性,新建文档后,首要选择适合出版物的排版设置,才能置入稿件或创建文字块,因为这里的参数设置都是对新创建的文字块生效。"默认排版设置"的参数设置如图3-2-2所示。

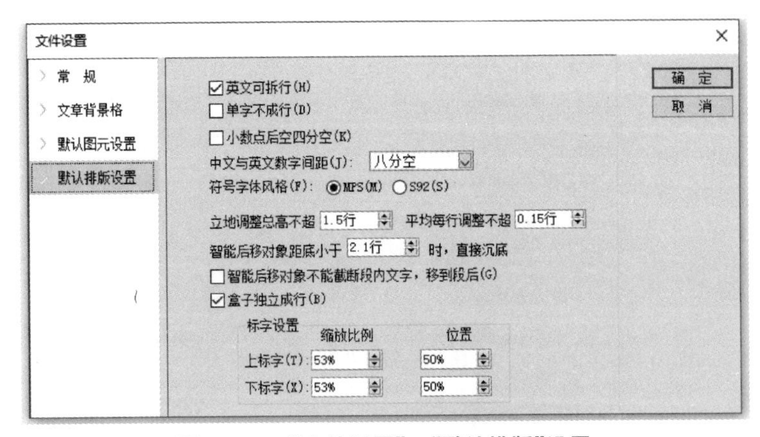

图3-2-2 "文件设置"→"默认排版"设置

1. 英文可拆行

选中此选项,英文可以按音节拆分规则进行拆行,否则英文不能拆行。

2. 单字不成行

选中此选项,如果一行只有一个字加标点的时候,强迫将上行下来一个字,变成两字加标点符号的形式。还可以通过"编辑"→"更多"→"单字不成行"控制段落的单字是否成行。

3. 小数点后空四分空

选中此选项,新创建的文字块内输入小数,小数点后有四分空的效果。还可以通过“编辑→更多→文字高级属性”修改小数点后面是否需要四分空。

4. 中文与英文数字间距

设置文字流中文与英文数字间距以及公式与前后汉字的间距。

5. 符号字体风格

设置白体的符号字体风格是MPS或S92,符号字体风格自动与字心字身比连动,MPS的字心字身比是98%,S92的字心字身比是92.5%。如果不需要字心字身比,就需要在“文件”→“工作环境设置”→“偏好设置”→“字心字身比设置”里将比例,全部修改为100%。

6. 立地调整阈值

设定立地调整和智能后移的阈值,以及控制对象复制到文字流内盒子是否自动独立成行。

7. 智能后移对象不能截断段内文字,移到段后

选中此选项,智能后移对象不能从段中间截断,而是移到段后才开始排版。

8. 标字设置

全局设置文字上标字和下标字的大小和位置,对新创建的文字块有效。“段落样式→扩展文字样式”还可以自定义标字设置,应用到段落里的上标字和下标字。

二、偏好设置

偏好设置指排版过程中自己的习惯性操作,方便快速完成排版,还可以根据操作需要随时修改设置。

选择“文件”→“工作环境设置”→“偏好设置”,可以设置常规、文本、单位和步长、图像、字体搭配、字体命令、常用字体、表格、文件夹设置和拼写检查,如果需要将偏好设置恢复到默认状态,可以选择“恢复缺省设置”。

(一)常规

“常规”的参数设置如图3-2-3所示。

1. 框选对象方法

方正飞翔默认“全部选择”,即使用鼠标框选对象时,必须将对象整体框选在矩形选取区域内才能选中该对象;当选中“局部选择”时,只需要将对象的一部分框选在矩形选取区域内,即可选中该对象。框选时,按下Ctrl+Alt组合键则选中规则相反。

2. 显示光标位移窗

绘制文字块、图形或者改变对象大小时,在光标旁显示对象尺寸。

3. 提示线在后

提示线置于所有对象最下层。不选中该选项,则提示线置于对象最上层。

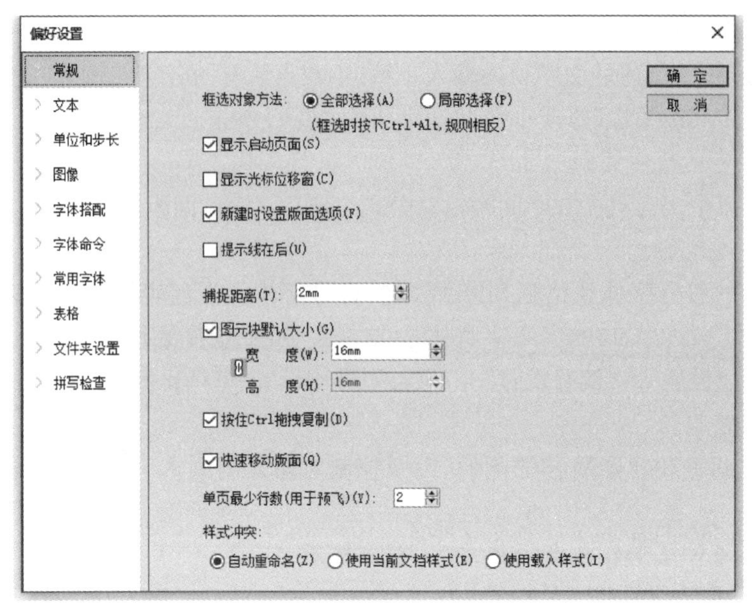

图3-2-3 “偏好设置”→“常规”设置

4. 捕捉距离

设定捕捉有效范围,当对象靠近被捕捉对象时,两者之间的距离如果进入有效范围,即产生捕捉效果。例如,设定捕捉距离为5mm,选中对象捕捉提示线,当对象移动到距离提示线5mm的位置时即可自动贴齐提示线。

5. 图元块默认大小

设定图元对象的默认大小。选中该选项时,在版面上使用图元工具进行图元的绘制时,单击版面则以设定的大小进行绘制。

6. 按住Ctrl拖曳复制

选中该选项时,按住Ctrl拖曳时为复制;否则,按住Ctrl拖曳时为移动。

7. 快速移动版面

用小手移动版面过程中不实时刷新,只有松开鼠标后才刷新。

8. 单页最少行数(用于预飞)

指对孤行页进行预飞时,设置不超过多少行数就算是孤页。

9. 样式冲突

“样式冲突”指对跨文档复制粘贴和合版合文件的同名样式的处理机制。默认“自动重命名”指两个同名样式均保留,对复制的同名样式增加“拷贝”字样;当选中“使用当前文档样式”或“使用载入样式”时,只保留一个同名的样式。

(二) 文本

“文本”的参数设置如图3-2-4所示。

1. 使用弯引号

排版时通常需要将小样文件中的直引号转换为弯引号。选中“使用弯引号”,则排入文

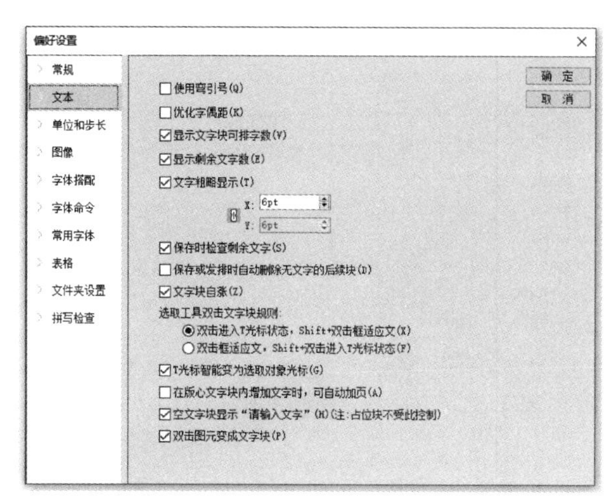

图3-2-4 “偏好设置”→“文本”设置

字小样或输入文字时，把文件里的直引号自动转换为弯引号，引号前面带有空格则转换为左引号(“)，引号前面没有空格则转换为右引号(”)。此外，操作者在英文输入状态下可以输入弯引号。

2. 文字粗略显示

缩放显示时，当屏幕显示字号缩小到指定字号时，以矩形条示意的方式粗略显示文本。

3. 保存时检查剩余文字

选中该选项，保存文件时遇到文件里有未排完的文章，则弹出提示信息；不选中该选项，则保存文件时不检查是否有未排完的文章。

4. 保存或发排时自动删除无文字的后续块

保存或输出文件时，如果文章的后续块为空文字块，则自动删除该空文字块。

5. 文字块自涨

选中此选项，当文字块中排不下内容时，文字块会自动加行，文字流中的文字盒子也会自涨。

6. 选取工具双击文字块规则

提供两个选项：双击进入T光标状态，Shift+双击框适应文；双击框适应文，Shift+双击进入T光标状态。

7. T光标智能变为选取对象光标

选中该选项，T光标移动到图像或图元上智能变为选取光标，可以不切换工具就能选中对象进行操作，只有按Ctrl+Alt组合键才能画文字块；不选中该选项，则T光标在图像或图元上直接就能画文字块。

8. 在版心文字块内增加文字时，可自动加页

选中此选项，当文字块在一页中排不下内容时，会自动进行加页。

(三) 单位和步长

“单位和步长”的参数设置如图3-2-5所示。

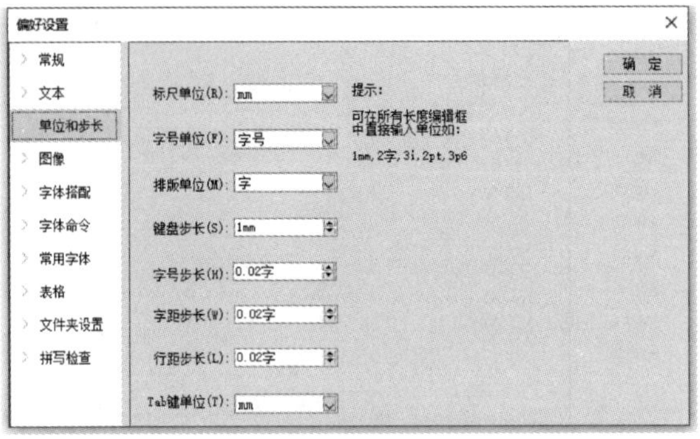

图3-2-5 “偏好设置”→“单位和步长”设置

排版时默认使用偏好设置里的单位和步长，包括标尺单位、Tab键单位、字号单位、排版单位、键盘步长、字号步长、字距步长、行距步长。方正飞翔支持直接在界面上所有编辑框内直接输入单位。

1. 标尺单位

标尺单位即版面上标尺的单位，也可以将鼠标置于标尺上右击，在右键菜单里修改标尺单位。

2. Tab键单位

Tab键单位指定Tab键标尺单位，选择“编辑”→“更多”→“Tab键（Ctrl+Alt+I）”，可调出Tab键。

3. 字号单位

字号单位指定默认字号单位。

4. 排版单位

排版单位包括字距单位、行距单位、字母间距单位、段落缩进单位（段首、悬挂）、段前/后距单位、左/右缩进、沿线排版中字与线的距离、装饰字、段落装饰的离字距离、分栏的栏间距。

5. 键盘步长

键盘步长是使用键盘对版面元素进行微调时的步长，包括移动光标、微调对象位置等，按Ctrl键时移动1/10步长，按Alt键时移动10倍步长。

6. 字号步长

字号步长是通过快捷键微调字号属性时的步长，按Ctrl+8组合键时以该步长缩小字号，按Ctrl+9组合键时以该步长放大字号。

7. 字距步长

字距步长是通过快捷键微调字距属性时的步长，按Ctrl++组合键时以该步长扩大字距，按Ctrl+ -组合键时以该步长缩小字距。

8. 行距步长

行距步长是通过快捷键微调行距属性时的步长，按Alt++组合键时以该步长扩大行距，按Alt+ -组合键时以该步长缩小行距。

（四）图像

“图像”的参数设置如图3-2-6所示。

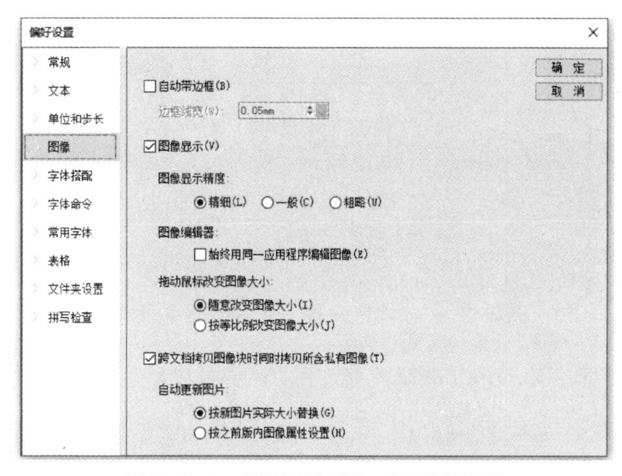

图3-2-6 “偏好设置”→“图像”设置

1. 自动带边框

排入图像时自动为图像带边框，此时可以在“边框线宽”编辑框内指定线宽。

2. 跨文档复制图像时同时复制所含私有图像

打开多个飞翔文件，跨文档复制图像，把图像同时复制到飞翔文件所在的路径下，并更新图像路径。

3. 自动更新图像

通过第三方软件编辑图像（如裁剪、改变尺寸大小）后直接保存，飞翔会自动更新图像的状态。“按新图片实际大小替换”表示按即将导入的图像原始大小更新到版面，图像不变形，可能会动版。“按之前版内图像属性设定”表示图像按照版面内图像的大小、缩放、旋转等属性更新；图像占位区大小不变，不动版，但图片有可能变形。

（五）字体搭配

“字体搭配”的参数设置如图3-2-7所示。在中英文、数字混排时，就不用设置复合字体，使用字体搭配更方便，这是飞翔排版的优势。在设置中，我们会发现每一款中文字体对应一款英文字体，双击“英文”列表里的某款字体，即可在弹出的字体下拉列表，修改搭配的英文字体。当选取中英文混排的文字设置字体时，只需要设置中文字体，英文字体会自动设置为对应的字体。

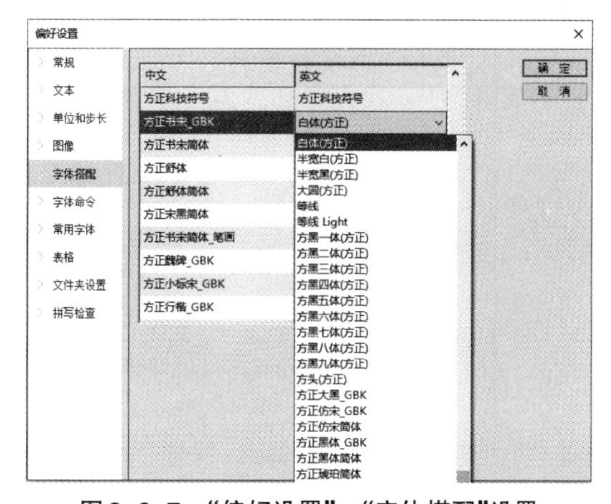

图3-2-7 “偏好设置”→“字体搭配”设置

（六）字体命令

“字体命令”的参数设置如图3–2–8所示。

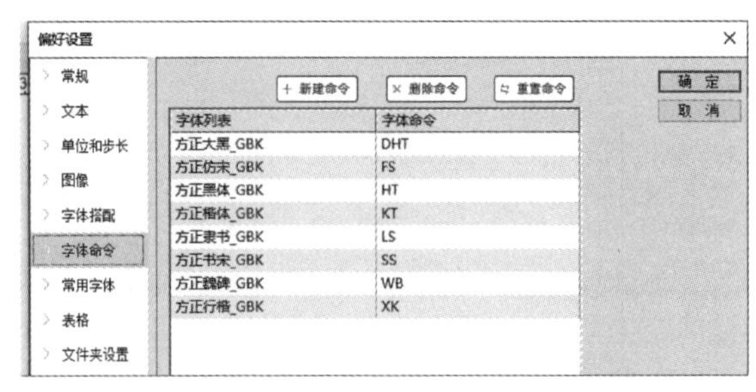

图3–2–8 “偏好设置”→“字体命令”设置

在“字体命令”对话框中，可以设置字体的命令。在排版文字时，快速进行字体的设置。排版时选中文字，按Ctrl+F组合键弹出“字体字号设置”对话框，在“输入字体号”编辑框里可直接输入字号和字体命令，例如，“10.HT”表示10磅黑体字，HT即为黑体字的字体命令。

（七）常用字体

“常用字体”的参数设置如图3–2–9所示。在这里，可以设置常用字体及字体指定的快捷键，当在版面上设置字体时，使用相应的快捷键即可。

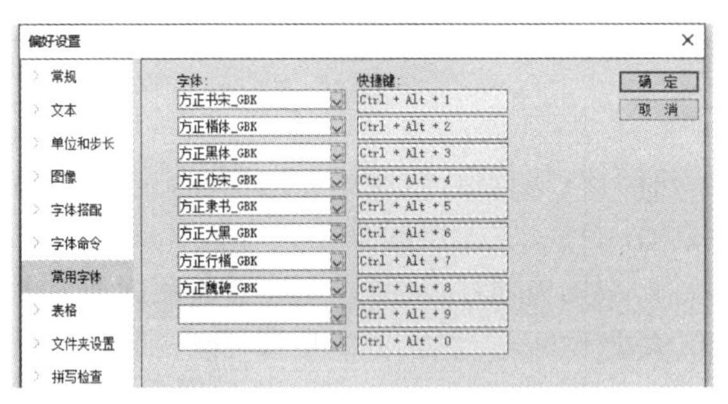

图3–2–9 “偏好设置”→“常用字体”设置

（八）表格

“表格”的参数设置如图3–2–10所示。

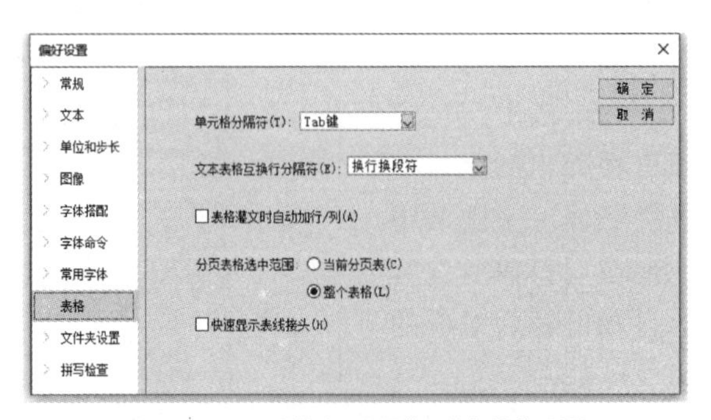

图3–2–10 “偏好设置”→“表格”设置

1. 单元格分隔符号

表格贯文、导出纯文本或者文本与表格互换时各单元格之间的分隔标记。

2. 文本表格互换行分隔符

版面上的文字块与表格互相转换时每一行的分隔符号。

3. 表格灌文时自动加行/列

默认不选中此选项，当表格无法容纳灌入的文字时，表格出现续排标记。

4. 分页表格选中范围

当一个表格分为多个分页表时，在表格里按Ctrl+ A组合键选中单元格范围。选择“当前分页表”，按Ctrl+ A组合键时只选中单元格所在的分页表；选择“整个表格”按Ctrl+ A组合键时选中整个表格。

5. 快速显示表线接头

当表线为双线或其他线型时，表线接头需要特殊处理。选中此选项显示表线的接头；否选直接显示处理的结果。

（九）文件夹设置

1. 暂存文件设置

默认情况下，飞翔将运行过程中的暂存文件保存在安装路径下的temp目录里。操作者可以设置新的保存位置。

2. 文件备份设定

保存文件的同时会自动在指定路径下另存一份文件，每执行一次保存文件命令即生成一个备份文件，以防文件出现异常，可使用备份文件接着排版。

3. 输出文件副本设定

在输出文件的同时会另外自动创建该输出文件的副本。

（十）拼写检查

“拼写检查”的参数设置如图3-2-11所示。在“拼写检查”中，默认对美国英语进行检查，可以在“字典”里选择其他需要检查的语言，也可以在“检查类型”选项组里关闭一些检查，以加快版面检查速度。

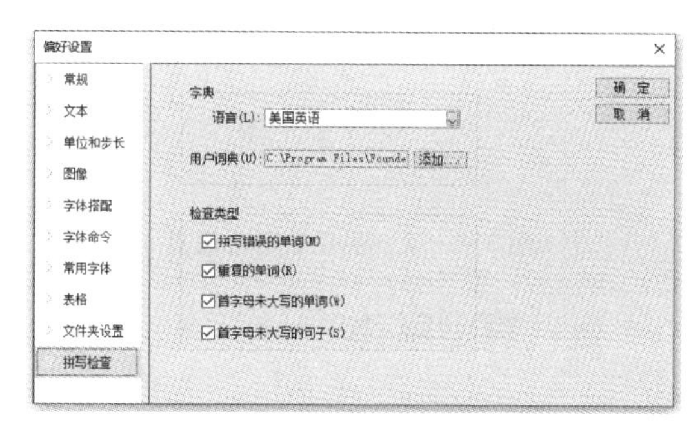

图3-2-11 “偏好设置”→“拼写检查”设置

三、字心字身比设置

字心字身比设置是指保持字体占位大小不变，修改字体的外形大小，使得汉字大小合适，字间距舒适，还不影响排版字数，与西文字符搭配更和谐。字心字身比来源于方正书版，是方正排版软件的特色。在方正飞翔中，字心字身比设置是一个文件量。灰版下，字心字身比的设置对新建的文件都有效；开版下，字心字身比的设置对当前文件有效。

如图3-2-12所示，在“字心字身比设置”对话框上选中字体，分别设置MPS和S92风格的字心字身比（如分别设置为98%、92.5%，或输入任一百分比数值），单击“全部修改”按钮，可以保持字符占位大小不变，缩小字符的外形尺寸，以便使版面中的文字效果在视觉上变得宽松些。

四、字体集管理

字体集管理的作用是减少选项卡中字体列表中的字体数量，只列出当前排版工作过程中可能用到的字体。可以在“字体集列表”里创建多个字体集，但在特定的排版工作过程中，选中字体集，单击“应用字体集”后才可以将该字体集应用到方正飞翔中。

在“编辑”→“字体”下拉列表中，方正飞翔默认展示的是系统安装的所有字体，供用户选择，但如果设置了字体集管理，则会只显示用户定义的字体集所包含的字体。字体集创建、应用的具体操作：选择“文件”→“工作环境设置”→“字体集管理”，弹出“字体集管理”对话框，如图3-2-13所示。在字体集列表中新建字体集后，将左侧列表中的字体添加到右侧“所含字体”的列表中，即可给字体集加入字体。

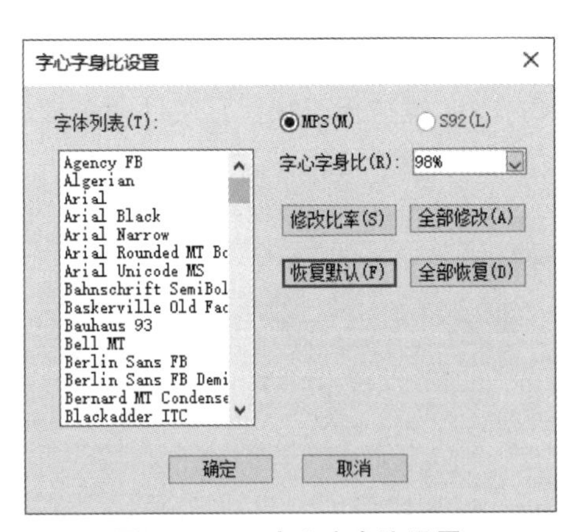

图3-2-12　字心字身比设置

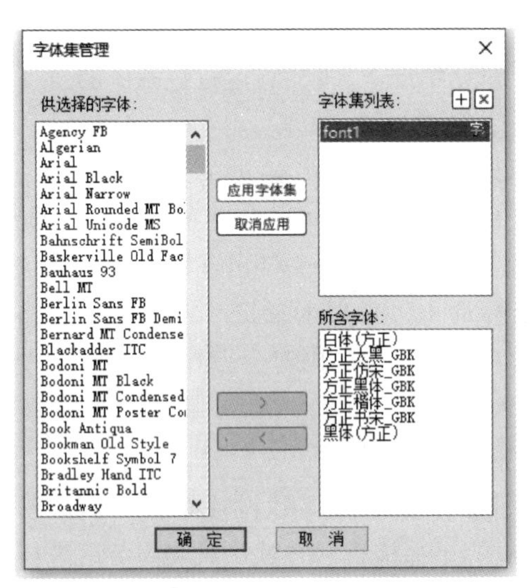

图3-2-13　字体集管理

五、复合字体

复合字体可以设置中文、外文、数字、数码、标点以及自定义字符的匹配关系，并可以调整中英文混排时中文、外文、数字、数码、标点和自定义字符的基线、字心宽、字心高等参数。

在排版过程中，复合字体是经常用到的设置。例如，短横杠连字符（编码是002D），白体的短横杠要长些，希望用Times New Roman的短横杠连字符来排版，如图3-2-14所示。

此情况需要设置复合字体，选择“文件”→“工作环境设置”→“复合字体”，如图3-2-15所示。

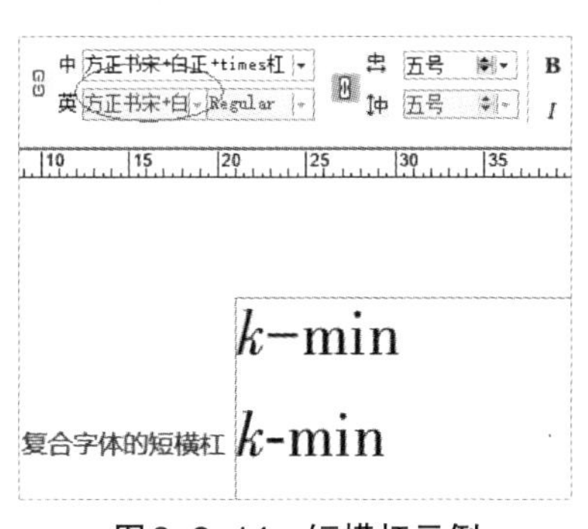

图3-2-14　短横杠示例

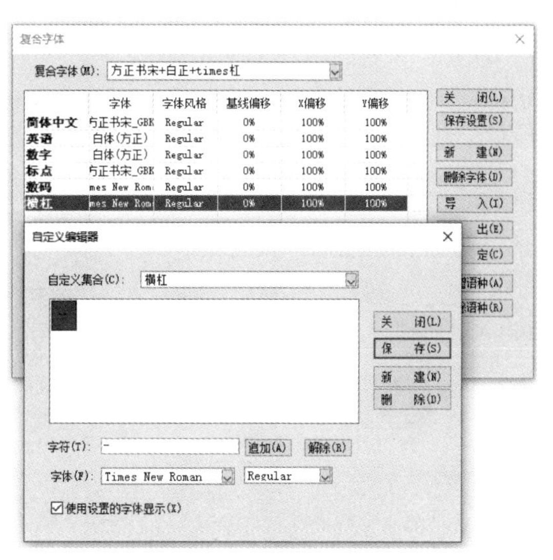

图3-2-15　自定义复合字体

六、禁排设置

禁排设置即标点或字符不允许出现在行首或行尾。方正飞翔根据中文排版规则，内置了一批禁排的符号，操作者也可以追加或解除禁排符号。选择"文件"→"工作环境设置"→"禁排设置"，弹出"禁排设置"对话框，如图3-2-16所示。

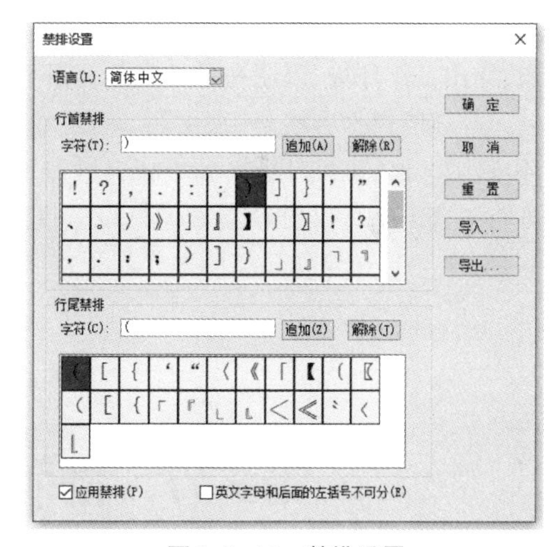

图3-2-16　禁排设置

七、自定义快捷键

在排版软件的使用过程中，通常会使用快捷键提升排版速度。在方正飞翔中，有一套默认分配的快捷键方案。除此之外，用户也可以使用飞腾3或飞腾4的快捷键，或根据自己的使用习惯和偏好来自定义快捷键。选择"文件"→"工作环境设置"→"键盘快捷键"，弹出"键盘快捷键"对话框，如图3-2-17所示。

自定义快捷键的方法是，单击"新建"按钮，新建一套快捷键方案，在新建的方案中单击"编辑"按钮，弹出"编辑快捷键"对话框，如图3-2-18所示。在"新建快捷键"控件里输入新的快捷键，单击"分配"按钮即可。

定义好自己习惯使用的快捷键后，还可以导出到本地保存，将安装或升级到更高的飞翔版本时再导入，方便自己排版。

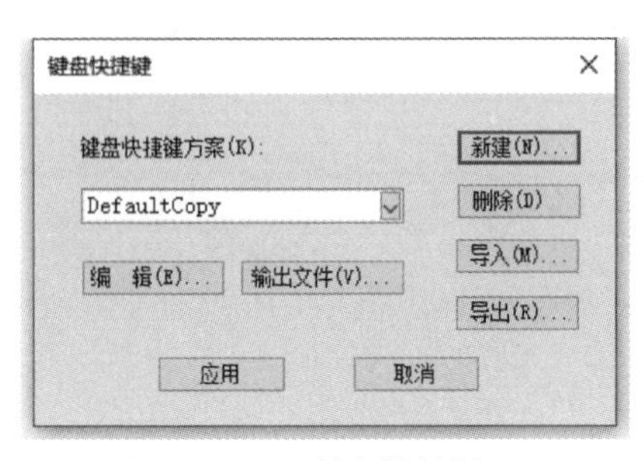

图3-2-17　键盘快捷键

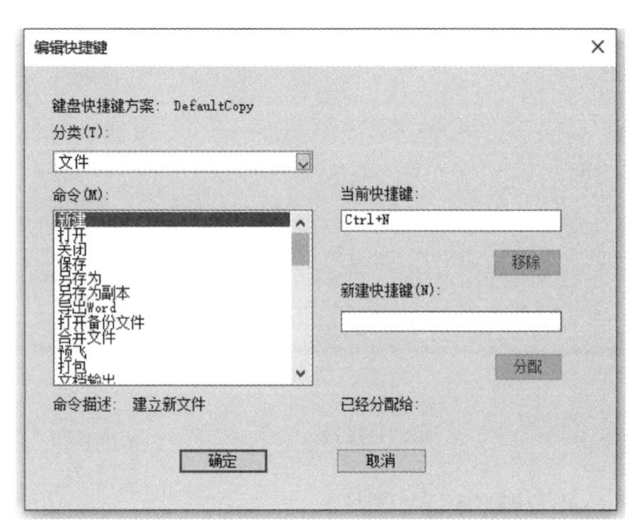

图3-2-18　编辑快捷键

八、工作环境的导出与导入

方正飞翔的工作环境包含文件设置、偏好设置、文字样式、段落样式、复合字体、色样、颜色和预设。修改工作环境的部分参数后，不同的计算机有可能结果不一致，因此用户导入、导出工作环境，以便在另一台计算机上沿用自己的使用习惯。

具体的操作方法是，在飞翔“灰版”状态下，选择“文件”→“建立工作环境”→“导出工作环境”或“导入工作环境”，即可将自己熟悉的工作环境导入/导出到软件中。“恢复工作环境”可将工作环境中文件设置和偏好设置恢复到方正飞翔安装后的初始状态。这里需要注意的是，导入/导出工作环境的操作必须在“灰版”下进行。

第3节　排版文件的相关操作

文件的相关操作指方正飞翔对排版文件的通用操作，如新建、打开、保存、关闭和输出文档等，在排版工作的场景中，方正飞翔还提供了一些特殊操作，如文件合并、预飞、打包等。本节我们来讲解使用方正飞翔进行排版的基本操作流程，以及关于排版文件的基础操作。

一、新建文件

图书的版面，一般由页边距、版心、出血等元素组成。因此，在排版之前，首先要知道版式基本要求，例如页面尺寸（即成品尺寸）、版心大小、页面边距、页眉及页码的格式、文档分栏要求、正文字体、字号、字距、行距、标点类型、标题格式等，知道了版式的基本要求，才可以在飞翔中新建一个符合要求的文件。

可以使用不同的方法在飞翔中新建一个排版文件。一种是在启动方正飞翔时，在欢迎画面上选择“新建文档”，如图3-3-1所示。

另一种是单击快速访问工具栏里的“新建”；或选择菜单“文件”→“新建”，弹出“新建文件”对话框；或利用Ctrl+N组合键新建文件。

在新建文件时，参照书刊的设计，可以设置版面大小、页面边距，以及其他排版文件的各项参数，如图3-3-2所示。

图3-3-1　方正飞翔软件欢迎界面

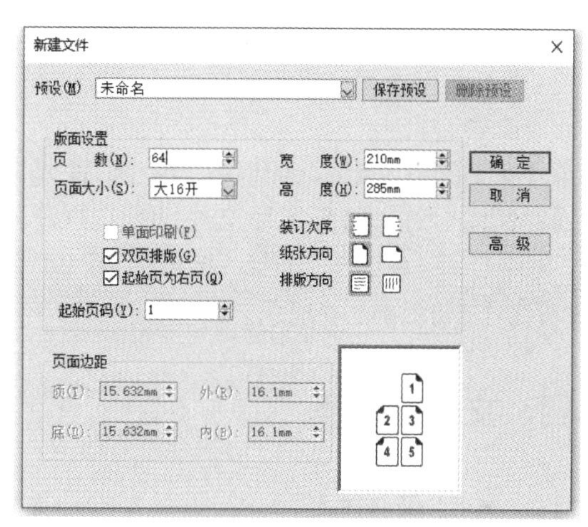

图3-3-2　新建文件

在单击“确定”按钮之前，一定要先设置“高级”中的“缺省字属性”和“版心背景格”，即设置正文缺省的字体字号、行距、标点和空格类型、段首缩进等，这样才能将这些属性参数值同步到“基本段落”样式里，以及通过版心背景格设置版心的栏数、栏宽和行数。

设置了“缺省字属性”和“版心背景格”的版心后，方便采用“移去文本的样式和格式”导入Word就能按照规划好的正文排版格式进行排版，提高排版效率。

新建文件完成后，空白版面即可显示在软件中，除了新建文件的设置之外，用户如果对版面效果有特殊要求，还需要继续在“文件”→“工作环境设置”→“文件设置”→“默认排版设置”里进行排版设置，如设置符号字体风格、中文与英文数字间距、小数点后空四分空、单字不成行和标字大小等。

二、保存、打开和关闭文件

排版过程中要养成随时保存的习惯，以避免排版文件丢失或者排版文件版本混乱的问题。事实上，在新建文档后，就应立即保存文件，给文档命名，然后再进入版面的细节排版过程中。保存文件（Ctrl+S）、打开文件（Ctrl+O）和关闭文件（Ctrl+F4），都属于最基本的排版文件操作。

三、文件合并

方正飞翔文件合并功能分为两种，一种是合文件，另一种是合版。

合文件常用于书刊排版，是指将多个文件合并为一个方正飞翔文件。多人分工各自排版一本书刊的不同章节，形成多个方正飞翔文件。定稿后，将多个文件从头到尾依次全部合入，合成一个方正飞翔文件，方便提取完整的目录，生成一个整书或整刊的PDF。

合版是指将一个版面分给几个人排版，最后将每部分合到一个版面里，通常用于排报纸，当版面内容复杂时，主编可以把报纸的版面划分为几个区域，每个编辑单独编辑自己排版的区域，最后合成一个版面。

具体的操作方法是，选择“文件”→“合并文件”，选择需要合并的方正飞翔文件，单击“打开”，弹出“文件合并”对话框，选择“合文件”或者“合版”进行操作，如图3-3-3所示。

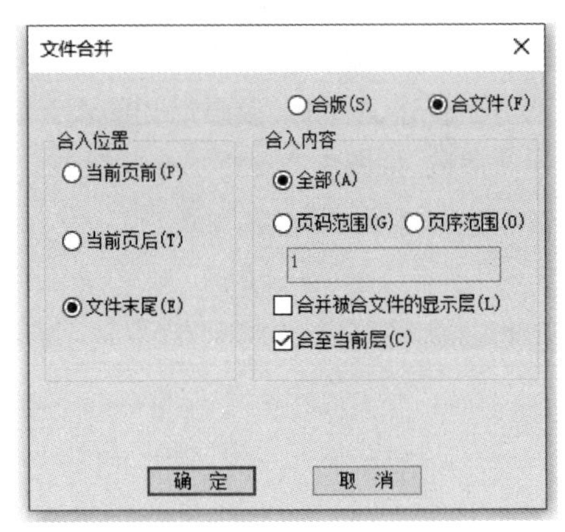

图3-3-3　文件合并

四、文档的预飞

排版结果不仅要规范、美观，更重要的是要满足印刷的要求，因此在排版完成后，还需要对排版文件进行印前检查，在方正飞翔中，印前检查的功能名为“预飞”。检查的内容主要包括是否缺字体、是否缺字符、是否缺图像、是否存在出血、是否存在续排文字块或续排的单元格、是否存在空文字块、是否字过小、是否线过细、是否存在图压文的状态、是否有对象使用了RGB颜色等。

执行预飞操作的方法是，文件打开的情况下，选择“文件”→“预飞”，方正飞翔会自动对文件进行检查，检查结束后弹出“预飞”对话框，如图3-3-4所示。

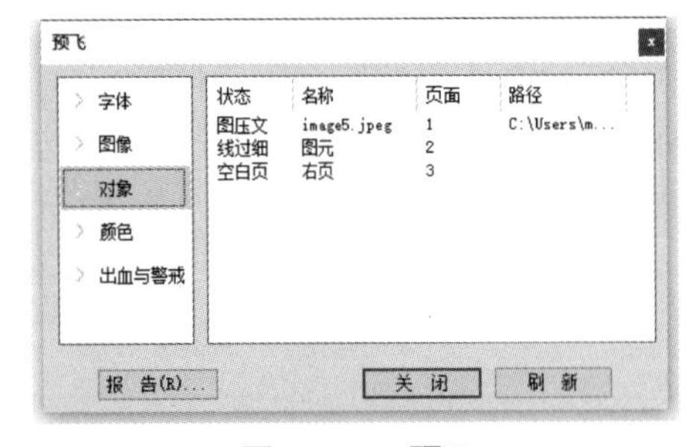

图3-3-4　预飞

在这个对话框中，会展示对文件中的所有字体、图像、颜色、对象、出血等元素的检查结果，并可以生成预飞报告，以备查阅。

如果需要查看预飞结果对应的版面内容和效果，则双击预飞条目，就可以跳转到版面进行修改，修改版面效果后，单击“刷新”预飞结果会自动更新。

五、文件的输出

文档排版完成、修改定稿后，可以输出用于印刷的标准PDF格式，也可以输出用于电商平台上架运营,供读者阅读的ePub流式电子书等格式。对于不同的格式,都是在"文档输出"这一统一入口中操作和设置的。

文档输出的具体操作方法是,选择"文件"→"文档输出"或按Ctrl+Shift+J组合键,弹出"文档输出"对话框,选择输出印刷PDF、交互PDF、流式ePub、版式ePub、EPS、JPG、txt或PS格式。

六、打包文档

排版和输出完成后,打包是为了存档,将来再版时,保证文档能够在其他机器上正常打开,不出现缺图片的情况。

选择"文件"→"打包",弹出"打包"对话框,选择保存的路径,在文件夹名称里输入名称或使用默认名称,单击"打包"即可把排版文件、图片文件等全部存到这个文件夹里。

第4节　对象的基本操作

一、对象

版面是由对象组成的,对象是版面的基本元素。对象分为版面上的独立对象、文字流内的对象和锚定对象。

(1) 独立对象是直接放在版面上,选取工具选中后,可以通过键盘的上下左右方向键直接移动的对象,如文字块、图片、图形、表格和成组块。

(2) 飞翔统称文字流内的对象为盒子。形成盒子对象的操作方法有:通过拷贝独立对象,再粘贴到文字流内的对象,如:图片盒子、表格盒子、文字块盒子;文字流内可插入对象的有图片、表格;直接输入的公式块。这些盒子对象是不能通过方向键移动。

(3) 锚定对象是通过锚定工具将对象拖拽到文字流中形成锚定关系的。锚定对象与文字流中的锚点标志符绑定,可以随文字流动而移动,保证了对象与文字的跟随关系。

二、独立对象的操作

独立对象的相关操作如表3-4-1所示。

表3-4-1　独立对象的相关操作

序号	操作名称	操作描述
1	选中对象	通过选取工具选中版面上的一个或多个对象;可以框选对象;还可以全选对象
2	移动对象	选中对象后,可以拖动对象到达合适位置;在对象选项卡的"X""Y"坐标的编辑框中输入X/Y坐标,达到定位移动对象的目的
3	复制、剪切粘贴、删除	选中对象,可以通过快捷键或右键菜单复制、剪切、粘贴、删除对象
4	对象克隆	选中对象复制生成多个对象,对象将自身按照用户设置的方向和数目复制在版面上
5	调整对象大小	使用鼠标拖动或对象选项卡的宽度和高度值来改变对象的大小
6	倾斜、旋转、变倍	选择工具箱中的旋转变倍工具,选中版面中的对象,可实现对象的倾斜、旋转、变倍操作。还可以通过对象选项卡倾斜、旋转、变倍的编辑框输入精确的数值
7	撤销和恢复	为方便用户在误操作时进行取消复原,"撤销(Ctrl+ Z)""恢复(Ctrl+ Y)",即可执行复原、取消复原操作。飞翔提供无限制地复原、取消复原操作,但是要确保计算机上有足够的内存空间,如果超出设置的内存空间,则不支持撤销/恢复操作
8	重复操作	飞翔提供重复操作的功能,快速执行上一次应用过的操作,可以重复的操作包括:字体字号、行距对话框、纵向调整、颜色面板、色样面板、线型与花边面板、底纹面板、透明、阴影和羽化对话框
9	对齐	在飞翔的对象选项卡上提供了使一个或多个对象以特定的基准对齐排列的功能;可以等高和等宽;还可以自定义对齐,实现等间距、阶梯布局的对齐效果
10	对象层次	飞翔中在同一层上多个重叠的对象之间有一定的层次关系,用户可以在对象选项卡,通过单击"上一层""下一层""最上层(Ctrl+ Alt+ E)"或"最下层(Ctrl+ Alt+ B)"的图标按钮调整对象之间的层次关系,指定重叠摆放对象的排列层次
11	锁定和解锁	锁定分为普通锁定和编辑锁定。普通锁指在飞翔中可以把一个或者多个对象固定在版面上,以确保已经编辑好的对象形状或位置不被修改。编辑锁定指不改为对象形状或位置的情况下,还不能改变图形的颜色,文字流内的内容
12	解锁	如果要移动已锁定的对象,则要先将锁定的对象解锁
13	成组和解组	在飞翔中,可以将几个对象成组成一个对象,将该组对象作为一个整体进行操作。这样可以实现对多个对象同时进行操作等功能。操作完成后,如果需要,还可以用解组操作把成组对象分离
14	捕捉	捕捉即对象移动或缩放时,可以捕捉某些标识,即自动吸附并贴靠某个标识。使用捕捉可以方便对对象进行准确的定位。可以捕捉页边框、标尺、背景格和提示线等。此外飞翔还提供了快速取消/恢复捕捉的功能
15	镜像	镜像是指对象按设置的基准线(点)进行水平、垂直等方向的翻转

三、盒子的操作

盒子是插入文字流中的对象，如图片、图元、公式、文字块和表格。盒子在文字流内就相当于一个大字符，跟着流动。盒子有特有的属性和排版效果，比如：盒子独立成行、盒子互斥和智能后移。

插入盒子的操作是将光标定位到文字流中，粘贴对象，该对象即作为盒子插入文字流中，用选取工具可选中文字流中的盒子。选中盒子后，选择“对象”→“更多”→“盒子操作”的菜单中可以执行“独立成行”的居左、居中和居右，盒子在文字流内独立占一行存在；还可以执行“等栏宽”和“扩至、缩至整行高”。

飞翔可以对盒子进行互斥操作，盒子只能对本行和下行文字实现互斥效果，只有盒子在行首时才可以对本行进行互斥，如图3-4-1所示。

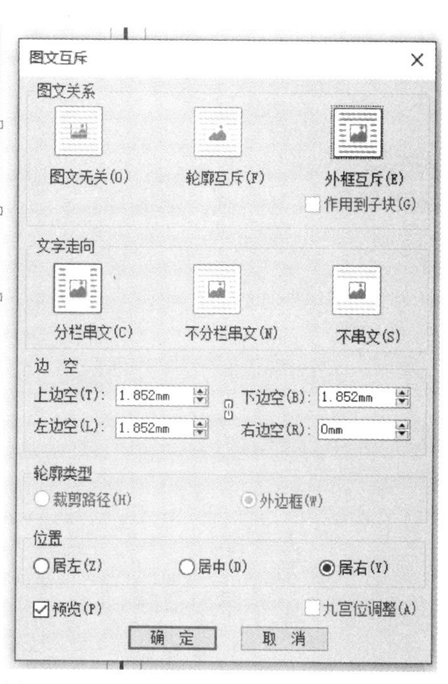

图3-4-1　盒子对本行互斥

盒子智能后移的主要作用是让后面的文字内容自动前移，填补空白区域。选中盒子，单击“对象”→“更多”→“盒子智能后移”→“设定智能后移”，如图3-4-2所示，正在这里，可以通过设置“智能后移选项”，实现不同的盒子占位效果。

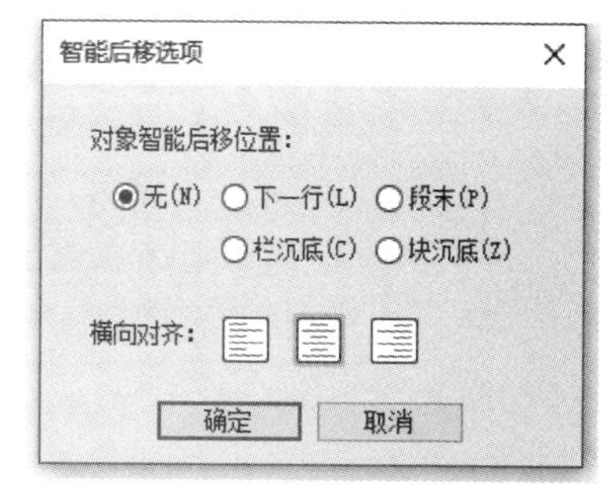

图3-4-2　智能后移选项

第4章 文字排版与设计入门

学习目标：

1. 掌握基本的文字排版操作，包括不同格式文本文件的排入、文本的录入与编辑，以及特殊符号的录入等。
2. 掌握文字格式与属性设置的相关操作，以及各类排版效果的制作方法。
3. 深入理解样式对版面内容和格式的控制，以及使用样式控制的意义。
4. 掌握对文字样式、段落样式进行新建、编辑和应用的操作方法。
5. 掌握对中英文排版规范设置和应用的操作方法。

第1节　文字排版基础操作

一、文字的排入与录入

（一）文字块创建及文字录入

文字是书刊版面最重要的构成元素，因此在方正飞翔中，文字块也最重要的内容容器。在工具箱选择T工具，在版面划出一个文字块，T光标将定位在文字块内，即可录入文字。此外，也可以在工具箱中选择T工具，直接在版面空白处输入文字；或直接从外部复制文字到版面空白处粘贴。

如果文字块要新建在图元之上，可以按住Ctrl+Alt组合键，用T工具在铺底图元或图像块上拖画出文字块。

（二）文字的排入

文字内容有时还会以txt格式文件或Word文档的形式存储在计算机中，在这种情况下，我们肯定无法一一录入大量文字内容，而是将文件中的内容排入方正飞翔中。方正飞翔可以排入txt格式文件，也可以排入Word文件，下文我们以排入Word为例，来讲解文字是如何排入方正飞翔版面中的。

在完成了排版文件缺省属性的设置及版式设置之后，首先需要将内容置入版面。对于长文档排版，可以一次性排入Word文件，方正飞翔将根据内容自动增加页面。在排入Word的时候，可以在“排入Word文件”对话框中设置排入后的版面效果，在这个过程中，实际上是完成了对排版内容的整理，如图片文件存储位置、表格尺寸、标题和内容的样式都可以通过排入选项进行合理的设置，这样可以一定程度上实现原稿格式的整理，大大减轻后续排版的压力。

选择“插入”→Word，弹出导入Word文件对话框，如图4-1-1所示。

在这里，有两种处理方式，适用于不同的排版工作场景。

(1) 移去文本的样式和格式，导入Word之后重新修改文本的样式、格式。如果Word中的样式和格式并不符合我们的要求，则可以勾选“移去文本的样式和格式”，根据需要选择保留文本中数字和字母的粗斜效果、下划线和着重点效果、字体、空行等格式。

(2) 将Word中的样式和格式带入飞翔，或者用飞翔现有的样式替换，快速完成排版。在这里，我们就需要选择“保留文本的样式和格式”。

保留样式有两种处理方式，即“自动导入样式”和“自定义导入样式”。“自动导入样式”

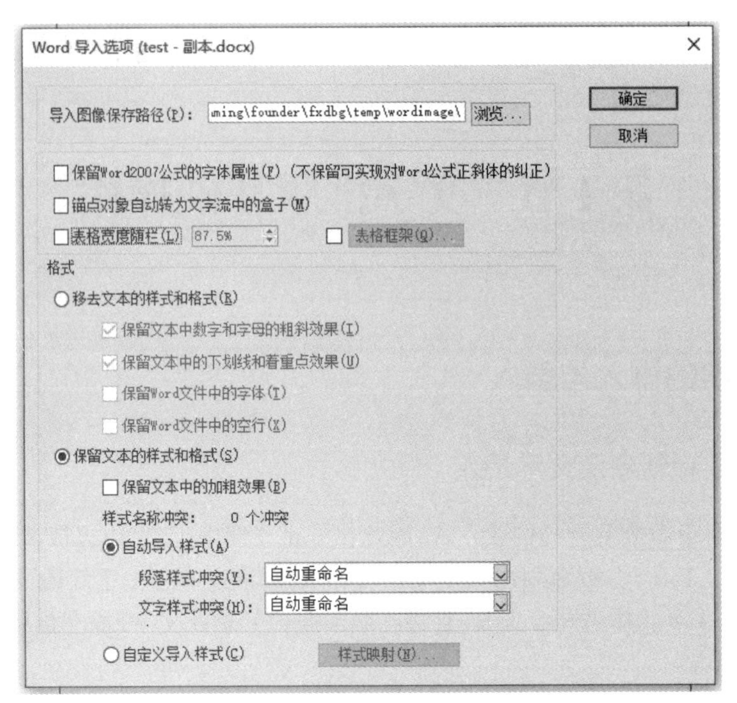

图 4-1-1　排入 Word 文件

指的是自动将 Word 文档中的段落样式与字符样式导入飞翔中；“自定义导入样式”指的是通过自定义导入样式的“样式映射”，可以将 Word 中使用的每种样式映射到飞翔的对应样式中。“样式映射”对话框如图 4-1-2 所示，可以指定使用哪些样式来设置导入文本的格式。

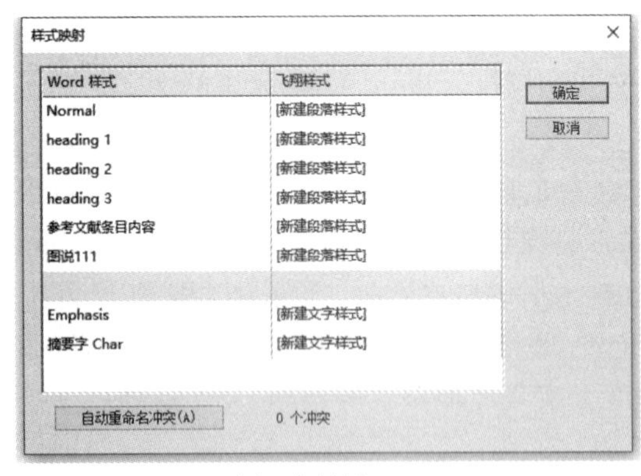

(a) 映射前

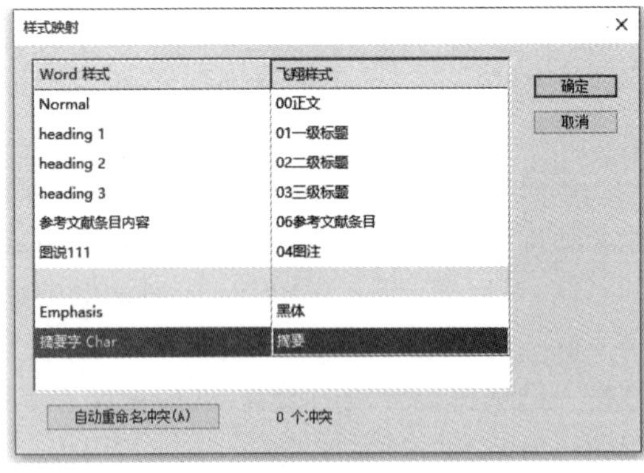

(b) 映射后

图 4-1-2　样式映射

设置好参数后，单击确定，在版面内单击，Word 文档的内容就会排入方正飞翔中。在这里，我们简单介绍一下这个对话框中其他的常用参数。

勾选“锚点对象自动转为文字流中的盒子”，导入 Word 文档后，锚点位置变为随文盒子，不再是飞翔的锚定对象。

如果在“表格宽度随栏”项输入百分比数值，导入的表格宽度占栏宽的百分比，整个文档的表格宽度相同。

（三）特殊符号的录入

在书刊版面中，除文字外，有时还需要录入一些特殊符号。对于特殊符号的录入，方正飞翔提供了多种方式，分别是使用动态键盘输入法、“插入”选项卡的特殊符号、浮动面板中的“特殊符号”面板。在这里，我们用微课视频讲解使用这三种方法录入特殊符号的操作。

视频3：三种特殊符号的录入方法

除以上三种录入特殊符号的方法外，还可以使用方正飞翔内部的特殊符号输入法，快速录入动态键盘和“特殊符号”浮动面板中的特殊符号。操作方法是，在文字流内按下Ctrl+Alt+－组合键，再按下空格键启动特殊符号输入法。

在输入法窗口，需要输入特殊符号的助记符，如输入“罗马数字”，可以输入助记符（罗马数字的简拼）“lmsz”，此时输入法窗口会列出所有相关的特殊符号；单击或输入对应的数字，就可以录入相应的特殊符号到版面上，如图4-1-3所示。

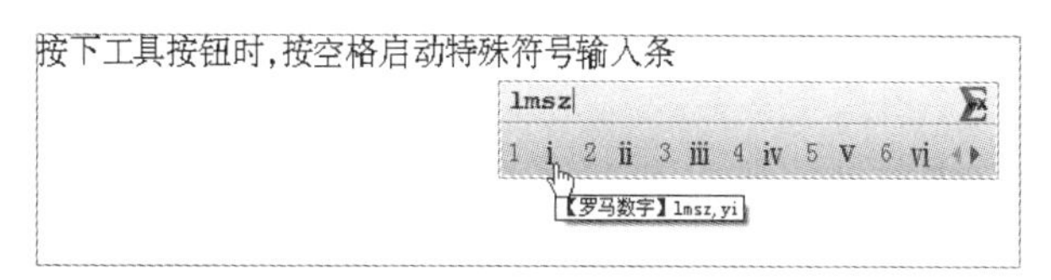

图4-1-3 特殊符号的输入

对于特殊符号的助记符，可以在“插入”选项卡的“特殊符号”对话框中看到，同时也可以进行特定符号的助记符自定义，以便用户可以按照自己的输入习惯进行特殊符号的录入。

（四）插入控制符

方正飞翔提供了一组控制符，可以通过插入不同的控制符，实现页面、段落等版面分割的效果。具体的操作方法是，将文字光标插入文字中，选择“插入”→“控制符”，在下拉菜单中选择需要的分隔符号即可。如果看不到分隔符号，选中“视图”→“隐藏符”，这些符号的作用解释如表4-1-1所示。

表4-1-1 控制符及其含义

符　号	含义及作用
不间断空格	该空格与前后的字符连为一体，不可折行
不间断连字符	不间断连字符与前后的字符连为一体，不可折行
零宽连接符	不占宽度的连字符，放在复杂排版语言（如蒙文）的两个字符之间，使原本两个不会发生连字的字符产生了连字效果。中英排版时，常用来控制两个字符不分离，也不可折行
零宽无连接符	不占宽度的连字符，放在复杂排版语言（如蒙文）的两个字符之间，抑制本来会发生连字的，而不让产生连字效果，用这两个字符原本的字形来绘制。中英排版时，与“零宽连接符”等同，常用来控制两个字符不分离，也不可折行

续表

符　号	含义及作用
换行符	换行符插入点后的文字另起一行
换段符	换段符插入点后的文字另起一段
换栏符	换栏符插入点后的文字另起一栏。若插入换栏符的文字块只有1栏,即没有分栏,则排入到存在连接(续排)关系的下一个文字块
换块符	换块符插入点后的文字移到存在连接(续排)关系的下一个文字块中,并另起一段
分页符	分页符插入点后的文字出现其他页面的续排块内,并另起一段
偶数分页符	偶数分页符插入点后的文字只出现在当前块在其他偶数页的续排块里
奇数分页符	奇数分页符插入点后的文字只出现在当前块在其他奇数页的续排块里
嵌套样式结束符	嵌套样式结束符插入点之前结束嵌套样式的应用
段首大字结束符	当段落样式中的“段首大字”设置的字数过多时,局部调整时,可以插入段首大字结束符,此符号前的字符实现段首大字。即段首大字结束符前面的字数与控件中的字数取小值起作用

二、文字排版的基础操作

方正飞翔版面中的内容,本质上都是由各种“块”组成的,有时候也称为“对象”。其中最重要的是文字块。即使是通过排入Word形成的方正飞翔文件,也是由文字块组成的,只不过这些文字块与版心等大小并且相互之间存在连接关系。对于像小说这样的长文档,除了主内容之外,还需要增加一些零散的图文块进行装饰、补白。对于创意型的版面,例如杂志、画册、海报、少儿读物,更多的是通过图文对象拼合的方式形成版面,一个版面中包含大量的图文对象。因此了解对象的创建、操作很重要,下面首先介绍文字块的创建及操作。

(一) 文字的选中

当文字被选中后,可以进行复制、粘贴、删除的操作;也可以设置文字的各种属性;有时候我们需要设置段落的属性,也必须首先选中该段内的文字。对文字进行操作,首先需要选中欲操作的文字;方正飞翔的文字选中操作与常用的文字编辑软件类似,同时还提供了以下便捷的操作,以便用户提升排版的速度,如表4-1-2所示。

表4-1-2　文字的相关便捷操作

目的和效果	操 作 描 述
选中整行文字	将光标定位到要选中的行上双击
选中整段文字	将光标定位到要选中的段中三击选中段

续表

目的和效果	操 作 描 述
选中特定文字块中的所有文字	将光标定位到文字流中，按下Ctrl键后双击
批量增加或者减少选中的文字	光标定位到文字流中，一手按住Shift+Ctrl，一手按下方向键

（二）文字块续排及连接

方正飞翔的文字块，无论是在一个页内还是多页之间，都可以建立续排关系，拥有续排关系的文字块，增删文字的时候文字可以在各个块之间流动，在排入超长txt或者Word文件时各页的文字块可以自动形成续排关系，还可以手动设置文字块的连接。

设置文字块连接的方法是，选择选取工具，单击文字块出口或入口，此时光标变成排入状态。移动光标到需要连接的文字块上，此时光标变为连接光标；单击该文字块便可把两个文字块连接起来。

断开文字块连接有两种方法。第一种是，选取工具双击带有三角箭头的入口或出口，则取消文字块之间的连接；另外一种是，使用选取工具单击带有三角箭头的入口或出口，再将光标移动到有连接关系的另一个文字块上，光标变成，单击该文字块即可。比如：常用于断开第一章与第二章的续排关系，防止第二章回流到第一章的页里。

（三）文字排版方向设置

文字的排版方向决定了文字是水平还是垂直走位，在古文、港台、日文的版面中，经常使用竖排效果。报纸的标题中也能经常看到竖排标题。可以选中文字块后设置文字的排版方向：正向横排、反向横排、正向竖排、反向竖排。

具体的操作方法是，将光标定位到文字内，或者选择文字块，在“对象”下单击对应的按钮即可。选取工具是T工具之外的另一个常用工具，在此工具下，单击可以选中文字块，移动文字块位置。使用Ctrl+Q组合键可以在选取工具与T工具之间切换。

（四）分栏

在版式设计中经常会用到分栏效果，分栏可以缩短行的长度，提升阅读的舒适度。在报纸、学术论文这样的大版面中，分栏效果是必不可少的。

视频4：分栏的相关操作

方正飞翔可以对文字块进行分栏，在创意型图文版面中，主要是以独立的图文块拼合的方式进行排版，主要使用文字块分栏。在长文档中，为了保持文字在页间的流动性，不适合将文字拆分成小块。有时候文字流中的标题不需要分栏，正文需要分栏，此时就可以使用流式分栏功能。流式分栏是基于段的，可以利用T工具选中文字块内的部分内容进行分栏。在这里，我们用一段微课视频讲解两种不同分栏功能的操作及效果。

三、文字属性的设置

（一）编辑选项卡中的文字属性设置

选中文字，通过“编辑”选项卡，可以设置文字的基本属性信息，如：字体、字号、加粗、倾斜、下画线、着重点、上标字、下标字、字距、通字底纹、文字颜色、标点类型和空格类型，如图4–1–4所示。

图4–1–4　编辑选项卡中的文字属性设置

（二）字体字号命令

在所有的文字属性中，字体字号的修改最为频繁。为了提高操作效率，方正飞翔提供了一个专门的对话框用于设置字体字号，选中文字后，按下Ctrl+F组合键，弹出“字体字号命令”对话框，可以设置中、英文字体，X/Y字号，选择“中英文字体搭配”或者“XY字号连动”。在“输入字体号”命令框输入字体字号命令，字体字号命令是参考方正书版软件的使用习惯设计的，如9.HT，含义是9磅黑体，如图4–1–5所示。

字体命令可以查看“文件”→“工作环境设置”→“偏好设置”→“字体命令”，还可修改字体命令。

（三）文字高级属性

通过“文字高级属性”对话框，可以修改更多的属性信息，如图4–1–6所示。

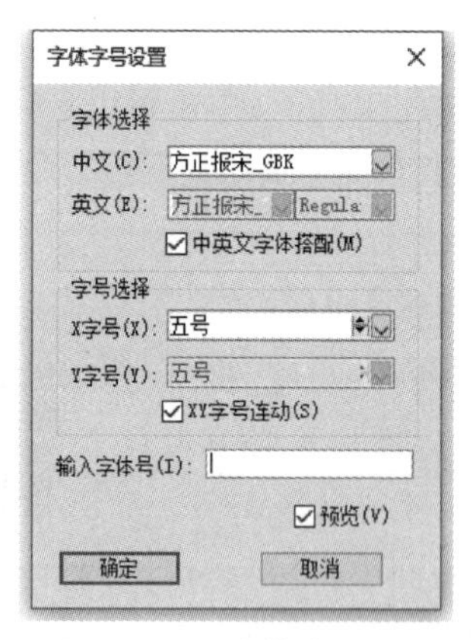

图4–1–5　字体字号设置

图4–1–6　文字高级属性

四、文字排版效果设置

（一）文字密排

文字密排的功能，主要用于解决中文里面段尾独字成行的现象，即段落最后一行只有一个字符的时候，自动压缩到上一行。此外，该功能也可以使一些视觉上看起来比较稀松的字符更加紧凑，例如用于中英文混排，或者英文排版的版面，自动紧缩中文和英文之间的字符间距或英文字符之间的间距，从细微处调整排版效果。

在方正飞翔中，可以选中文字进行密排处理，压缩字符间距，从而调整版面的整体效果，选中文字或文字块，选择“编辑”→“更多”→“文字密排”即可。

（二）部分文字成盒

部分文字成盒是用T光标拉选文字设置成盒子，只能排在一行上，不能拆分成两行，常用于数字和单位不分家，数字和单位设置“部分文字成盒”前后的效果如图4-1-7和图4-1-8所示。部分文字成盒，还可以实现盒子的文字有固定的宽度和排版对齐方式的效果。具体的操作方法是，使用文字工具选中文字，选择“编辑→更多→部分文字成盒→设置”，设置文字成盒的宽度和对齐方式，文字成盒的宽度小于字数时，文字就不会撑满，属正常排版的字距效果。

整个大渡河流域年降水量变化趋势如图2-8所示，1961—2015年呈现上升趋势，气候倾向率为1.409·mm/10·a。其10·a滑动平均曲线表现为：20世纪60年代为下降趋势，70年代初开始为波动上升趋势，到90年代初期变为波动下降趋势，2012年刚过后开始有上升趋势。年降水量在整个流域的55·a平均值为807·mm，其中有26·a大于或等于年降水量的55·a平均值，有29·a小于年降水量的55·a平均值。年降水量的最大值出现在1990年，为965.9·mm；年降水量的最小值出现在1972年（652.9·mm）。

图4-1-7　未文字成盒的效果

整个大渡河流域年降水量变化趋势如图2-8所示，1961—2015年呈现上升趋势，气候倾向率为1.409·mm/10·a。其10·a滑动平均曲线表现为：20世纪60年代为下降趋势，70年代初开始为波动上升趋势，到90年代初期变为波动下降趋势，2012年刚过后开始有上升趋势。年降水量在整个流域的55·a平均值为807·mm，其中有26·a大于或等于年降水量的55·a平均值，有29·a小于年降水量的55·a平均值。年降水量的最大值出现在1990年，为965.9·mm；年降水量的最小值出现在1972年（652.9·mm）。

图4-1-8　文字成盒不“分家”的效果

（三）专用词不折行

专用词不折行与部分文字成盒的道理一样，就是专用词不分家，不会拆成上下两行排版。在一篇文章中，有时在排版时会要求一些特定词语，如国名、地名、组织名称、国家领导人姓名等处于行末时不能折行。处理的方法是，要么自动挤压在本行，要么整体移至下行，这样，效果上可能会导致字距不匀，可以手动调整字距、增减文字或忽略专用词。在这里，我们以一篇新闻报道为例，用一段微课视频讲解专用词的相关操作。

视频5：专用词的相关操作

（四）千分空

方正飞翔可以给数字在千分位或万分位上自动加“四分空”或“英文逗号”间隔符。操作方法是，T工具拉选文字或选中文字块，选择“编辑→更多→千分空”，可以批量对数字添加千分空，例如2 000m。

（五）纵中横排与竖排字不转

在竖排文章里，将选中的文字调整为横排，并且转为一个盒子。在竖排的文章里，使用文字工具选中需要横排的文字，选择“编辑”→“更多”→“纵中横排”下的相应选项：“不压缩”为文字维持原有的大小和字距；“部分压缩”为按照一定比例将设置为纵中横排的文字进行压缩；“最大压缩”为将设置为纵中横排的文字总宽度压缩为当前所在行的行宽大小。

方正飞翔里将文章排版方向设为竖排时，文章里的英文和数字默认向右旋转90度，使用“竖排字不转”，可以使英文和数字与汉字方向保持一致。具体的操作方法是，使用T工具选中英文或数字，或使用选取工具选中文字块，选择“编辑”→“更多”→“竖排字不转”即可。

（六）叠题、折接与割注

叠题、折接与割注是将多个文字形成盒子，文字的格式有所不同，形成叠题、折接和割注后，也可以继续修改文字内容。叠题方式有两种：第一种是形成叠题，将多个文字排成几行，多行的总高度同外面主体文字的行高一致，如图4-1-9所示；第二种是形成折接，将多个文字排成几行，且每行的高度同主体文字的高度一样高，如图4-1-10所示。

两种效果的操作方法是，使用文字工具选中文字，选择“编辑”→“更多”→“叠题”→“形成叠题”即可形成叠题，选择“形成折接”即可实现。

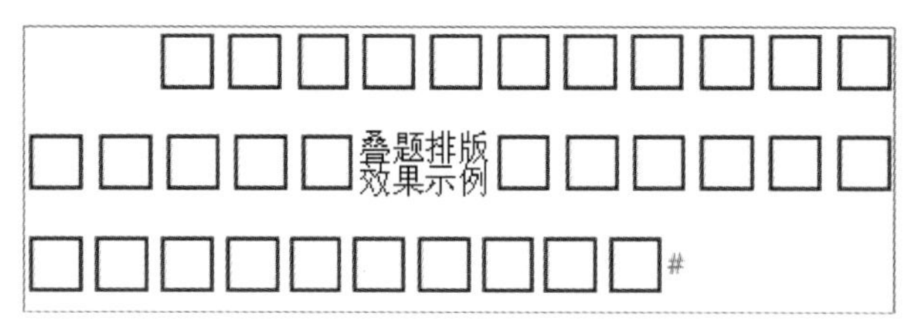

图4-1-9 叠题排版效果

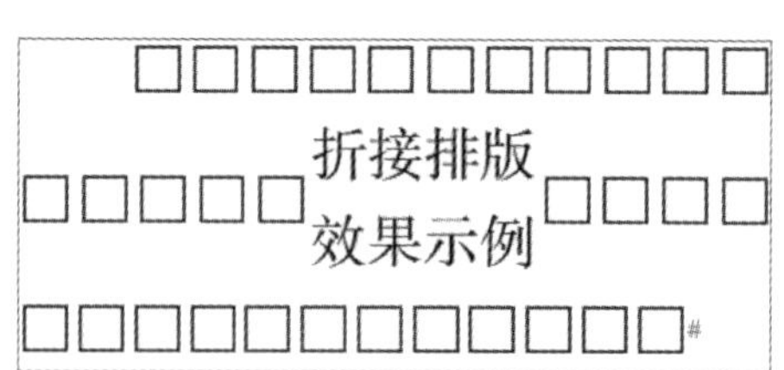

图4-1-10 折接排版效果

割注效果常见于古文排版，指的是竖排文字下方对应有两排竖排的注释内容。割注与叠题效果是相同的，只不过叠题区域是一个整体，不能自动折行，而割注可以自动折行，如图4-1-11所示。割注的具体操作方法是，选择“编辑”→“更多”→“叠题”→“形成割注”指就一行内排两行小字内容，内容还能自动换行，常用于古籍排版。

愁裏愁聞春又去不管多情兩鬢
垂垂暮蝶舞花飛香滿路西園斜
日藏深樹 朝夕逢人誰可語細
事當前淚下能明否睡起心情如
敗絮不隨風上粘泥處陳永正曰細事二語非他人所能道徐晉
如曰一結加倍一層愈覺深婉
半世因緣天已許祇笑癡人夢裏
何曾數玉醉珠傾生死處雨橫風
惡迷前路
浩浩春流朝復暮似水流年畢竟
留難住含泪却聞新燕語弄晴飛
過西園去

图4-1-11 割注效果

（七）拼注音的添加与设置

飞翔可以为汉字自动加上拼音或者注音，对多音字可以进行标识，方便用户更改，并且可以自定义拼音库和注音库。飞翔还提供了汉字拆笔画的功能，可以设置不同的拆分方式。这为少儿类图书、语文教材教辅的排版带来了极大的方便。

1. 自动加拼注音

选中需要加拼音的文字或文字块。选择“编辑”→“更多”→“拼注音”→“自动加拼注音”，弹出“设置拼注音”对话框，如图4–1–12所示，添加拼音的效果如图4–1–13所示。下一次弹出对话框将记住上一次的参数，方便用户连续添加拼音。

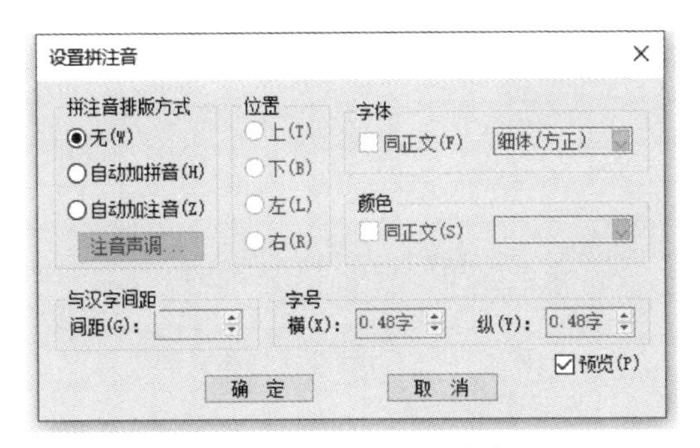

图4–1–12　设置拼注音

图4–1–13　拼音排版效果

如果添加拼音的文字中含有多音字，则会弹出“选择多音字”对话框，此时可以选择多音字的读音，如图4–1–14所示。

2. 编辑拼注音

编辑拼音可以对已经加了拼注音排版的文字重新修改拼注音。汉语的多音字比较多，当检查到拼音错误时，可以使用编辑拼音的功能修改。

例如“公差”中的“差”字有两种读音，一种表示数学术语，一种表示公务，需要根据上下文选择读音。选中“公差”，选择“编辑”→“更多”→“拼注音”→“自动加拼注音”，如果要把这个词表示为公务，选中“差”字，选择“编辑”→“更多”→“拼注音”→“编辑拼音”，弹出“编辑拼音”对话框，如图4–1–15所示。

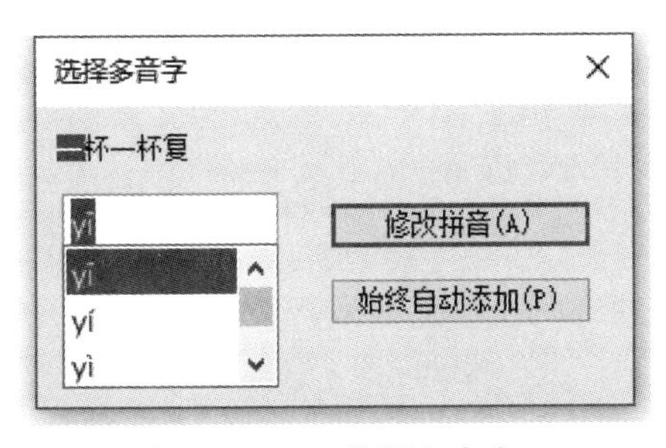

图4–1–14　选择多音字

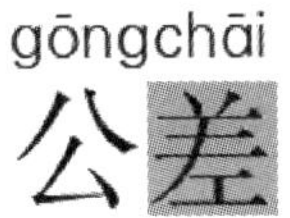

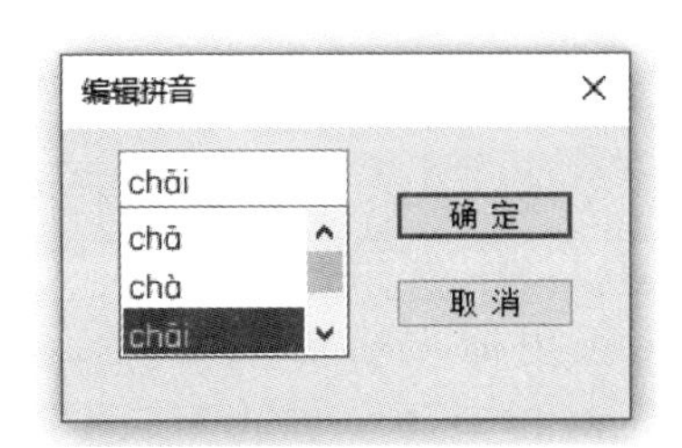

图4–1–15　编辑拼音

在编辑框内输入“字母+数字”，例如“chai1”，数字表示声调，范围是1～5，1～4表示第一声到第四声，5或不加数字也表示轻声，单击确定，即可按指定的拼音标注。

3. 自定义拼音库/注音库

自定义拼音库/注音库是提供给用户一个定义常用多音字的功能，加拼注音时，首先加用户自定义的拼注音。以拼音为例，自定义拼音的具体方法是选择“编辑”→“更多”→“拼注音”→“自定义拼音库”，弹出“自定义拼音管理”对话框，可增加和编辑拼音，如图4-1-16所示。

4. 拼音格式设置/解除拼音格式

“解除拼音格式”选中设置了拼音的文字，选择“编辑”→“更多”→“拼注音”→“解除拼音格式”，可以将拼音设置到文字右边，此时的拼音变为一个一个的字符，如图4-1-17所示。

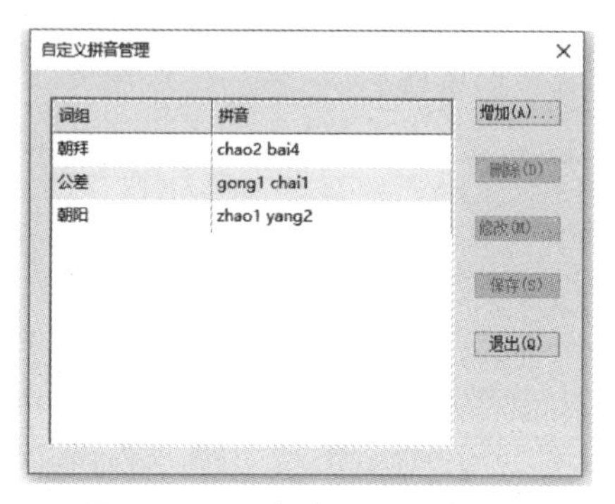

图4-1-16　自定义拼音管理

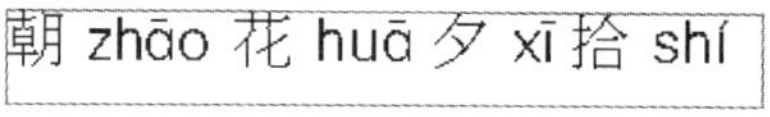

朝 zhāo 花 huā 夕 xī 拾 shí

图4-1-17　解除拼音格式的效果

“形成拼音格式”将排列在文字右边的拼音添加到文字上方，或者形成其他拼音格式。例如，选中图4-1-17中解除了拼音格式的文字块，选择“编辑”→“更多”→“拼注音”→“拼音格式设置”，打开“设置拼注音”对话框，设置拼音格式，单击拼音即可形成拼音格式，如图4-1-18所示。

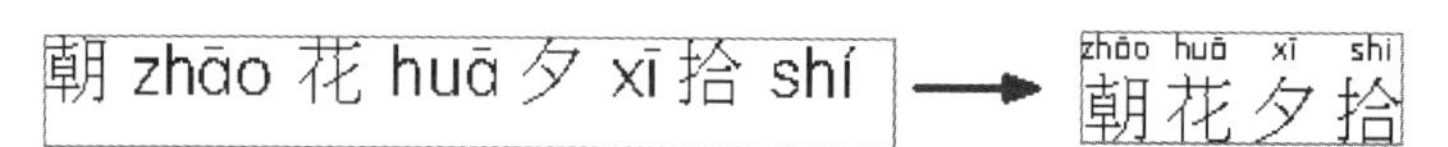

图4-1-18　形成拼音格式的效果

5. 设置声韵母

拼音的声韵母设置允许用户对拼音的声母、韵母及韵腹分别进行颜色设置。在添加拼音时，在“设置拼注音”对话框中选择拼注音排版方式为“自动加拼音”，此时“声韵母”按钮被激活。

（八）拆笔画

对选中的汉字选择笔画字体进行笔画拆分，将汉字拆分成跟随式、笔画式或描红式三种类型，还可以自动加上田/米字格，轻松制作习字帖。

选中需要拆分的汉字，选择“编辑”→“更多”→“拆笔画”，弹出“汉字笔顺拆分设置”对话框，如图4-1-19所示。

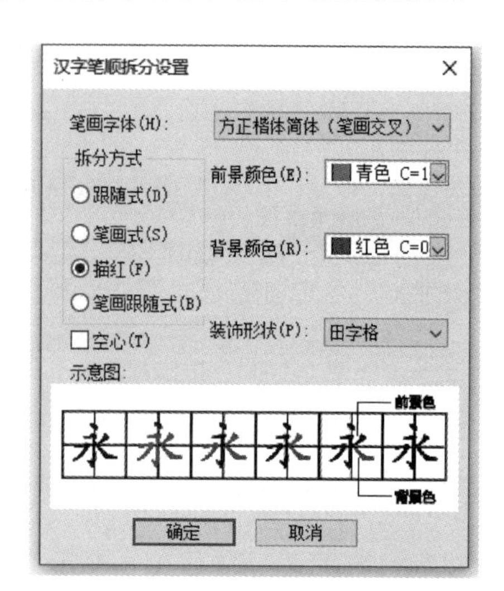

图4-1-19　汉字笔顺拆分设置

“笔画字体”默认是“方正楷体简体”，飞翔中自带的拆笔画字体还有“方正书宋简体”，选择哪款字体，最终拆成的笔画就是那款字体的效果。此外，选择“拆分方式”，不同的拆分方式及其效果如图4-1-20

所示。设置前景颜色和背景颜色，根据需要勾选“空心”效果，选择“装饰形式”后，单击确定，即可生成拆笔画效果。

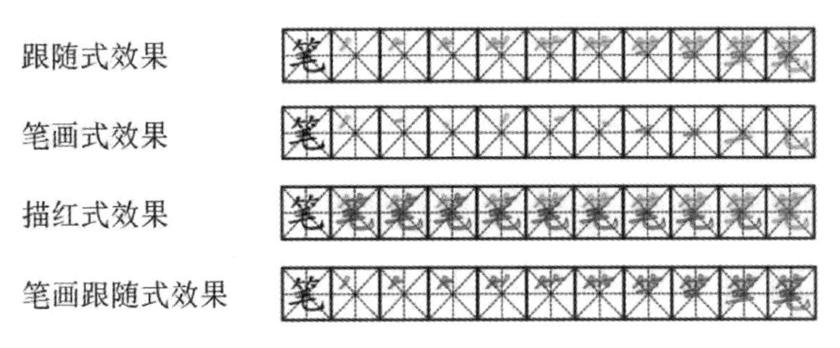

图4-1-20　汉字笔顺拆分设置

如果“汉字笔顺拆分设置”对话框中自带的装饰形状不满足要求，可以拉选文字，选择“美工”→“装饰字”→“自定义装饰字”，在“装饰字”对话框设置相关的效果。

五、文字对齐

（一）部分文字居右

给报纸或杂志排版时，经常在每篇稿件结尾时，将记者或编辑的名字居右排放；三连点填充用来目录排版。部分文字居右功能可以把选中的文字居右，居右文字与前面的文字以空格或三连点“…”填充。

在设置“部分文字居右”之前，需要先预设前导字符、三连点折行和折行后缩进字数，如图4-1-21所示。

设置部分文字居右的方法是，用文字工具选中段落末尾的文字或插入段尾，执行“编辑”→“更多”→“部分文字居右”，在二级菜单中选择居右方式，效果如图4-1-22所示。

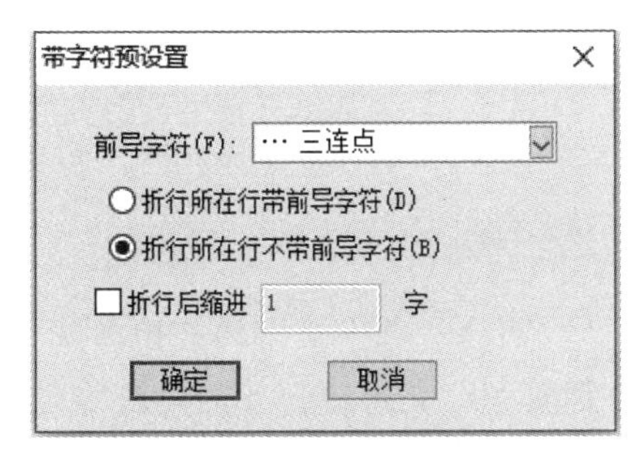

图4-1-21　部分文字居右预设置

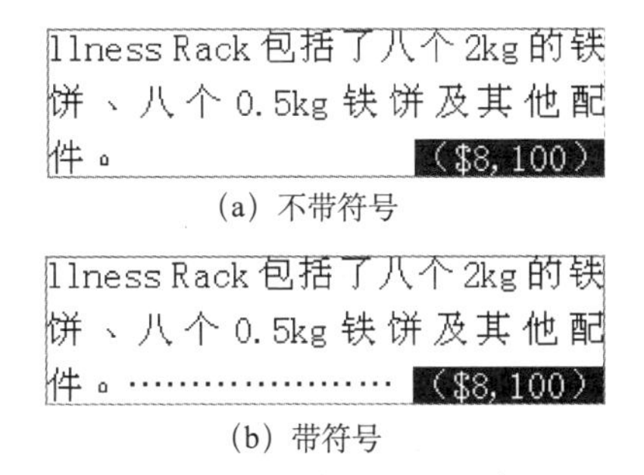

图4-1-22　部分文字居右

（二）部分文字居中

排表格的表题时，表序居左，表题内容居中，有的表题后面有单位，需要居右排版，这就需要用到“部分文字居中”和“部分文字居右”，一行形成左、中、右的排版效果，如图4-1-23所示。

表4-2　　积雪面积年变化　　(km²)

年份	阿坝	壤塘	马尔康	金川	小金	丹巴	康定	泸定
2010	9493.709	6073.123	5745.125	4854.721	5109.091	4174.682	10833.82	1463.543
2011	9724.253	6410.137	5930.375	5158.033	5273.09	4420.251	10718.34	1580.317

图4-1-23　部分文字居中

具体的操作方法是，选择“编辑”→“更多”→“部分文字居中”，把选中的文字或T光标插入点以后的文字居中，再选中单位（图4-1-23中的km²）居右。

（三）对齐标记

对齐标记和段首悬挂效果相同，只是段首悬挂设置的字数是固定的，而对齐标记不限制字数，是可变的，只是按插入的标记位进行对齐，对齐标记常用于排试卷，或参考文献的条目，利用对齐标记排版后的试卷效果如图4-1-24所示。

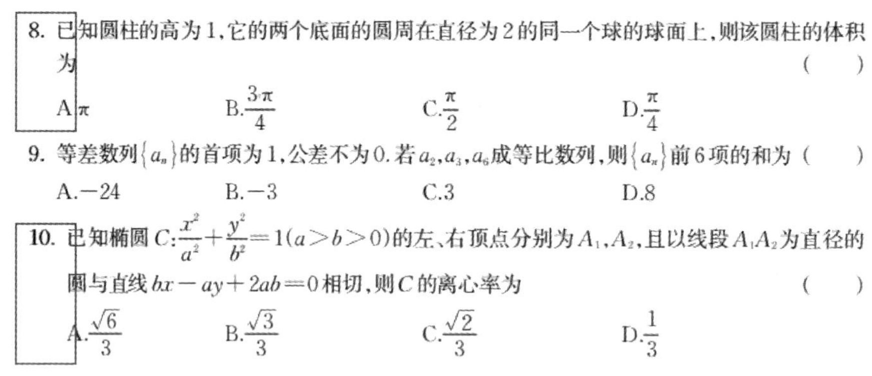
8. 已知圆柱的高为1，它的两个底面的圆周在直径为2的同一个球的球面上，则该圆柱的体积为　（　）

A. π　B. $\frac{3\pi}{4}$　C. $\frac{\pi}{2}$　D. $\frac{\pi}{4}$

9. 等差数列$\{a_n\}$的首项为1，公差不为0. 若a_2, a_3, a_6成等比数列，则$\{a_n\}$前6项的和为　（　）

A. −24　B. −3　C. 3　D. 8

10. 已知椭圆$C:\frac{x^2}{a^2}+\frac{y^2}{b^2}=1(a>b>0)$的左、右顶点分别为$A_1, A_2$，且以线段$A_1A_2$为直径的圆与直线$bx-ay+2ab=0$相切，则$C$的离心率为　（　）

A. $\frac{\sqrt{6}}{3}$　B. $\frac{\sqrt{3}}{3}$　C. $\frac{\sqrt{2}}{3}$　D. $\frac{1}{3}$

图4-1-24　对齐标记对齐

要在文章里插入对齐标记，则从下一行开始，文字起始位置与标记对齐。将光标定位到第一行文字中需要插入对齐标记的位置，选择“编辑”→“更多”→“对齐标记”→“设置”，从第二行起，光标后的文字会自动按设定的位置对齐排。在这里，我们用一段微课视频，讲解对齐标记的设置与取消操作。

视频6：对齐标记

（四）Tab键对齐

Tab键对齐常用于制作类似无线型的列表，达到对齐。选中文字块或拉黑选中这几段文字，选择“编辑”→“更多”→“Tab键”→“按Tab键对齐”，在每段行首三角符号后录入Tab键，则Tab键后面的文字转行时，将以Tab键为标记进行对齐，如图4-1-25所示。

图4-1-25　Tab键对齐

使用Tab键浮动窗口，可使文字按Tab键标记位置整齐排列。在这里，我们通过制作外汇牌价列表（图4-1-26）的一段微课视频讲解Tab键对齐设置的方法。

视频7：Tab键对齐

货币名称	现汇买入价	现钞买入价	卖出价	发布时间
英镑	1518.27	1486.26	1530.46	15:27:13
港币	97.27	96.49	97.64	15:27:13
美元	760.13	754.03	763.17	15:27:13
瑞士法郎	616.88	603.87	621.83	15:27:13

图4-1-26　外汇牌价列表

六、段落排版

（一）段落基本属性调整

段落是组成文章的基本单位，段落之间是由换段符号进行分隔的，新段重新起排。我们可以统一设置一个段落中所有文字的属性，其次很多排版效果都是在段落上发挥作用的，例如段首缩进、段落左右边空、段落对齐，下面首先介绍一下段落的基本属性调整。

选中整段内容（局部选中也可）或者文字块，通过"编辑"选项卡的对应按钮，可以设置基本的段落属性：段首缩进、段首悬挂、段首大字的个数和行数、段落对齐方式、段落左缩进、段落右缩进和段纵向调整。在这里，我们用一组图示展示段落的基本属性，如图4-1-27～图4-1-29所示。

内容提要

本书全面阐述了自然地理概况、水资源开发利用情况以及流域气象、水文特征，并详细介绍了当地流域的气象服务系统。

图4-1-27　段首缩进

参考文献

岑思弦，秦宁生，李媛媛，2012. 金沙江流域汛期径流量变化的气候特征分析[J]. 资源科学，34（8）：1538-1545.

陈宏，尉英华，王颖，等，2017. 基于VIC水文模型的滦河流域径流变化特征及其影响因素[J]. 干旱气象，35（5）：776-783.

陈活泼，2013.CMIP5模式对21世纪末中国极端降水事件变化的预估[J]. 科学通报，85（8）：743-752.

图4-1-28　段首悬挂

安　ān 6画 宀部 上下
❶没有事故或危险（跟"危"相对）▷～全｜平～。❷平静，稳定；使平静，使稳定▷坐立不～｜～抚｜～神。❸舒适；快乐▷～逸｜～乐。❹感到满足▷～于现状。❺安置；安装▷～放｜～顿｜～电话。❻加上▷他给我～了一个罪名。❼怀着（不好的念头）▷不～好心。❽姓。

图4-1-29　段首大字

（二）纵向调整

纵向调整是以行为单位，行就是当前行的字高+行距，常用于标题的占位排版设置。标题是书籍的重要组成部分，标题所占的高度一般会更大一些，上下留出一些空白区间。使用纵向调整功能可以方便地调整标题所占高度。特别是分栏排版，标题采用纵向调整能保证左右栏文字的行对齐和正背页的行对齐，这属于排版规范要求对齐，而段前距和段后距由于不包含行距，不容易保证左右栏的文字对齐。

纵向调整分为段纵向调整、行纵向调整和文字块纵向调整。

段纵向调整是最常用的，编辑选项卡和段落样式是专门设置段纵向调整，还可以T光标插入文字流内，单击“编辑”→“更多”→“纵向调整”或按Ctrl+ U组合键，设置段纵向调整，如图4-1-30所示。

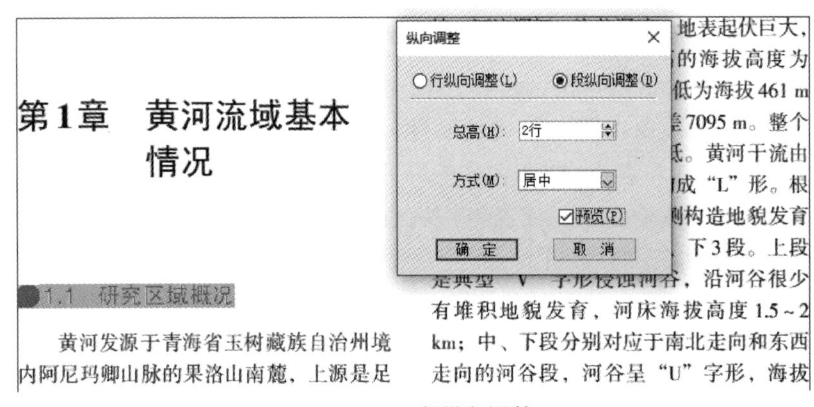

图4-1-30　段纵向调整

行纵向调整应用场景较少，可能书籍排版过程中也很难遇到。比如，段中有多行，某一行需要占位高度大些，就需要设置行纵向调整，如图4-1-31所示，选择“行纵向调整”即可。

文字块纵向调整常用于标题块需要在一个区域内独立占位，选中文字块，单击“编辑”→“更多”→“纵向调整”或按Ctrl+U组合键，如图4-1-32所示，选择居上、居中或居右等方式。

图4-1-31　行纵向调整

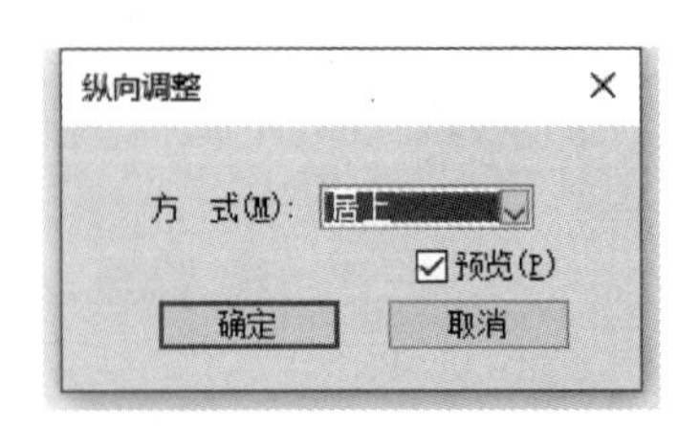

图4-1-32　块纵向调整

（三）段落装饰效果

通过段落装饰功能可以对段落进行美工设计，设置装饰效果，这种做法经常应用在文章的标题和小标题中，通过段落装饰的功能可以提升标题的醒目程度和版面的美观度。

设置段落装饰的方法是，选中段落，选择“美工”→“段落装饰”弹出段落装饰，在段落装饰类型中可以选择“前/后装饰线”“上/下画线”或者“外框/底图”，可以后，即可设置装饰类型对应的属性参数，如图4-1-33所示。也可以在段落样式里定义好段落装饰，应用到段落，方便统一修改。

图4-1-33　“段落装饰”—“前/后装饰线”

第2节　文字样式与段落样式

文字样式是对字符设置的属性，主要是强调的作用；段落样式是对段中的字符和段落排版效果统一设置的属性。对于段落排版，文字样式是局部，段落样式是全局。

在飞翔里，提供了文字样式和段落样式。文字样式是将多种文字属性定义为样式；段落样式是将多种文字及段落属性定义为样式。文字排版需要样式化，样式可以反复多次使用样式，修改样式，同时就更新到版面上，方便快捷，提高排版效率。

一、文字样式的创建、编辑与应用

段中需要强调的字符，可以直接在编辑选项卡修改字符属性，比如：字体、字号、加粗或斜体属性，但是，如果这种有规律的字符数量多，一旦校对或定稿前需要修改，将重新逐个修改，效率低。采用文字样式，修改就非常方便，既可自动更新也不会遗漏，如图4-2-1所示。排版养成良好的样式化习惯，可事半功倍。

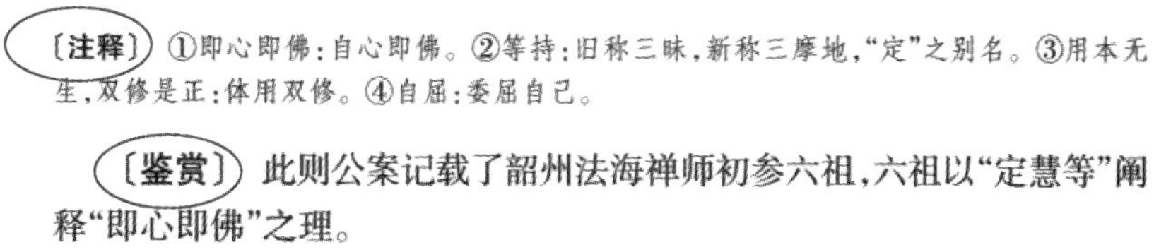

〔注释〕①即心即佛：自心即佛。②等持：旧称三昧，新称三摩地，“定”之别名。③用本无生，双修是正：体用双修。④自屈：委屈自己。

〔鉴赏〕此则公案记载了韶州法海禅师初参六祖，六祖以“定慧等”阐释“即心即佛”之理。

图4-2-1　文字样式应用场景

文字样式浮动面板里列出了已经存在的文字样式，可以进行新建、编辑和应用，如图4-2-2所示。

在文字样式中单击“新建”或者在扩展菜单里选择“新建样式”，弹出文字样式编辑，如图4-2-3所示，也可以选择已经设置好属性的文字，在右键菜单选择“新建样式”，即可创建基于该文字属性的文字样式。

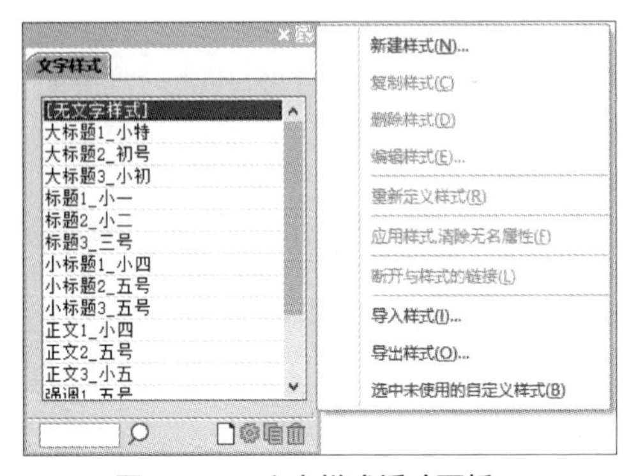

图4-2-2　文字样式浮动面板

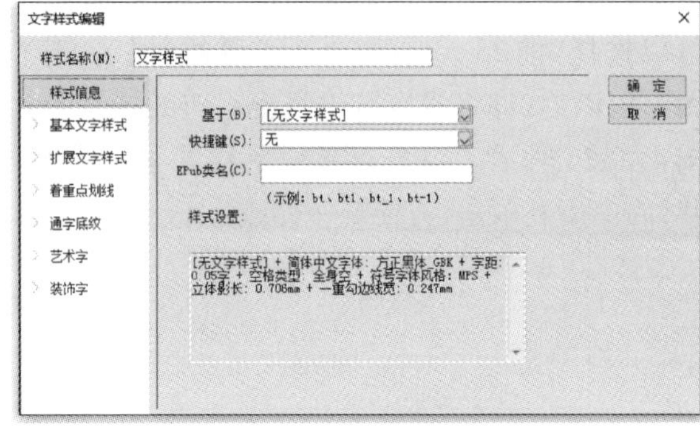

图4-2-3　编辑文字样式

(1) 填写样式名称，选择需要创建的文字样式属性，单击确定即可创建文字样式。

(2) 选择文字样式，可以删除、复制和编辑该文字样式。选择文字后，单击文字样式浮动面板中的文字样式，即可应用相应的文字样式。

(3) 修改文字样式时，修改结果将自动应用于所有应用了该样式的文字。如果不希望修改某些文字的样式，可以在修改样式之前，选中应用了样式的文字，在文字样式中选择“断开与样式的链接”或者单击样式列表中的“无文字样式”，即可断开文字与样式的链接。

此后再修改文字样式时，已经与样式断开链接的文字不会发生变化。飞翔同时支持对应文字样式又修改了文字属性的文字进行文字样式的应用并清除文字中的无名属性。拉黑选中修改了文字属性的文字，在文字样式浮动面板中选择扩展菜单的“应用样式，清除无名属性”，则对所选文字应用之前定义的文字样式。单击样式名称，可以实现应用样式的效果；双击样式名称，可以实现应用样式，清除无名属性的效果，即把样式名称后面的“+”去掉。

二、段落样式的新建、编辑与应用

段落样式是设置字符的字体字号、字距行距、标字、空格、标点类型和符号风格等文字属性；还设置段首缩进、段首悬挂、段落对齐方式、段落左缩进、段落右缩进、段首大字和段纵向调整等段落属性。

飞翔可以通过以下两种方法创建样式。一种是在段落样式的浮动面板中设置需要的段落样式，如图4-2-4所示。

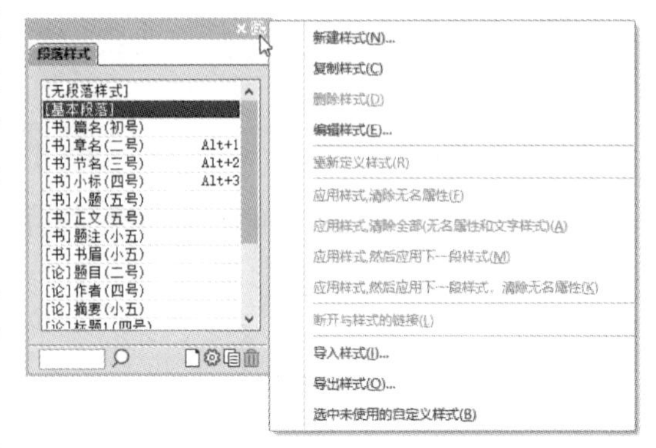

图4-2-4　段落样式浮动面板

此外，用户此前如果已经设置好文字属性，选中之后既便是新建文件，属性的参数也会带到段落样式中。如果用户想要一个新的效果,可以先在属性中调整好相应效果,再基于这个预期效果新建段落样式,之后将这个段落样式复制到其他内容上。

(一) 新建段落样式

在段落样式浮动面板扩展菜单里选择“新建样式”,弹出段落样式编辑,如图4-2-5所示。

“样式名称”编辑框内填写段落样式名称,此外在此对话框中,可以设置“样式信息”“基本文字样式”“基本段落样式”“拆音节”“段落纵向调整”“Tab标记设置”“扩展文字样式”“着重点画线”“通字底纹”“艺术字”“装饰字”“段落装饰”“嵌套样式”等参数。

1. 样式信息

根据需要选择设置,给标题设置相应的目录级别,方便提取;重复使用的样式,设置快捷键,方便键盘操作。

2. 基本段落样式

在基本段落样式里,可以设置段首缩进或段首悬挂,以及左、右缩进的字数,段前、段后的间距、段首大字的字数以及样式、段落级的对位排版和小数点拆行,还可以设置段中各行同栏及禁止背题功能,如图4-2-6所示。

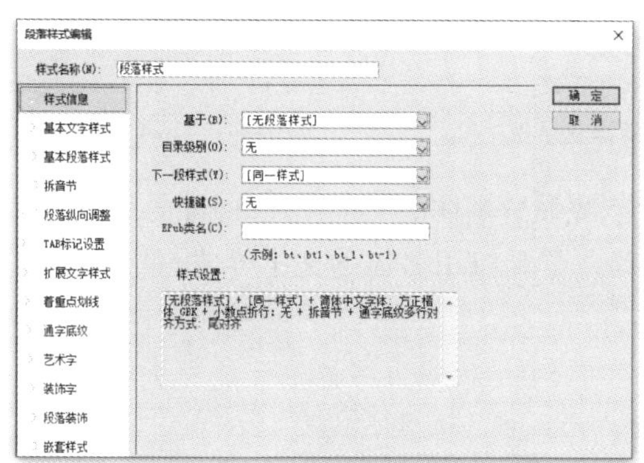

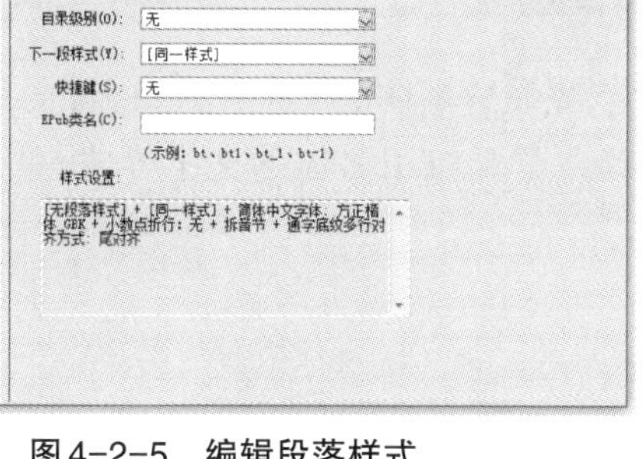

图4-2-5 编辑段落样式

图4-2-6 基本段落样式

“段中各行同栏”勾选此项,表示此段中的所有行需在同一栏中,不能分到不同的栏中。

“禁止背题”背题是印刷排版术语,指标题排在一面(或一栏)的末尾,并且其后无正文相随的标题。排印规范中禁止背题出现,当出现背题时应设法避免。勾选此项,可以指定自动带下段文字的几行文字。

“段中各行同栏”“禁止背题”和“段落的上下边空相连时,消除上边空”在“编辑”→“更多”里也可以对段落单独控制,不必修改段落样式。

3. 段落纵向调整

段落纵向调整可以自动调整总高。如果“总高”为2行,勾选“自动调整总高”,应用段落样式就是一行标题占2行高;那么二行标题就占3行高;依此类推,标题每多一行,行高就增加一行。

4. 段落装饰

通过段落装饰线可以对段落进行美工的设置。具体的操作方式是,选中段落,选择"美工"→"段落装饰",可以选择装饰类型并设置相关的属性信息。在段落装饰类型中选择"前/后装饰线""上/下画线"或者"外框/底图"。

5. 嵌套样式

嵌套样式指的是在段落样式中嵌套文字样式,可以实现段落中的某一段文本与段落格式不同的效果。段落中如果出现有规律的文本时,就可以对文本设置文字样式,然后将文字样式嵌套在段落样式中,通过某个字符或某个规则作为文字样式应用的结束点,那么在应用段落样式时,结束点之前就是应用了文字样式的文本,结束点之后是段落样式的效果,如图4-2-7所示的效果,在通讯录中,冒号之前是黑体,冒号之后是仿宋体。

北京北大方正电子有限公司

地　址:北京海淀区上地信息产业基地五街九号方正大厦

电　话:(010)82531188

传　真:(010)62981438

邮　编:100085

方正客户服务中心

售后技术支持和服务:(010)82531688

质量监督电话:(010)62981478

质量监督信箱:fecc@founder.com

网址:http://www.founderfx.cn/

图4-2-7　嵌套样式示例

实现图4-2-7的效果就使用了嵌套样式功能,先设置黑体的文字样式,再将文字样式嵌套到通讯录的段落样式中,选择分割符号为":"。":"要应用黑体的文字样式,就选择"包括",如图4-2-8所示。

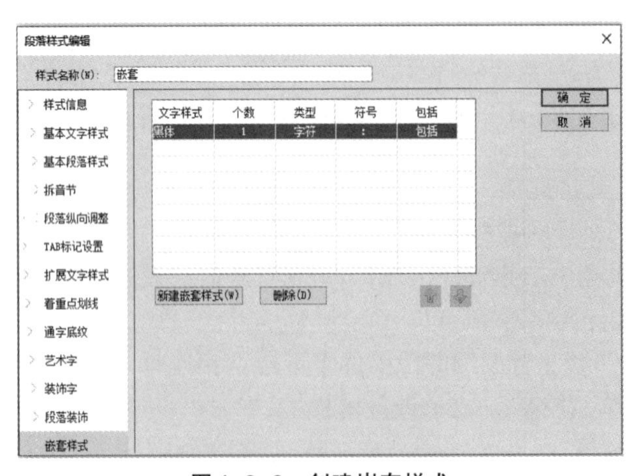

图4-2-8　创建嵌套样式

(二) 编辑、复制、删除段落样式

段落样式的编辑、复制和删除,断开与样式的链接、应用样式并清除无名属性的操作与文字样式相同,在此不再赘述。

三、导入/导出样式信息

通过导入/导出文字样式和段落样式,可以将已经设置好的文字样式和段落样式进行备份或共享,应用到丛书的其他文档,保证丛书的样式完全统一。

对于文字样式,在文字样式扩展菜单中选择"导出样式",将文字样式保存为*.fcs文件。"导入样式"在文字样式扩展菜单中选择"导入样式",选择需要导入的*.fcs文件。

对于段落样式,在段落样式扩展菜单中选择"导出样式",可以将段落样式文件(.fps)导入/导出。"导入样式"在段落样式扩展菜单中选择"导入样式",选择需要导入的*.fps文件。

第3节 排版规则的相关设置

一、中文排版相关规则

在实际排版过程中,经常用到的中文排版规则有禁排、禁止背题、段中各行同栏、单字不成行、孤行不成页、立地调整和对位排版等。

(一) 禁排

禁排就是设置标点和一些符号不能排在行尾和行首,这是排版的基本规则,可以参见第三章第二节中对"禁排设置"的讲解。

(二) 禁止背题

背题是排版规则的术语,指排在一页(或一栏)的末尾,并且其后无正文相随的标题。排版规范中禁止背题出现,当出现背题时应设法避免,此情况就需要在段落样式里设置"禁止背题"或"编辑"→"更多"→"禁止背题"。

(三) 段中各行同栏

段中各行同栏主要用于某一特定区块的内容,段中的所有行需在同一栏中,不能分到不同的栏中。"段中各行同栏"常与"禁止背题"配合使用。设置"禁止背题"时,也要选中"段中各行同栏",可以达到标题有多行时,与下一段前1行或2行有跟随关系。例如:标题1和标题2在一起,标题1和标题2可能是多行。

例如，在标题1和标题2的基本段落样式中都设置“禁止背题”为1行，但没有勾选“段中各行同栏”，因此出现背题效果如图4-3-1所示。

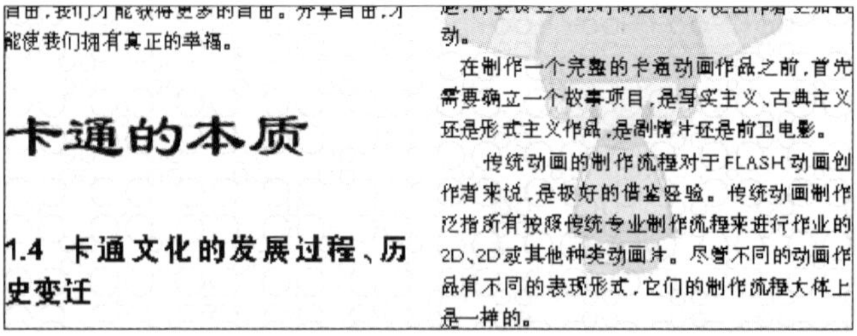

自由，我们才能获得更多的自由。分享自由，才能使我们拥有真正的幸福。

卡通的本质

1.4 卡通文化的发展过程、历史变迁

动。

在制作一个完整的卡通动画作品之前，首先需要确立一个故事项目，是写实主义、古典主义还是形式主义作品，是剧情片还是前卫电影。

传统动画的制作流程对于FLASH动画创作者来说，是极好的借鉴经验。传统动画制作泛指所有按照传统专业制作流程来进行作业的2D、2D或其他种类动画片。尽管不同的动画作品有不同的表现形式，它们的制作流程大体上是一样的。

图4-3-1　背题

要想消除此背题，标题2就需要勾选“段中各行同栏”，排版效果如图4-3-2所示。

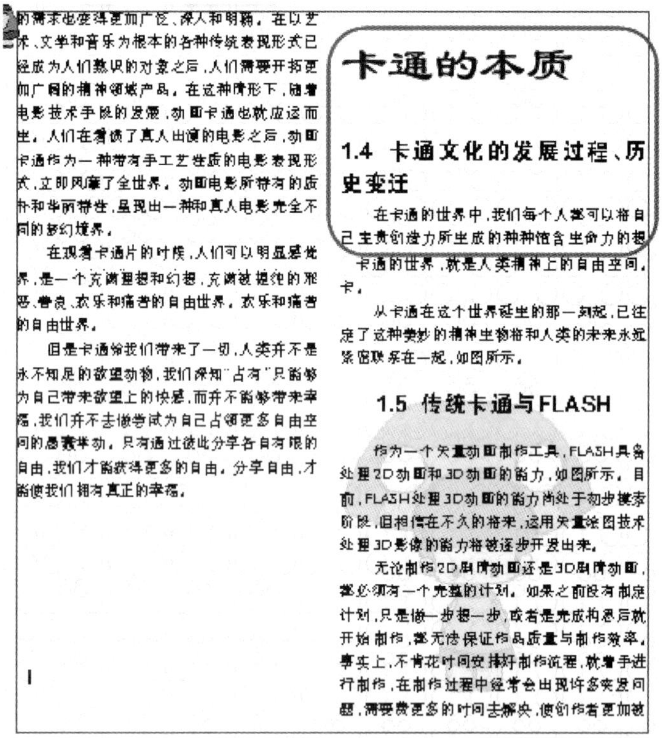

的需求也变得更加广泛、深入和明确。在以艺术、文学和音乐为根本的各种传统表现形式已经成为人们熟识的对象之后，人们需要开拓更加广阔的精神领域产品。在这种情形下，随着电影技术手段的发展，动画卡通也就应运而生。人们在看惯了真人出演的电影之后，动画卡通作为一种带有手工艺性质的电影表现形式，立即风靡了全世界。动画电影所特有的质朴和华丽特性，呈现出一种和真人电影完全不同的梦幻境界。

在观看卡通片的时候，人们可以明显感觉，是一个充满理想和幻想，充满被提纯的邪恶、善良、欢乐和痛苦的自由世界。欢乐和痛苦的自由世界。

但是卡通给我们带来了一切，人类并不是永不知足的欲望动物，我们深知“占有”只能够为自己带来欲望上的快感，而并不能够带来幸福，我们并不去做尝试为自己占领更多自由空间的愚蠢举动。只有通过彼此分享各自有限的自由，我们才能获得更多的自由。分享自由，才能使我们拥有真正的幸福。

卡通的本质

1.4 卡通文化的发展过程、历史变迁

在卡通的世界中，我们每个人都可以将自己宝贵创造力所生成的种种饱含生命力的想

卡通的世界，就是人类精神上的自由空间。卡。

从卡通在这个世界诞生的那一刻起，已注定了这种美妙的精神生物将和人类的未来永远紧密联系在一起，如图所示。

1.5 传统卡通与FLASH

作为一个矢量动画制作工具，FLASH具备处理2D动画和3D动画的能力，如图所示。目前，FLASH处理3D动画的能力尚处于初步摸索阶段，但相信在不久的将来，运用矢量绘图技术处理3D影像的能力将被逐步开发出来。

无论制作2D剧情动画还是3D剧情动画，都必须有一个完整的计划。如果之前没有制定计划，只是做一步想一步，或者是完成构思后就开始制作，都无法保证作品质量与制作效率。事实上，不肯花时间安排好制作流程，就着手进行制作，在制作过程中经常会出现许多突发问题，需要花费更多的时间去解决，使创作者更加被

图4-3-2　禁止背题与段中各行同栏效果

设置“禁止背题”和“段中各行同栏”可能会出现“漏白”问题，但“禁止背题”属于排版规则，是硬性标准，出现“漏白”后排版人员只能采用其他方法消除，比如：微调字距。重点调整“单字不成行”的段落，使其增加一行或减少一行，直到消除空白区为止。

（四）单字不成行

在中文排版规范中，基于排版美观性的考虑，多数时候需要避免段落的最后出现单字行，方正飞翔提供的“单字不成行”功能可以自动消除段落中的单字行，如图4-3-3所示。

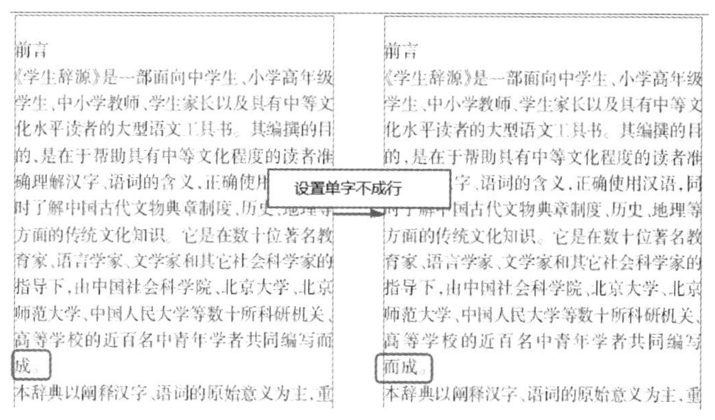

图4-3-3　单字不成行

当一段文字最后一行只有一个字加标点时，可以依据“单字不成行”的规定，强迫从上行下来一个字，变成两字加标点符号的形式。操作的方法是，T光标插入当前段或选中文字块，选择“编辑”→“更多”→“单字不成行”即可。

通过“工作环境设置”→“文件设置”→“默认排版设置”→“单字不成行”，可实现全局控制。

（五）孤行不成页

程序自动消除“孤行不成页”会引发歧义，标准不统一，很难达到用户的预期。飞翔提供了对孤行页进行预飞，排版人员根据预飞提示的结果，手动微调前面页的字距，增加行或减少行，消除孤行页。

通过“工作环境设置”→“偏好设置”→“常规”，设置可用于预飞的单页最少行数，再执行“文件”→“预飞”，单击预飞结果，跳转到孤行页。

（六）立地调整

立地调整实质是微调行距：对本栏放不下一行的文字，而留出小于一行空白，才进行立地调整，但对独立文字块和续排文字块的末栏不起作用。其结果是文字在文字块中上下撑满，能保证左右栏的首行和末行对齐，但是中间行就不能每行左右对齐了。

立地调整是对选中文字块的操作，执行“对象”→“更多”→“立地调整”。

可以在“文件”→“工作环境设置”→“文件设置”的“默认排版设置”修改设置立地调整的总高和每行调整的参数值。

（七）对位排版

对位排版可以迫使文章里的行与文章背景格的行对齐。该功能主要用于分栏的文字块，当文章中某些段落调整了行距或者设置了段前或段后距，两栏的文字可能不在一条线上。此时可以使用对位排版，迫使每一行文字与文章背景格每一行对齐，从而达到两栏文字整齐排列的效果。对位排版常用于报纸排版，在图书、期刊出版物的排版不建议使用对位排版，标题、文字流内插入盒子，占位高度不是整行，对位排版就会导致行距不统一，有的行距大,有的行距正常。

要想排出好的对位效果,最好的办法是使用规范排版的方法,标题采用纵向调整,盒子高度、互斥区域设置为整行高,这样左右栏自然就是对位的,最后,如果左右栏实在不齐,还可以用立地调整来补救,至少能达到上下对齐。

二、英文排版的相关设置

在英文教材、英文期刊等出版物,以及中文期刊的英文摘要、参考文献等内容中,经常会需要为英文排版。英文的排版规则与中文排版规则完全不同,对于这些出版物的排版,方正飞翔提供了专业的英文排版功能,按字宽的标点类型、单词的折行处理、字间距、弯和直引号的应用等细节效果均可以在飞翔中排版,保障了英文排版的专业性。在这部分,我们针对英文排版中常用的排版设置,做飞翔操作的讲解。

(一)英文排版属性

在进行英文排版属性设置之前,需要将主语言设置为英文。设置方法是,通过段落样式或"编辑"→"更多"→"文字高级属性"的"语言"设置为"英文",应用到文字块或段落中。

(二)插入英文控制符

T工具单击需要插入英文控制符的位置,选择"插入"→"控制符"下拉菜单中的"不间断空格""不间断连字符"。

不间断空格插入文字中可以实现前后各1个字符与该空格连为一体,不可拆分的效果。不间断空格和前后的字符中间的距离不拉伸、不压缩,同时也不受空格类型的影响,其宽度就是当前字库中空格的实际宽度。不间断连字符与不间断空格的作用类似,只不过该字符显示为英文的连字符,不间断连字符和前后的字符中间的距离不拉伸、不压缩。

(三)中文与英文数字间距

该功能用于改善中文与英文、中文与数字间距。选中文字,选择"编辑"→"更多"→"文字高级属性",在文字高级属性里"中文与英文数字间距"下拉菜单中选择间距值即可。通过"工作环境设置"→"文件设置"→"默认排版设置"→"中文与英文数字间距",可全局控制。

(四)拆音节

英文字母拆音节即英文单词在折行时,自动按音节拆行,并添加连字符。单词的折行处理是英文排版中最常见的问题,专业的音节拆分是专业效果的保障,方正飞翔提供了五款专业的Hyphen音节拆分库,分别为美国英语、英国英语、加拿大英语、法语和西班牙语。

在方正飞翔中,拆音节是一项段落属性,对段落生效。选中文字块或将光标定位到段落,选择"编辑"→"更多"→"拆音节"修改无名段落的属性,在"编辑→更多→拆音节设置"

自定义拆音节规则;还可以在段落样式的“拆音节”卡片页中设置有名样式的拆音节规则。在这里,我们用一段视频详细讲解一下拆音节的操作方法和相应的效果。在这里,我们以一篇英语文章为例,用微课视频讲解如何应用拆音节的设置。

视频8:拆音节的相关设置

三、文字编码转换

原稿件录入时不规范,比如,英文稿件录入了中文标点,中文数字;或者中文稿件录入了英文半角标点,不能呈现中文标点的排版。这些情况在排版时均需要转码。还有依据英文排版规则,句首、专用词的词首需要大写,这虽然不是录入错误,但要执行大小编辑转换,就不用重新录入。

飞翔通过文字编码转换的功能,可以实现字符内容的全半角转换、简繁体转换和大小写转换。操作方法是,选中需要转换的内容,选择“编辑”→“更多”→“字符编码转换”,实现字母和数字的全半角转换,中英标点互相转换;实现文字简体或繁体的转换。选择“编辑”→Aa下拉菜单中的全部大写、全部小写、词首大写或句首大写。

第5章 图文混排中的常用技巧

学习目标：

1. 掌握文字块的变化操作以及文字排版、美化、艺术设计的相关技巧。
2. 掌握图形图像排版的基本操作，包括图形的绘制、图片的排入、颜色的设置、锚定对象的操作等。
3. 掌握图形图像的美工设计和高阶操作，可以进行多种形式的图文混排。

第1节　文字块与文字排版技巧

一、文字块的形状变化

（一）块变形

通过“对象”→“更多”→“块变形”，可以将文字块变为多种类型的图形形状，如图5-1-1所示。

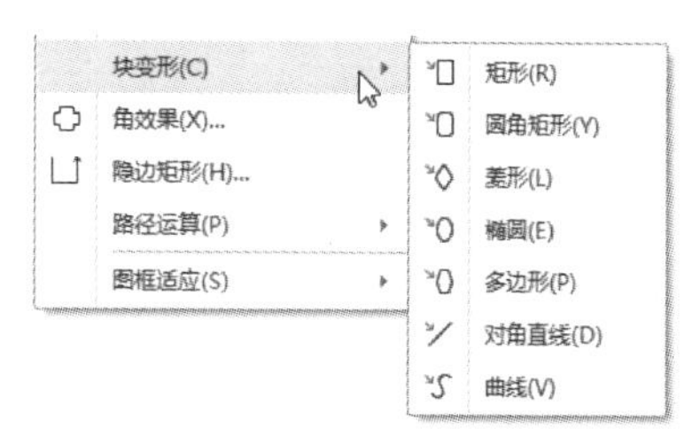

图5-1-1　块变形

（二）直边文字块

方正飞翔的直边文字块是一个非常具有特色的功能，在图文混排时经常使用。在图文混排的版面中，我们会经常看到图片放置在文字区的某个角上或者边沿，此时可以对图片设置图文互斥效果，让图片将文字互斥。对于矩形的图片块，也可以通过直边文字块功能，按住Shift键，拖动其中一个文字块节点，将文字块拉出一个缺口来，然后将图片填补到这个缺口中。

（三）图形文字块

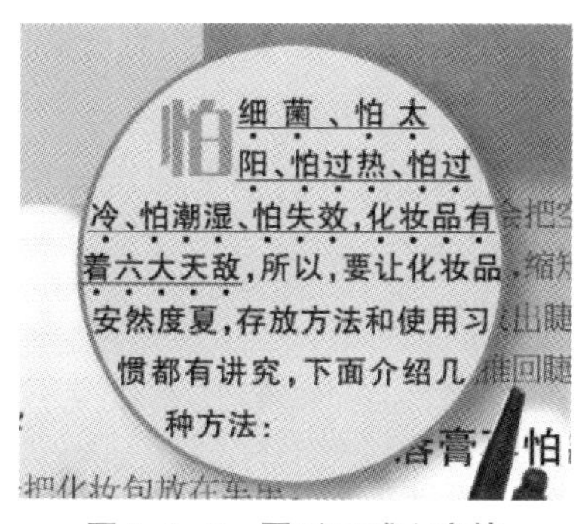

图5-1-2　圆形区域文字块

方正飞翔可以在任意的图形内排入文字。如图5-1-2所示，在圆内排入文字，有录入文字和排入文字两种方式。

录入文字的方法是，选取工具双击图元块，转换为文字块，并进入T光标状态。也可以选择文字工具，按住Alt+Ctrl组合键，然后单击图元块内部区域，即可将其转换为文字块。

排入文字的方法是，选中一个图元块，选择“插入”→“文本”，选择需要排入的文本文件，单击“确定”按钮，版面上出现灌文标识，将鼠标单击到该选中的图形上即可将文字排入图形内。

（四）任意形状的文字块

使用穿透工具，可以将文字块调整成任意形状，跟调整图元块是一样的。选取穿透工具，选中文字块，将光标置于控制点，按住鼠标左键不放，移动位置即可调整为任意形状的文字块；松开鼠标即可完成调整。也可以在文字块边框双击，增加控制点；双击已有的控制点则删除控制点。经过调整后的文字块不论形状是否规则，都可以进行分栏、横排、竖排等操作。

二、文字块根据文本内容调整

在图文混排中，通过图文对象组合形成版面。单个图文对象一旦创建并完成初步加工后，应该去掉图文块中多余的空白区，这些空白区的存在会影响排版。

当文字块中的文字没有占满整个文字块区域时，可以通过Shift+双击调整文字块边框大小。此外，用户也可以选中文字块后，选择“对象”→“更多”→“图框适应”→“框适应图”来执行适应操作。

Shift+双击分栏文字块，可使每栏底线调整为同样高度，如图5-1-3所示。

若文字框小于文字区域，也可以Shift+双击文字块，执行适应操作，纵向展开文字块，如图5-1-4所示。

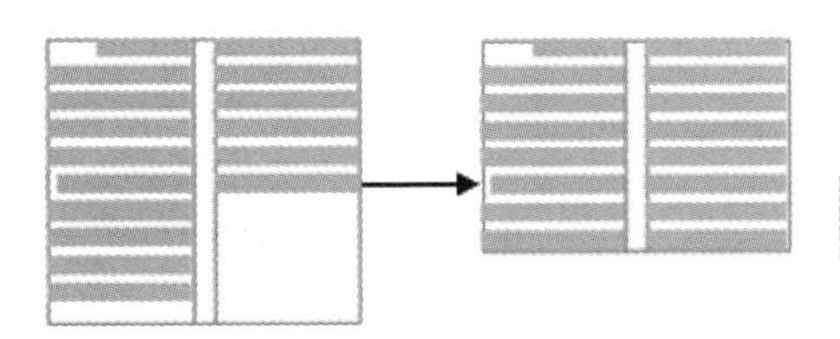

图5-1-3　Shift+双击分栏文字块自缩

图5-1-4　Shift+文字块自缩

按住Ctrl+Alt组合键，双击文字块，可将文字块横向展开，以尽量将块内文字排在一行内。文字块展开的最大宽度同版心宽，这个操作常用于将一段折行的文字调整为不折行，如图5-1-5所示。

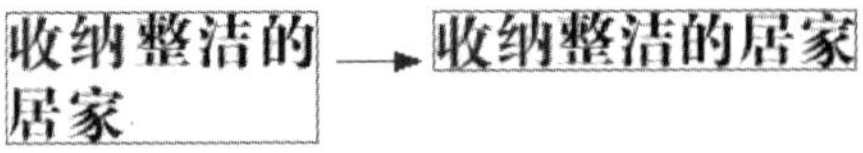

图5-1-5　Ctrl+Alt双击文字块效果

这里需要注意的是，对于在图形内排入文字形成的文字排版区域，只有当文字块为矩形时，文字块适应的操作才有效。

三、沿线排版

飞翔可以制作沿线排版效果，可以使文字沿着曲线进行排版。飞翔的沿线排版可以制作出多种艺术效果，例如可以设置字号大小渐变和颜色渐变，也可以设置文字排列的方式。在这里，以图5-1-6中的效果为例，我们用一段微课视频讲解沿线排版的制作与效果设置。

视频9：沿线排版

图5-1-6　各种沿线排版效果

（一）生成沿线排版效果

有两个方法可生成沿线排版。第一种方法是，选中图元（可以是封闭的，也可以是曲线），在左侧工具栏中选择“沿线排版”，光标移到图元上，鼠标标识变成形状时，单击图元即可形成沿线排版，录入文字即可。

另一种方法是，选中图元，选择“对象”→“更多”→“沿线排版”→“生成沿线排版”，即可生成沿线排版，录入文字即可。

（二）编辑沿线排版

选中沿线排版图元，在文字区域出现首尾标记，按住鼠标并拖动首尾标识，可改变首尾位置。选中沿线排版对象，选择“对象”→“更多”→“沿线排版”→“编辑沿线排版”，弹出“沿线排版”对话框，在这一对话框中，可以设置沿线排版的类型、字号渐变及颜色渐变效果，如图5-1-7所示。

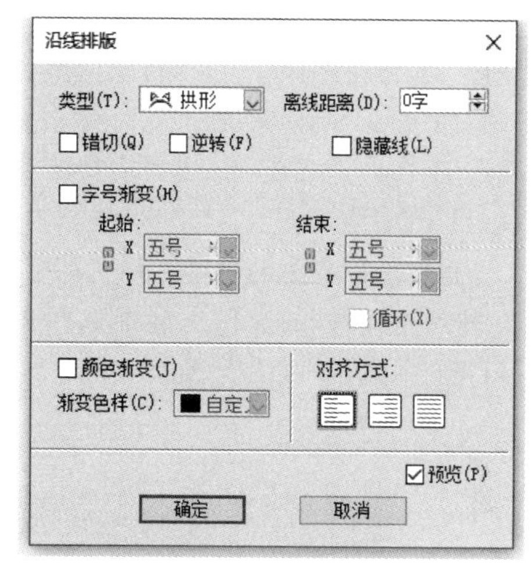

图5-1-7　沿线排版

第2节　图形与图像排版基础

一、图形与图像基本操作

（一）排入图像

方正飞翔支持排入多种类型的图片：tif、eps、psd、pdf、bmp、jpg、ps、gif和png。下面主要讲解三种格式的图片排入操作。

1. JPG格式

选择“插入”→“图片”，弹出“排入图像”对话框。选中需要排入的图像。可以按住Ctrl键或Shift键选取多个图像，一次性排入版面。单击确定即可进入排入图像状态，此时，光标变为图像的缩略图，可以通过以下两种方法将图像排入版面。

（1）将光标在版面的合适位置单击，即可按原图大小排入图像。

（2）拖画鼠标，将图像排入指定区域。按住鼠标在版面拖画，则可以按照拖画区域等比例排入图像。在画框排入图像时，所有的图像都会按比例排入。

在排入多张图像时，会显示有几张图像，以及当前需要排入的图像缩略图。单击或者画框，能将显示的缩略图图像排入。通过键盘上的上、下、左、右箭头，可以更改当前缩略图的图像，从而选择需要先排入的图像。如果想将剩余的图像一次排入，则需要按住Ctrl键单击鼠标，可按原图大小排入；如果按住Ctrl键画框，可将所有图像等比例排入。选中图元，然后进行图像排入操作，可以将图像排入图框内。

当遇到特殊模式的图像，如带裁剪路径或通道的图像、透明背景的PSD图像的时候，可以选中“图像透底选项”，选择需要的模式排入。

2. PDF格式

PDF可以作为图像排入到飞翔中，而且对于多页PDF，可以指定任意页的排入。在“排入图像”对话框的文件类型中选择PDF文件，勾选“PDF排入选项”，单击打开即可进入“PDF排入选项”对话框，如图5-2-1所示。

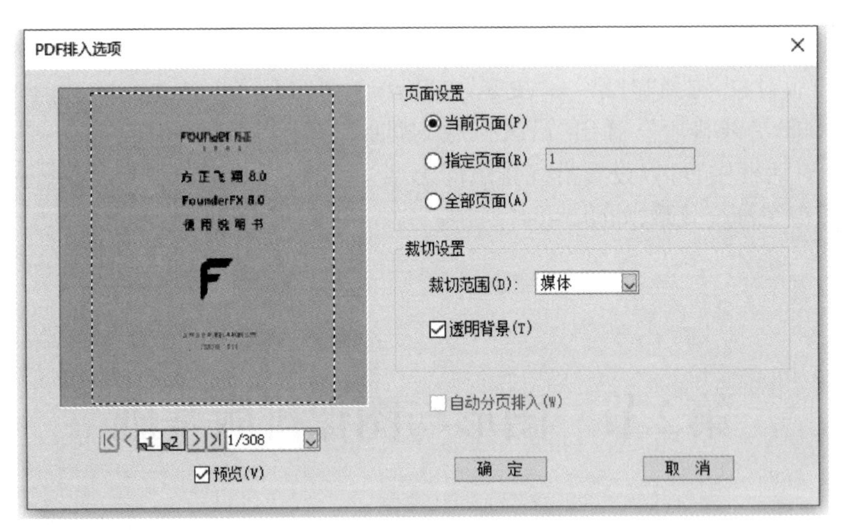

图5-2-1　PDF排入选项

3. CorelDraw格式

方正飞翔支持排入CorelDraw的cmx文件，能够支持CorelDraw的常用图形效果。选择“插入”→CorelDraw，弹出打开对话框，打开需要排入的cmx文件，鼠标光标变为排入图像的标识时单击即可排入。对于Ai格式的文件，可以通过CorelDraw另存为cmx文件后置入方正飞翔版面。

(二)调整图像大小

飞翔版面上的图像块是由图像和边框组成的,是一个整体。

用选取工具选中图像,将光标置于控制点,拖动即可调整图像块大小,按住Shift键可等比例调整;按住Ctrl键只调整边框的大小可裁图。

使用穿透工具选中图像,是选中的边框里面的图像实体,将穿透工具置于节点上,按下鼠标拖动即可调整实体图像大小。

此外,通过图框适应可以使图像与边框匹配。操作方法是,使用选取工具选中图像,选择"对象"→"更多"→"图框适应"级联菜单中的"图居中""框适应图""图适应框"或"图按最小边适应"。

(三)图像裁剪

图像裁剪有三种方法,在这里,我们用一段微课视频来讲解三种不同的操作。

视频10:图像裁剪的三种操作方法

1. 用选取工具裁剪图像

用选取工具选中图像,按住Ctrl键,拖动图像控制点进行裁图,即可拉伸边框,此时框内的图像大小不改变,只改变图像显示区域。常用于文字流内的图像和独立图像进行裁图。

2. 用图像裁剪工具裁剪图像

从工具箱里选取图像裁剪工具,单击图像,拖动图像边框控制点,即可裁剪图像。也可以移动图像内容在图像显示区域的位置。不能裁文字流内的图像。

3. 使用穿透工具裁剪图像

利用穿透工具,单击图像,即可单独选中图像内容。拖动图像调整图像在框内的位置,超出图框的被裁掉,穿透工具还可以编辑图像边框,如移动边框,进行各种曲线节点调整操作等。

二、图形基本操作

(一)绘制封闭图形

通过工具箱中的工具可以绘制直线、矩形、菱形、多边形、椭圆和异形角矩形等封闭图形。在左侧选中绘制工具,进入绘制状态,将光标移到版面上待绘制图形的左上角位置,并按住鼠标不放,拖动鼠标到图形的右下角,释放鼠标即可完成绘制。

按住Shift键,可绘制对应的正图形,如正方形,圆形等。双击多边形,弹出"多边形设置"对话框,可以设置"边数"和"内插角",如图5-2-2所示。

双击异形角矩形,弹出"异形角矩形设置"对话框,可以设置"角效果",如图5-2-3所示。

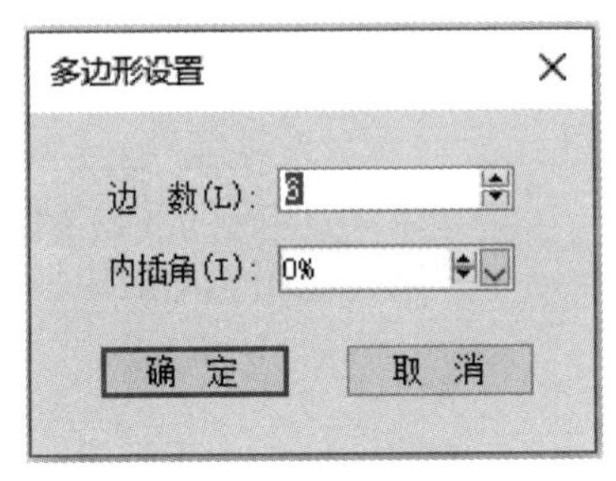

图5-2-2 多边形设置

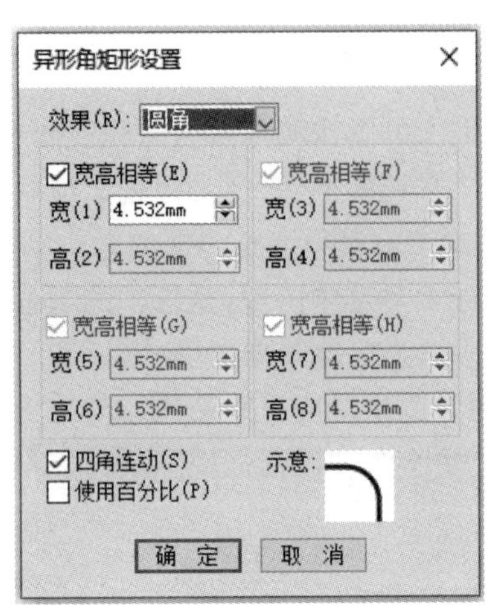

图5-2-3 异形角矩形设置

(二) 绘制曲线

使用钢笔工具可以绘制贝塞尔曲线或折线。钢笔工具还提供了续绘功能,可以在已有的曲线或折线的端点处接着绘制。使用续绘功能,也可以连接两条非封闭的曲线或折线。在这里,我们用一段微课视频讲解钢笔工具的相关操作。

视频 11:钢笔工具的使用

方正飞翔提供穿透工具,用于编辑图元、图像、文字块等对象的边框或节点。也用于选中组合对象里的单个对象,还可以单独选中图像。穿透工具移到图形上,当光标显示为时,表示穿透工具可以对节点进行操作;当光标显示为时,表示穿透工具可以对线段操作;当光标显示为时,表示穿透工具可以移动图形对象。在这里,我们用一段微课视频来讲解穿透工具的相关操作。

视频 12:穿透工具的使用

除了穿透工具可以删除节点外,方正飞翔提供删除节点工具,可以同时选中和删除多个节点。选择删除节点工具,单击图元或图像,使图元或图像呈选中状态。然后可以使用三种方法删除节点:一是使用删除节点工具单击到图元或图像的节点,即可删除该节点;二是框选节点,按Del键,使用删除节点工具在版面上拖划出矩形区域,即可选中区域内的所有节点,按Del键即可删除节点;三是单击边框,使用删除节点工具单击到图元或图像边框,即可删除边框。在这里,我们用一段微课视频来讲解节点工具的相关操作。

视频 13:节点工具的使用

(三) 图形的基本属性设置

选中图形,可以设置线型、花边、底纹等基本属性信息。在右键菜单中选择“线型”,或在右侧浮动面板中选择“线型”,弹出线型的浮动面板,如图5-2-4所示。

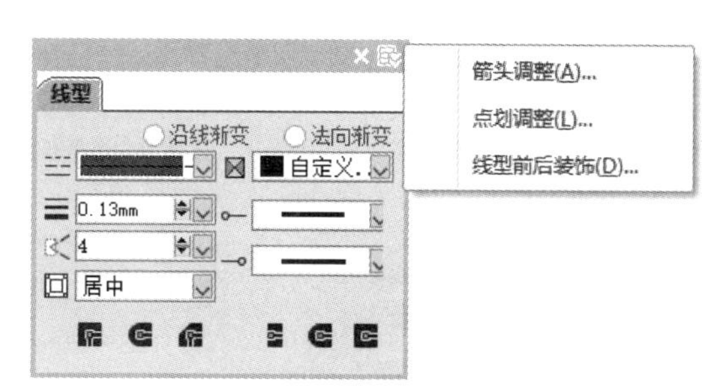

图5-2-4 线型

箭头调整用来调整各种箭头的形状和相关大小。选中箭头,单击“箭头调整”,弹出“箭头调整”对话框,可以设置箭头的长度、宽度和距离。选中划线,单击“点划调整”,弹出“点划调整”对话框,可以设置划长、点长以及间隔。在线型下选择划线类型的线型,有短划线、点划线、双点划线。选中不封闭的线型,单击“线型前后装饰”,弹出“线型前后装饰”对话框,可以设置一个字符为前缀字符或后缀字符,并可以设置字符的大小。

方正飞翔提供了100种花边,可作用图元、图像和文字块的边框,还可以使用指定的字符作为花边。在线型浮动面板的“线型”下拉菜单中选择“花边”,在下边的窗口中选择需要的花边类型,并设置颜色、线宽和线宽方向,如图5-2-5所示。

方正飞翔提供了273种底纹,可作用于图元、文字块、表格。选中图元,在右侧浮动面板中选择“底纹”,弹出底纹浮动面板,如图5-2-6所示。选择需要的底纹效果,设置颜色、宽度和高度即可。

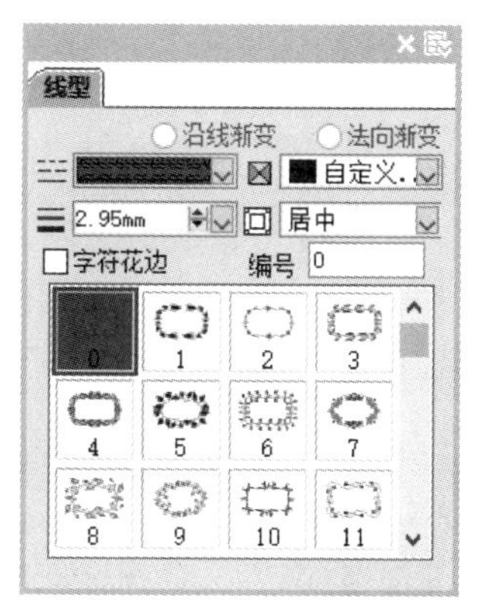

图5-2-5 花边设置

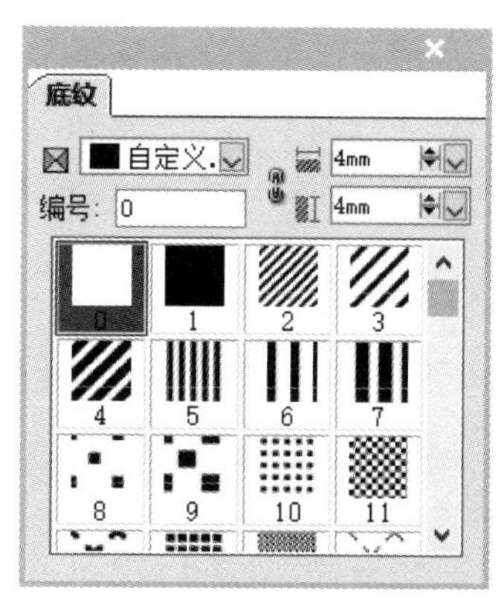

图5-2-6 底纹设置

三、颜色相关设置操作

(一)颜色的基本操作

在方正飞翔里,可以通过颜色浮动面板或选项卡,为文字、边框或底纹设置颜色。也可以将颜色保存为色样,供以后使用。按F6键,或在右侧浮动面板中单击“颜色”,弹出单色面板;单击渐变图标,则打开渐变色面板,如图5-2-7所示。

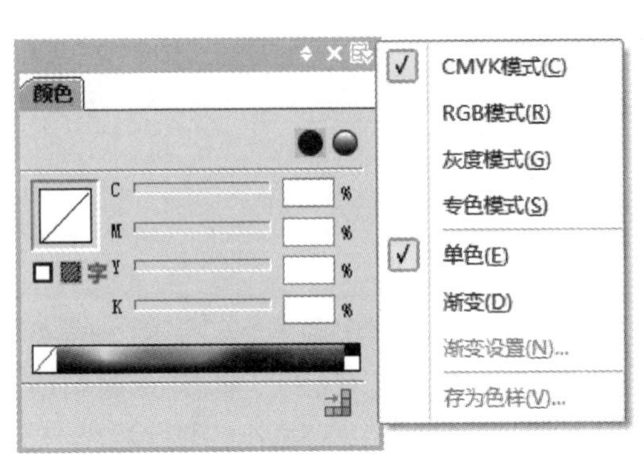

图5-2-7　单色与渐变

选中对象，在面板中选择边框、底纹或文字，然后设置颜色即可完成着色。颜色面板里的颜色只对当前选中的对象有效，如果想要经常使用某种颜色设置，可以将该颜色定义为色样，以后使用时直接在“色样”面板中调用，不必重复设置。

（二）渐变的设置

方正飞翔可以使用渐变工具调整渐变色的渐变中心和渐变角度。渐变色的渐变类型和分量点颜色依据颜色浮动面板里的设定。

选中带底纹或渐变底纹的对象；选择工具箱里的渐变工具，光标变成✢时，在版面上划出任意角度的线段，即可为对象修改渐变效果。线段起点应用渐变颜色的起始分量点的颜色，线段终点应用渐变颜色的终止分量点的颜色；线段起点作为渐变类型的中心，例如选择菱形渐变，线段单击的起点即菱形渐变的中心；线段长度为渐变半径，锥形和双锥形渐变除外。

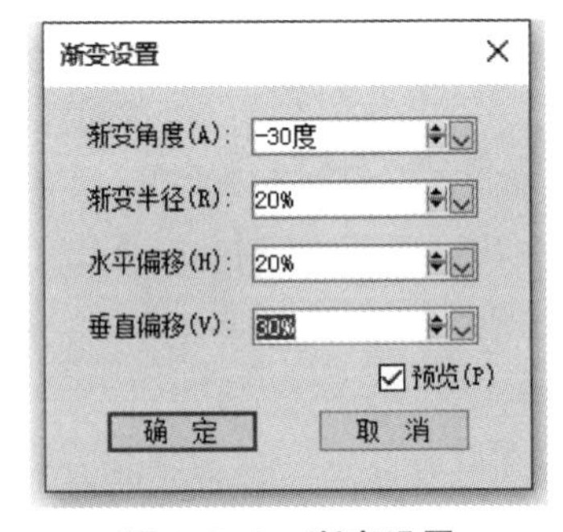

图5-2-8　渐变设置

选中填充了渐变色的图形，可以在颜色浮动面板的扩展菜单中选择“渐变设置”，如图5-2-8所示，可以设定渐变角度、渐变半径以及水平、垂直偏移的精确值。

（三）颜色吸管

方正飞翔提供颜色吸管，可以吸取图像及图元上的颜色，应用于文字或文字块底色、图形边框和底纹、单元格底色。选取颜色吸管，将光标移动到图像上需要吸取颜色的地方，单击鼠标吸取颜色；将吸取了颜色的吸管单击需要着色的图元，或者拖黑需要着色的文字，即可着色。按Esc键或单击版面空白处可以清空吸管中所吸取的颜色。

若给文字块或表格单元格着底色时，只需按住Ctrl键再单击文字块或单元格内部即可。为图元着色时，吸管单击图元边框，则为边框着色，单击图元内部则为图元铺设底纹。将吸取了颜色的光标单击在色样浮动面板空白处，则弹出存为色样对话框，为色样命名后，单击确定即可将吸取的颜色保存为色样。

这里需要注意的是，如果颜色吸管不能吸取图片颜色，可能因为图片是RGB颜色（方正飞翔版面默认禁止使用RGB颜色）。如果吸取的颜色不能作用于文字，可能该文字块实施了“编辑锁定”操作，需要解锁才行。

（四）颜色样式

在方正飞翔里可以将颜色保存为色样，需要时直接调用即可。在右侧浮动面板选择“色样”，或者按Shift+F6组合键，可以弹出色样浮动面板，如图5-2-9所示。

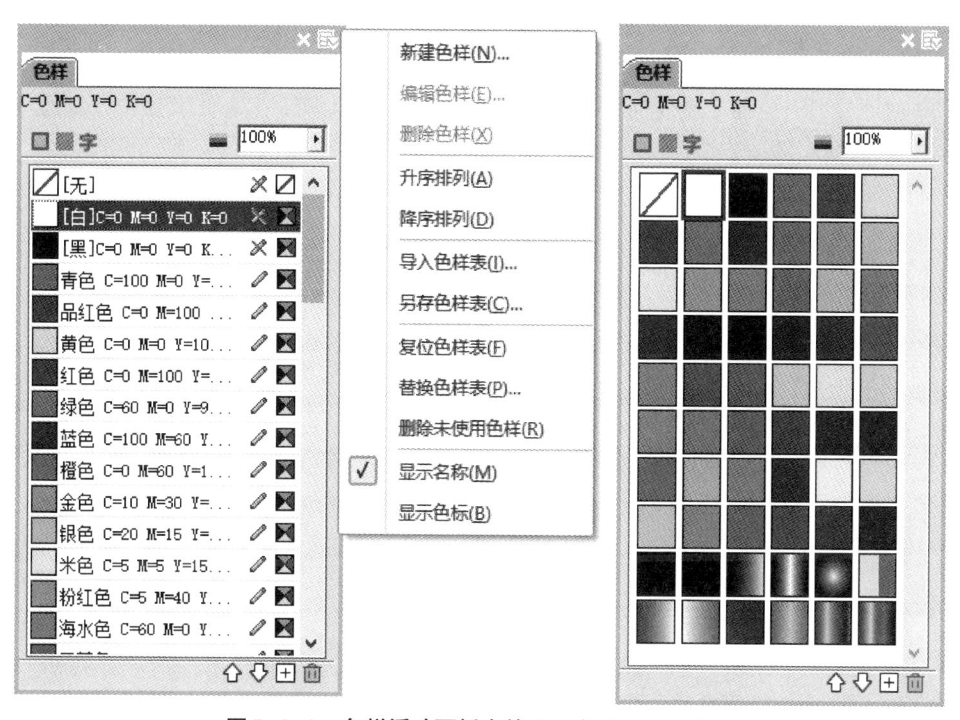

图5-2-9　色样浮动面板中的显示名称和显示色标

在开版下，添加或编辑色样，则设定对当前文件有效；在灰版下，添加或编辑色样，则设定对以后方正飞翔里新建的文档全部有效。使用选取工具选中对象，在色样窗口选择填色对象为边框、底纹还是文字；单击色样，则将选中色样应用于对象；可以调整色调值。

此外，色样表支持导入/导出操作，可以在不同的机器或文件间共享色样表。

四、锚定对象的操作

（一）图片、表格形成锚定对象的方法

图片、表格形成锚定对象，有两种方法：①利用锚定工具选中图片或表格对象，拖曳到文字流中，形成锚定关系；②图片或表格形成盒子，再选中盒子，右键菜单设定锚定关系转

为锚定对象。

成为锚定对象的图片、表格等对象会自动带上图文互斥属性。

（二）设定锚定关系

通过鼠标拖动，可以随意调整锚定对象的位置。通过“设定锚定关系”，可以快速、准确地设置锚定对象与锚点之间的锚定关系，如图5-2-10所示。

下面讲解一下在这个对话框中经常使用的选项和参数。

（1）锚点位置：设置锚点的相对位置，可以选择相对于锚点所在的“行、栏、文字块、版心或者页面”。

（2）镜像流动：当设置的锚定对象流动到下一页时，会进行镜像排版。镜像流动和非镜像流动的效果如图5-2-11所示。

（3）衬于文字下：锚定对象默认为与文字互斥，勾选此项，锚定对象会位于文字底层。适用于文字下铺底图，与文字一块流动，如图5-2-12所示。

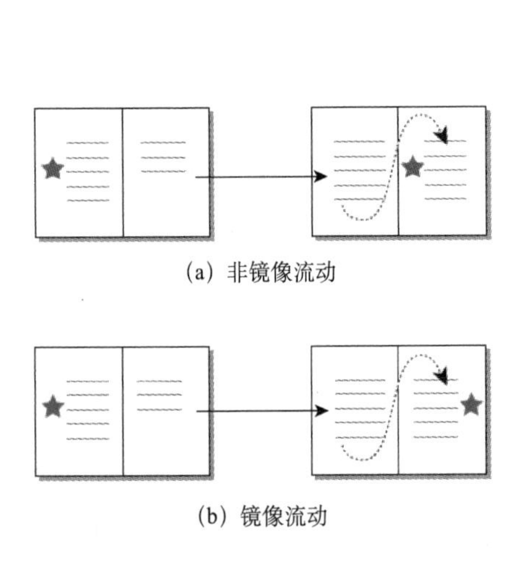

图5-2-10　图文互斥

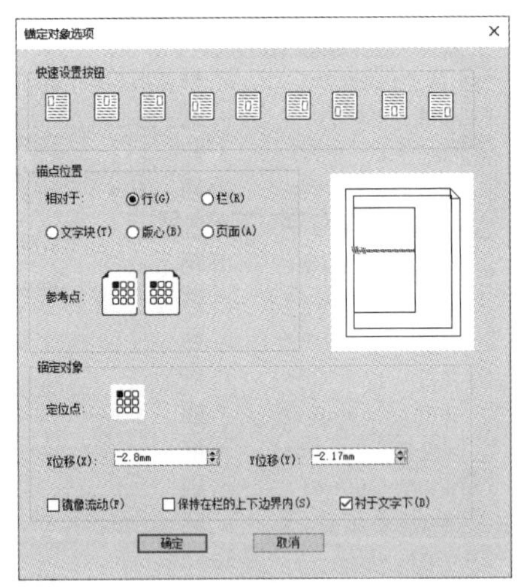

图5-2-11　镜像流动

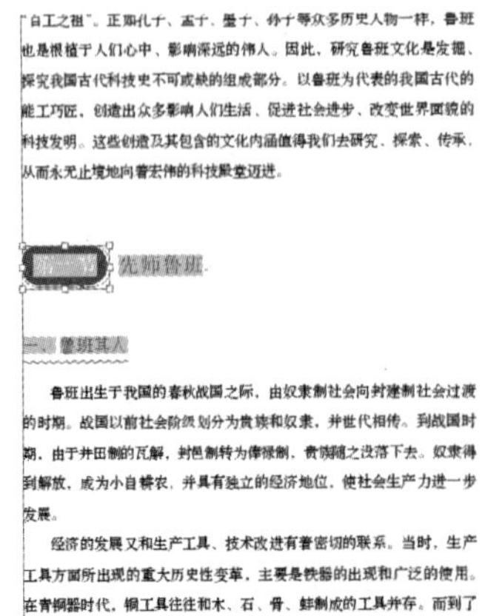

“百工之祖”。正如孔子、孟子、墨子、孙子等众多历史人物一样，鲁班也是根植于人们心中、影响深远的伟人。因此，研究鲁班文化是发掘、探究我国古代科技史不可或缺的组成部分。以鲁班为代表的我国古代的能工巧匠，创造出众多影响人们生活、促进社会进步、改变世界面貌的科技发明。这些创造及其包含的文化内涵值得我们去研究、探索、传承，从而永无止境地向着宏伟的科技殿堂迈进。

先师鲁班

一、鲁班其人

鲁班出生于我国的春秋战国之际，由奴隶制社会向封建制社会过渡的时期。战国以前社会阶级划分为贵族和奴隶，并世代相传。到战国时期，由于井田制的瓦解，封邑制转为俸禄制，贵族随之没落下去。奴隶得到解放，成为小自耕农，并具有独立的经济地位，使社会生产力进一步发展。

经济的发展又和生产工具、技术改进有着密切的联系。当时，生产工具方面所出现的重大历史性变革，主要是铁器的出现和广泛的使用。在青铜器时代，铜工具往往和木、石、骨、蚌制成的工具并存。而到了

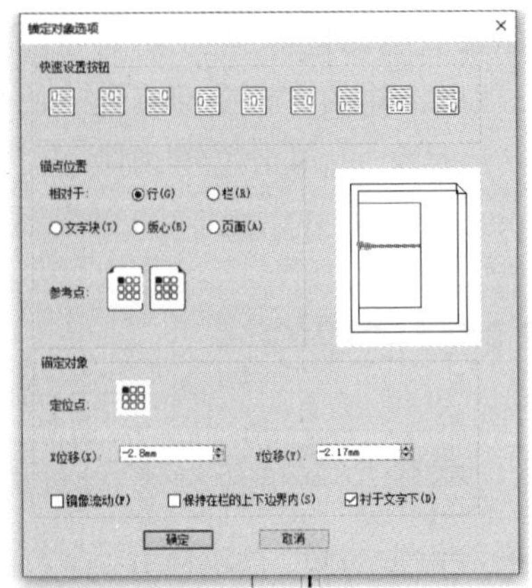

图5-2-12　衬于文字下

（三）解除锚定关系

在锚定对象的右键菜单中选择“解除锚定关系”，即可解除锚定关系，恢复为独立的图片或表格对象。或者使用锚定工具将锚定对象拖曳到空白版面，也可以解除锚定关系。

第3节　文字艺术效果的制作

文字的原始效果来自字库，这是最朴素、最规范的字形效果。在一些创意类出版物中（如广告、时尚杂志、少儿读物），我们经常能够看到很多艺术字，这些艺术字可以在Photoshop等创意工具中制作，但是这样制作的效果置入到方正飞翔中，再次修改文字或者艺术效果不太方便。通过方正飞翔的艺术字效果形成的艺术字，其效果和文字随时可以被修改，并且这些艺术效果还可以与版面内其他对象形成相互作用关系，具有高度的灵活性。

一、文字的美工效果

文字排版时，对于标题等需要重点突出的文字，通常会添加一些美工效果。方正飞翔中提供了艺术字和装饰字功能，可以为文字添加多元的艺术效果和装饰效果。艺术字列出了立体、勾边、空心等多种效果，选择“美工”→“艺术字”下面的艺术字效果，可以直接应用效果，也可以“自定义艺术字”。

在语文教材、教辅、字帖中，会经常用到米字格、田字格设计。在装饰字中，列出了米字格、田字格、心形等多种效果，选择“美工”→“装饰字”下面的装饰字效果，可以直接应用，也可以“自定义装饰字”，如图5-3-1所示。

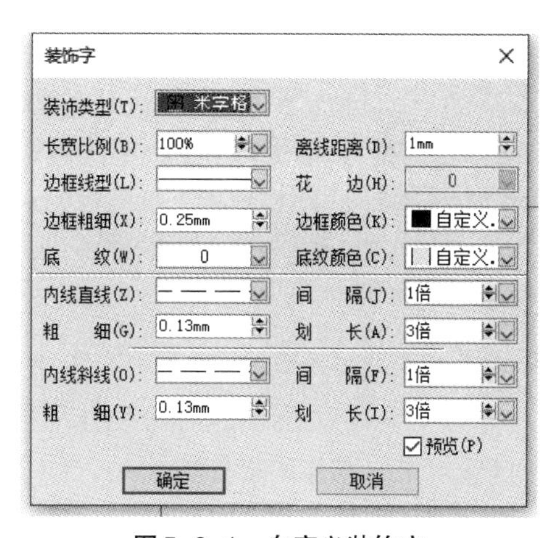

图5-3-1　自定义装饰字

二、文裁底与转裁剪路径

文裁底是指用文字裁剪文字块底纹或背景图，实现文字的特殊效果。在进行文裁底操作之前，需要选中文字块，选择“对象”→“底纹颜色”，给文字块铺上底纹，或选择“美工”→“背景图”，给文字块加背景图。在此之后，选择“美工”→“文裁底”，则文字块中的文字对底纹或背景图片进行裁剪，实现的效果如图5-3-2所示。

文字块可以作为裁剪路径，用其中的文字来裁剪其他块，以实现某些特殊效果，飞翔中文字块和图元块都能设置裁剪路径。具体的操作方法是，将文字块移动与图像重叠；选中文字块，选择“美工”→“转裁剪路径”，设置文字块的裁剪属性。同时选中文字块与图像，按F4成组，图像被文字块裁剪，实现的效果如图5-3-3所示。使用穿透工具，单击文字，可以选中被裁剪的图像，移动图像的位置，从而调整裁剪区域。

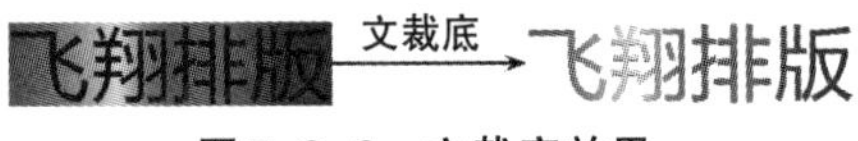

图5-3-2　文裁底效果

图5-3-3　文字块裁剪图像效果

三、裁剪勾边

当文字块压在图像或者图元上时，对压图的文字部分作用进行勾边显示。选中文字块，选择“美工”→“裁剪勾边”，可以设置具体的勾边属性，实现的效果如图5-3-4所示。

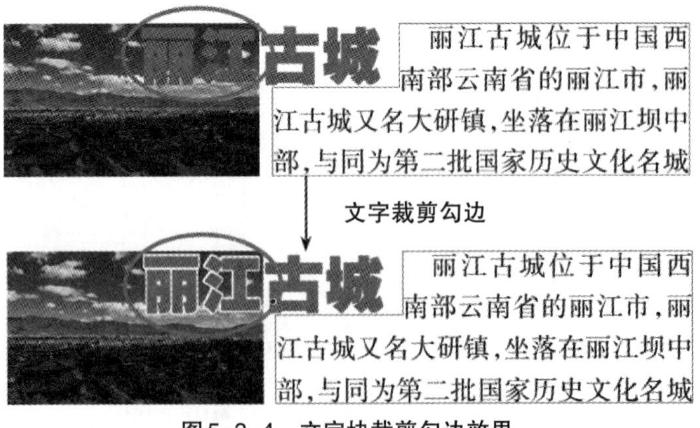

图5-3-4　文字块裁剪勾边效果

四、文字转曲

文字块通过文字转曲功能将文字转为图元，这样可设计出更多效果，也可以对文字节点进行再编辑，以实现某种特殊效果。具体的操作方法是，选中文字块，选择“美工”→“文字转曲”，可将文字转为曲线块，使用穿透工具可以对曲线块进行编辑。

五、文字打散

文字打散功能指的是将文字块里的每个字分割为一个小文字块，从而方便后续对逐个字单独设置效果，常用于制作标题字或者特效字前，快速将文字从整段标题变为多个单字。具体的操作方法是，使用选取工具选中文字块，选择“美工”→“文字打散”，即可将文字打散。

第4节　图形与图像的美工操作

一、图形的美工效果

（一）块变形操作

使用块变形功能，可以将任意图元、文字块和图像快速转为矩形、圆角矩形、菱形、椭圆、多边形、对角直线、曲线。具体的操作方法是，选中对象，选择“对象”→“更多”→“块变形”，在二级菜单中选择需要转换的形状：矩形、圆角矩形、菱形、椭圆、多边形、对角直线或曲线。

（二）隐边矩形操作

隐边矩形是对于版面上的矩形，可以设置不显示矩形的某边。具体操作方法是，选中矩形，单击“对象”→“更多”→“隐边矩形”，弹出“隐边矩形”对话框，如图5-4-1所示，可以选择需要隐藏的边框，在对话框中勾选“预览”，可实时查看设置效果。

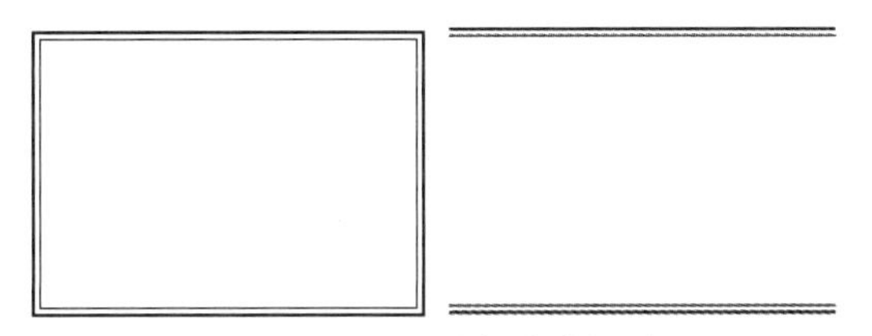

图5-4-1　矩形与隐边矩形

（三）矩形变换

在出版物中，有时候会遇到一些类似于表格的版面，对象块以行列的方式摆放在页面中。比如画册、分类广告等。如果采用表格制作会导致后续调整不够自由灵活。此时可以通过矩形分割的方法形成矩形阵列，再往各个矩形中灌入图片和文字（此时可以多选后用鼠标依次单击矩形块),后续再进行块的调整。

矩形分割可以将一个矩形平均分为几个大小相等的矩形。具体操作方法是,使用选取工具选中要分割的矩形,选择“对象”→“更多”→“矩形变换”→“矩形分割”,弹出“矩形分割”对话框;设置横分割、纵分割以及横间隔和纵间隔;单击确定,该矩形变成几个小矩形。

矩形合并可以将几个任意大小的矩形合并成一个矩形。使用选取工具选中要合并的所有矩形,单击“对象”→“更多”→“矩形变换”→“矩形合并”,选中的矩形合并成为一个大矩形。

(四) 路径运算操作

选中多个图元,执行图元的路径运算,即可得到另一个图元,路径运算也适用于图元与图像的运算。运算路径的类型包括差集、并集、交集、求补、反向差集,如图5-4-2所示。

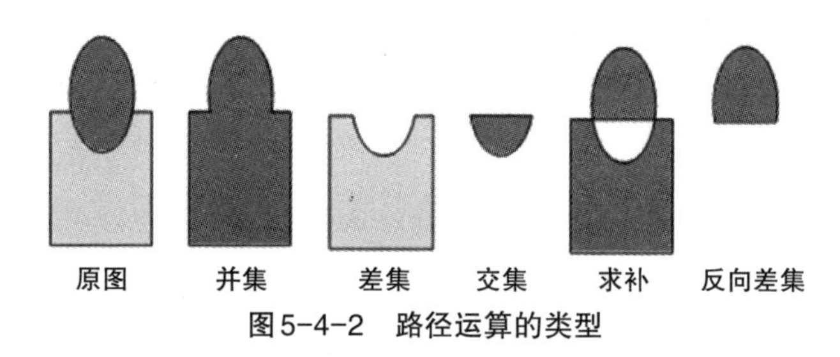

图5-4-2　路径运算的类型

具体操作方法是,选中几个图像,选择“对象”→“更多”→“路径运算”,即可在二级菜单里选择运算类型,包括“并集”“差集”“交集”“求补”和“反向差集”,相应的效果如图5-4-2所示。这里需要注意的是,最终图元的属性在做“并集”“交集”“求补”或“反向差集”时取上层图元的属性,在做“差集”时取下层图元属性,与选中先后顺序无关。

在排版的过程中,我们有时会遇到一些生僻字。如果生僻字很多,可以使用超大字库,方正字库中包含专门的超大字库,用于人名、地名、字典、古籍的排版。如果只是个别的生僻字,可以利用常用字库的部件来拼凑出生僻字。此时需要综合应用文字转曲、节点编辑、路径运算、复合路径等操作。在这里,我们用一段微课视频,讲解运用对象操作、美工操作进行补字的方法。

视频14:运用对象操作、美工操作进行补字

(五) 复合路径操作

选中多个图元,执行“对象”→“更多”→“复合路径”后合并成为一个图元块,重叠部分镂空,即被挖空,其他部分图元线型颜色与最上层图元相同。镂空有两种类型,一种是奇层镂空;另一种是偶层镂空。

合并后的图元块底纹为合并前最上层的菱形图元的底纹。

选中执行了复合路径的图元块,单击“对象”→“更多”→“复合路径”→“取消”,将合并块分离。分离后的块保持原形状,但所有块的底纹属性取合并时最上层图元的底纹属性。

（六）透视操作

透视使图形看起来有一种由近及远的感觉，透视效果分为扭曲透视和平面透视。可以进行透视的对象：图元和转换成曲线的文字。具体的操作方法是，选择工具箱中的扭曲透视工具或平面透视工具；单击图元，将光标置于图元控制点，按住鼠标左键拖动到满意的效果即可。

（七）图元勾边操作

图元勾边分为直接勾边和裁剪勾边。

(1) 直接勾边即在图元线框外增加一层边框，并可设置勾边粗细和颜色。具体的操作方法是，选取工具选中图元，选择“美工”→“图元勾边”，弹出对话框，在“勾边类型”下拉列表里选择“直接勾边”。“勾边内容”中，一重勾边即为在原线框内外添加一层边框，二重勾边即为在一重勾边的基础上再加一层边框。此外可以选择勾边的颜色及线型粗细。

(2) 当图元压图时，往往不能清晰地显示图元轮廓，此时可以使用裁剪勾边功能对压图部分的图元勾边，给图元添加与底图色差较大的边框，以突出图元。具体操作方法是，选中要裁剪勾边的图元，选择“美工→图元勾边”，弹出对话框，在“勾边类型”下拉列表里选择“裁剪勾边”，如图 5-4-3 所示。

此外，也可以选中多个图元，批量设置这些图元的裁剪勾边。

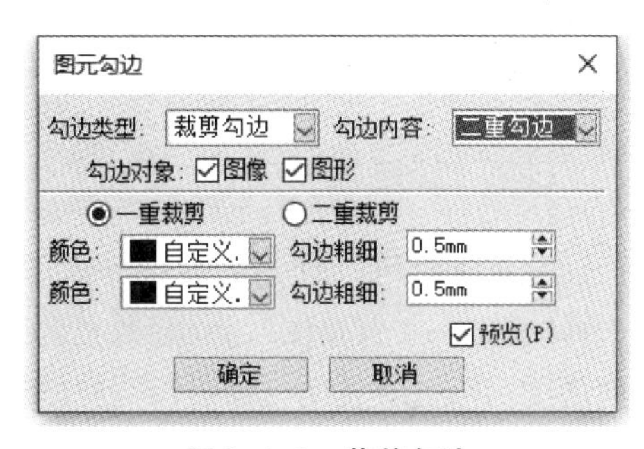

图 5-4-3　裁剪勾边

二、图像美工效果

（一）图像勾边

图像背景与主体物对比度相差较大，或背景单一时，可以使用图像勾边直接清除背景图。选中带背景的图像，选择“美工”→“图像勾边”，弹出“图像勾边”对话框，如图 5-4-4 所示。

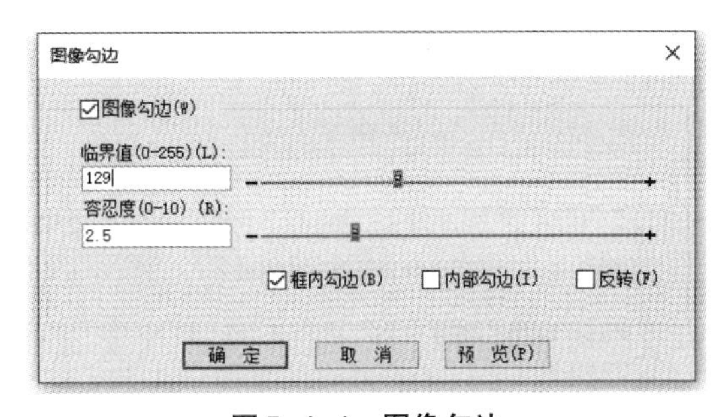

图 5-4-4　图像勾边

选中“图像勾边”，激活设置，使用默认设置，单击预览，查看勾边效果。通常情况下，飞翔会根据选中的图像，自动设置最佳临界值，对话框中可以调整“临界值”和“容忍度”。

操作过程中，单击预览，可以查看设置效果，单击确定即可完成操作。如果需要清除图像勾边效果，恢复原图，可以选中图像，在“图像勾边”对话框取消勾选“图像勾边”选项即可。

（二）转为阴图

“转为阴图”功能，可以将图像转为类似照片底片的效果。具体的操作方法是，使用选取工具选中图像，选中“美工”→“转为阴图”即可将图片转为阴图；选择“美工”→“转为阴图”即可将阴图恢复原始状态。这里需要注意的是，PDF、PS和EPS格式的图像不能转阴图。

（三）灰度图着色

方正飞翔可以对灰度图、二值图着色，制作特殊的图像效果。具体的操作方法是，使用选取工具或穿透工具选中灰度图，选择“美工”→“灰度图着色”，在下拉菜单里选择着色模式即可。方正飞翔在二级菜单中提供了多种颜色，也可以在二级菜单里选择“自定义”来自定义颜色。

使用选取工具或穿透工具选中图像块进行灰度图着色时，效果不一样。使用选取工具选中时，是对图像块边框填充颜色，图像与图像边框内的填充颜色是叠加关系；使用穿透工具选中时，是对图像自身上颜色。

（四）背景图

方正飞翔可以对文字块、图元设置背景图片。具体的操作方法是，选中文字块或图元，选择“美工”→“背景图”，弹出“背景图”对话框，如图5-4-5所示。选中“背景图”则激活对话框选项；弃选“背景图”，则可以清除已经设置的背景图。

三、图像编辑

启动图像编辑器方便用户直接从方正飞翔激活第三方图像处理软件，修改版面上的图像，修改结果将自动更新到版面上。具体操作方法是：选中一幅图像，单击“美工”→“图像编辑”，或者在图像管理中选择图像，在右键菜单中选择“启动图像编辑器”，弹出选择“选择图像编辑器”对话框，如图5-4-6所示。

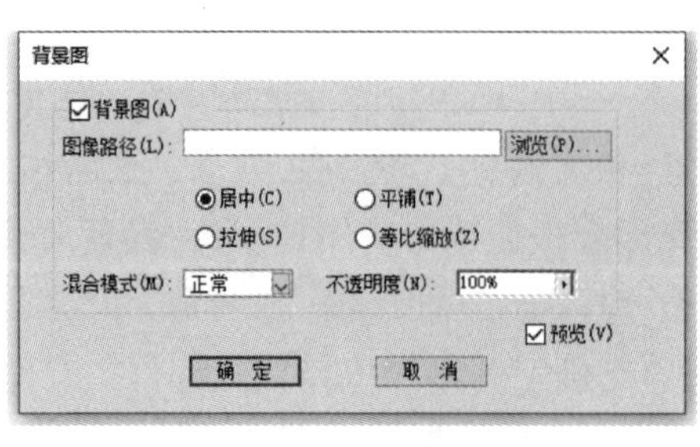

图5-4-5　背景图

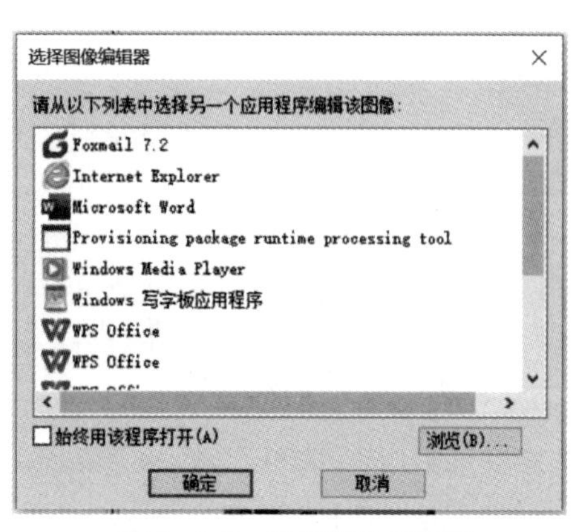

图5-4-6　选择图像编辑器

在“选择图像编辑器”对话框中，可以选择一个图像处理软件，单击确定即可启动图像处理软件，并将图像文件开启在当前窗口。如果勾选“始终用该程序打开”，则以后不弹出对话框，始终用选中的同一个图像处理软件。通过使用偏好也可以设置该选项，选择“文件”→“工作环境设置”→“偏好设置”→“图像”，勾选“始终用同一应用程序编辑图像”即可。图像被第三方图像处理软件编辑后，尺寸可能会发生改变，此时的图框适应方式该如何呢？可以在图像偏好设置的“自动更新图片”中进行设置。

四、图像管理

图5-4-7　“图像管理”-扩展菜单

排版文件中一般都会存在图片，通过图像管理窗口可以实现对图片文件和信息的集中展示和管理。当版面上缺图或更新图像时，将自动弹出图像管理窗口，显示缺图或已更新。选择右侧浮动面板中的“图像管理”，弹出“图像管理”浮动窗口，如图5-4-7所示。

图像管理显示图像的状态（分为正常、待修、缺图和错误）、文件名、页面、格式和颜色空间。单击各个标签可以按单击标签将图像重新排列。

文件异常的情况下，通常伴随着一些文件缺失或错误的情况。在打开文件过程中，版面上缺图时，将弹出图像管理窗口，提示图像缺图。“错误”状态是指数据错误，常见的情况如EPS图像没有嵌入字体，EPS转PDF失败，无法在版面上显示，其状态标注为“错误”。

对于“清除已修标记”“清除全部已修标记”和“查看修图前的图片”，是在审阅模式下进行图片批注后修改图片的相关操作，详情可以查看第十章中的图片批注功能的相关介绍。

五、部件与素材的应用

（一）部件库

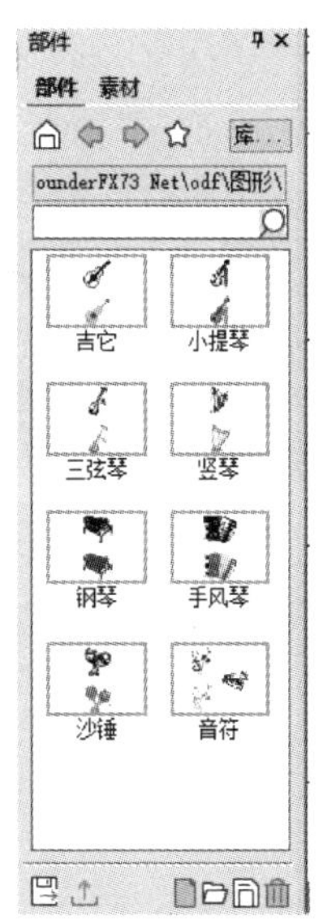

图5-4-8　部件库视图窗口

部件库以部件的级别完成飞翔对象的保存和重用，属于只能在飞翔中使用的私有格式。部件通常是一些精心设计、具有可重用价值的飞翔对象，比如补字、理图形、有机化学结构式、报头、艺术字效果等。拖动版面上的对象到部件库中成为部件。日后需要该对象时，可以打开部件库文件，将保存的部件拖到版面上直接使用。勾选“视图→部件库”，版面左侧会展示部件库视窗，如图5-4-8所示。

可以创建自己的部件。飞翔软件自带了一些部件文件，还可以单击

“云部件”跳转到飞翔云服务平台选择部件文件下载到本地，在排版过程中使用。

要增加新的部件，可以在现有的部件文件中增加，也可以新建一个全新的部件文件后在其中添加部件。部件库对应于磁盘上的一个目录，该目录即为部件库的根目录，该目录下的odfx文件都属于部件文件，很多时候我们提到部件库的时候其实指的是odfx文件。通过部件窗口可以修改根目录，浏览子目录，前进后退历史浏览路径。新建部件库，打开部件库，增加/删除部件，拖动部件到版面，保存部件库。

飞翔对“科技|数学”目录下的部件提供了快速的输入法，方便调用一些常用的部件。具体的操作方法是，T光标在文字流中，按下快捷键“Ctrl+Alt+=”，启动部件输入法，在输入框中输入部件的“助记符”就会出现可选的部件。飞翔自带的部件库一般用部件的简拼或者全拼作为助记符。例如，输入“sjhs”(sanjiaohanshu的简拼)时就会出现三角函数；当输入“sj”时会出现所有助记符中含“sj”的部件，如图5-4-9所示。将光标移到部件名称时，会提示该部件的助记符。我们也可以按照自己的偏好修改助记符。

图5-4-9 部件输入法

(二) 素材库

素材是标准的，不可再拆分的资源文件，包括图片、文本、音视频、Word文件等。飞翔自身并不能创作素材，提供的素材也有限，飞翔主要提供了本地素材的搜索以及通过拖放快速使用素材的功能。勾选“视图”→“素材夹”，版面左侧会有素材夹窗口。素材夹有两种显示方式，图标方式和目录结构方式。

素材夹的搜索和使用主要通过素材窗口来完成，用户可增加或者删除素材的目录。可以拖动素材到版面形成新对象，也可以替换版面已有对象中的素材。该功能与部件相配合，将发挥更大的作用。

还可以单击“云素材”，跳转到飞翔云服务平台选择素材下载到本地，再排入版面。在首页状态下，单击窗口下方的按钮，可以添加目录到素材夹；选中目录，单击窗口下方的，可以删除目录。从素材夹拖图片到版面上的图片时，直接替换图片；拖到版面空白区域，直接排入图片。

第6章 表格的排版

学习目标：

1. 掌握表格的创建，以及导入Word文档、Excel文档中表格的操作方法。
2. 掌握表格和单元格的基本操作和格式设置。
3. 深入理解处理复杂表格、长表格、跨页表格的基本思路和操作方法。

第1节　表格的创建与导入

一、表格的创建

创建表格的方法有两种，一种是通过选项卡设置新建，另一种是通过表格画笔在版面上绘制。选择“表格”→“新建表格”，或者按Ctrl+Shift+N组合键，弹出“新建表格”对话框。我们可以在这个对话框中，设置表格的高度、宽度、行数、列数等，单击“高级”，可以设置表格属性信息，如图6–1–1所示。

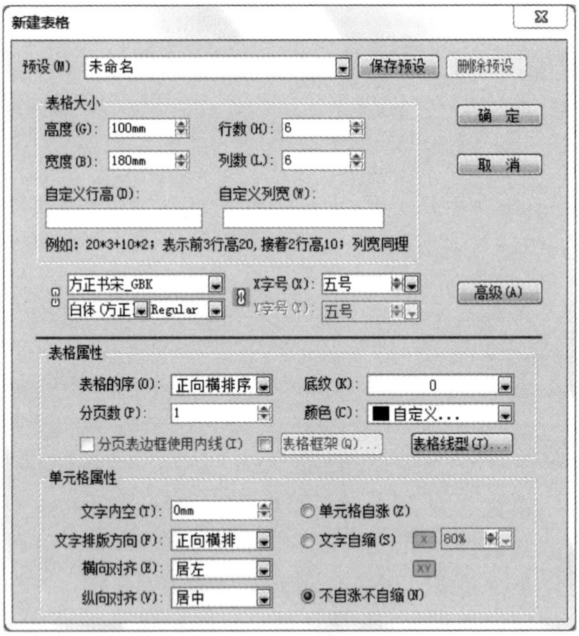

图6–1–1　新建表格

完成后单击“确定”按钮，将光标移到版面上，单击即可生成表格。此时生成的表格行高和列宽是均分的。

如果需要创建一个列宽固定的表格，可以在“新建表格”对话框中的自定义行高、自定义列宽进行设置。例如，创建一个列数为6列的表格，第一列的宽度要求为20mm，其他5列的宽度为30mm，可以在“自定义列宽”输入“20+30×5”。单击确定，将光标移到版面上单击，符合列宽预期的表格就生成在版面中。

对于结构复杂的表格，可以通过方正飞翔提供表格画笔直接绘制表格。选择工具箱的

“表格画笔”工具，在版面上拖画出一个矩形，就生成了表格外框，然后在表格内部就可以任意横纵地画出表线。对于多余的表线，可以选择工具箱中的表格橡皮擦去除表线，按住鼠标沿表线方向拖动即可。需要说明的是，表格橡皮擦不能擦除表格的外边框，或者擦除影响其他单元格完整性的表线。

二、表格的导入

在日常排版中，表格大多来自Word和Excel文件，因此，导入Word和Excel文件中的表格，也是常用的排版功能之一，在方正飞翔中，不仅提供了表格完整导入的能力，还可以在排入时，根据用户选择的参数，对表格效果进行预处理。

（一）Excel文件中表格的排入

在排入Excel文件之前，需要先在Microsoft Office Excel的软件中打开Excel文件，了解表格文件的布局及内容情况，如要在飞翔中排入哪个工作表、哪部分表格行列区域等。在此之后，单击“插入”选项卡中的Excel按钮，打开后会出现“Excel置入选项”对话框，如图6-1-2所示。

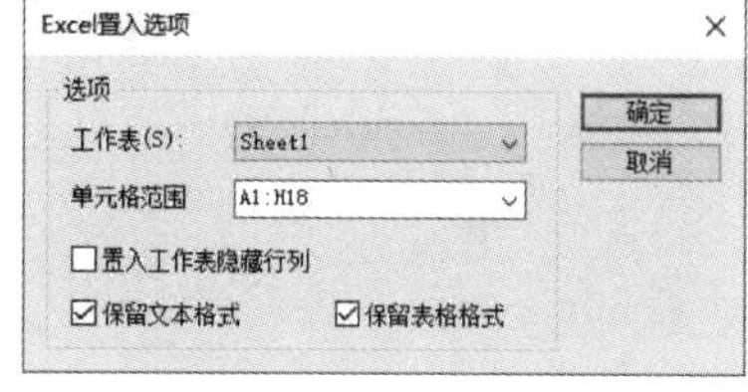

图6-1-2　Excel置入选项

在“Excel置入选项”对话框中，可以准确设置要排入的工作表和单元格范围，单击确定，就可以在版面上排入选择的表格。

在排入过程中，有一些注意事项，在排入表格出现问题时，可以按照推荐的方式解决排入的问题。

（1）排入Excel文件，需要用户的计算机上安装Microsoft Excel，如安装的是WPS的Excel，而并非Microsoft Excel，可能会有部分效果丢失。

（2）以上两个步骤均已完成，对Excel 2010及以上版本，如果仍出现弹窗提示“Excel排入失败”，或者在您执行导入操作过程中，Excel自动启动，这是因为Excel对数据交互权限进行了限制。此时，需要打开Excel软件，单击左上角的图标“Excel选项”→“高级”选择最下面的常规选项，取消勾选“忽略使用动态数据交换（DDE）的其他应用程序”，如图6-1-3所示。

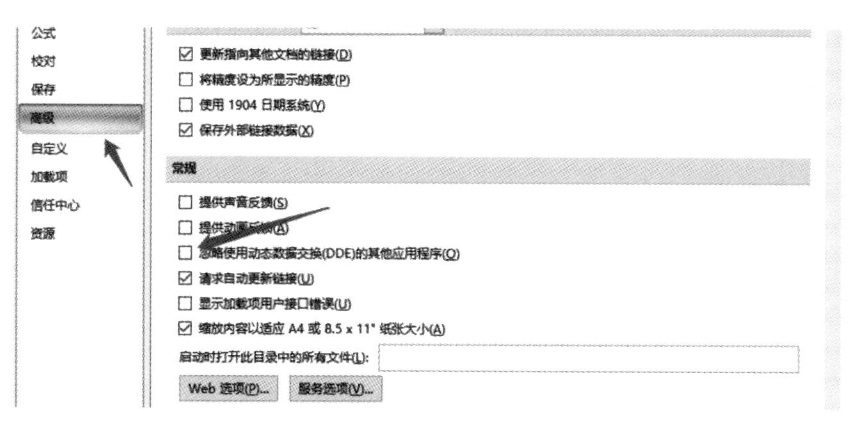

图6-1-3　取消Excel对数据交互权限的限制

（3）如果在排入Excel文件时提示“排入Excel表格失败”或“向程序发送命令时出现问题”，是由于一些插件或程序导致计算机中的EXCEL.exe进程滞留，解决方法为：打开Excel软件，单击左上角图标，“Excel选项”选择左侧加载项，在“管理”中选择“COM加载项”，单击“转到”，在弹出的COM加载项列表中取消所有勾选项，确定后退出，操作步骤如图6-1-4所示。

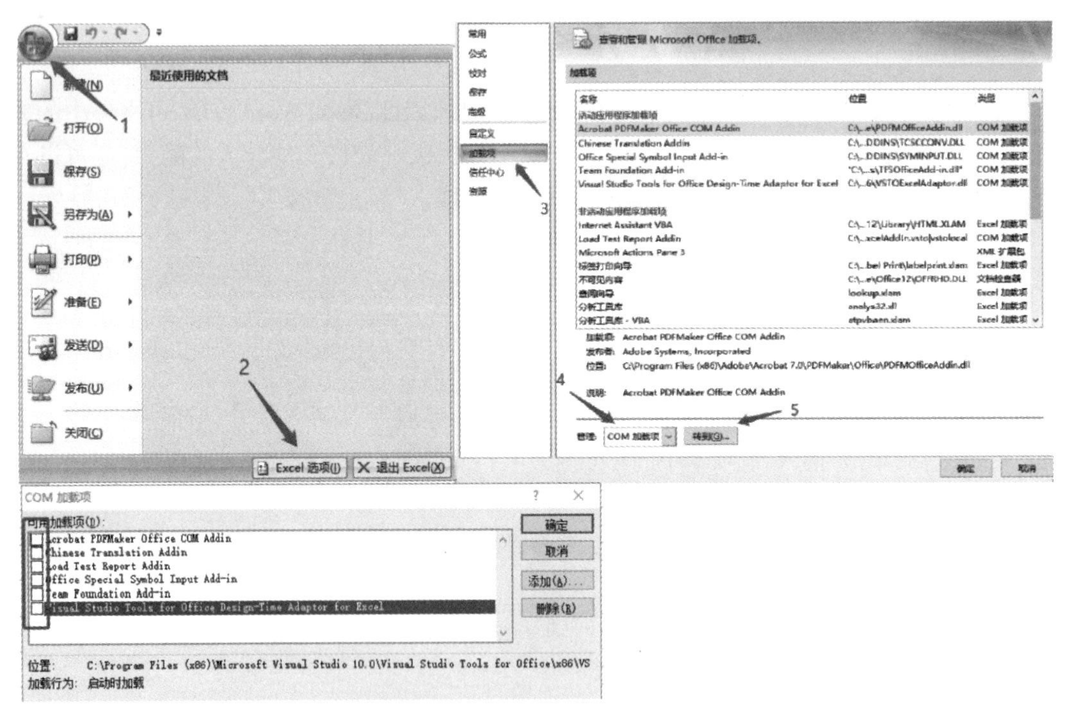

图6-1-4　插件或程序导致EXCEL.exe进程滞留的解决方法

（二）Word文件中表格的排入

相比排入Excel文件中的表格，排入Word文件中的表格的情况更多。针对Word中的表格排入，方正飞翔也在排入Word时，有一些对表格格式的预处理选项，如在“Word导入选项”对话框中，有随栏宽、表格框架的设置，作者在Word原稿中设置的宽度不同、格式不一的表格内容，通过这两个选项可以在文件导入时进行尺寸、效果的统一。

Word中的表格排入飞翔后，表格是以盒子的方式嵌入在文字流中，其好处除了可以随着文字内容调整，位置跟着调整，还可以实现表格的自动跨页跨栏的拆分。

（三）表格灌文

除了直接输入的方式，我们还可以通过排入文本的方式实现文字的灌入。表格灌文具体的操作方法是，选中表格，单击“插入”选项卡中文本按钮或通过Ctrl+D组合键排入txt文本。

在表格灌文时，需要注意“排入文本”对话框中，对单元格分隔符的设置。在这里，可以选择不同的单元格分隔符，如Tab、空格、逗号等。在“回车(换行)符转换”选项中也具备将回车换行符作为单元格分隔符处理的设置。当txt文件中的文字的分割方式,与这些设置保持一致时,就可以将txt中的文字内容灌入不同的单元格中。

(四) 文字内容转为表格内容

在方正飞翔里还可以将版面上的文字块转为简单的表格,只要文字之间使用表格分隔符定义好单元格标记,即可按表格分隔符的位置将文字转为表格。对于文字内容转为表格内容时单元格分隔符的定义,需要在“文件”→“工作环境设置”→“偏好设置”→“表格”中设置。

此外,在表格灌文中还有一些操作方式,可以实现不同的灌文效果。如果需要选中一个表格内的部分单元格,在此范围进行灌文,就需要在“排入文本”对话框中取消勾选“自动灌文”。在“文件”→“工作环境设置”→“偏好设置”→“表格”中勾选“表格灌文时自动加行/列”,在表格灌文时可以自动加行,但自动加行后的表格高度不会超过版心高度。灌文时,如果txt中的内容表格中排不下,会出现续排标记。这里需要注意的是,内容续排与单元格未排完,呈现的标记效果是不同的,两者的标记效果对比如图6-1-5所示。

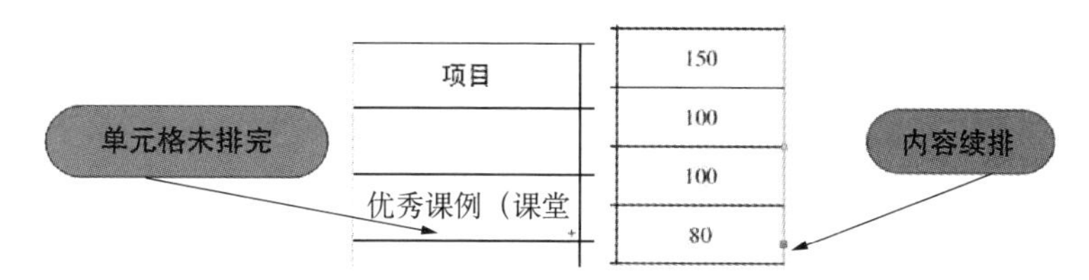

图6-1-5　内容续排与单元格未排完的标记效果

单击表格的续排标记,单击版面生成续排表,也可以单击到空的表格,将内容导入。也可以选中该表,选择“表格”→“更多”→“自动生成跨页表”,这样可以生成多页独立的跨页表;按下Ctrl+Shift+M组合键,可以生成有续接关系的跨页表。

第2节　表格的基本操作

一、表格线的移动

表格线的移动是调整行高和列宽的操作。选择工具箱中的文字工具,将光标靠近要移动的表线,靠近行线变为⇕;靠近列线变为⇔时,就可以按下鼠标移动表线了。

如果是直接移动表线,例如列线,则是列线对相邻两列的宽度进行调整。如果希望这个调整至对调整列线的左侧的宽度调整,对后面的列不调整,可以在按下Shift后再移动;如果只想调整一行中的列宽，对其他的列不调整，可以按Ctrl键后再移动；同时按Ctrl+Shift组合键是移动表格线单元格的一段表线及该表线以后的所有表线。后两种与快捷键的组合操作使用频率比较低。对于未排完的单元格的处理，有多种方式：一种是手工移动表线扩大单元格的区域；另一种是，点中单元格属性中，右键单元格高属性中自涨自缩设置里切换为单元格自涨。

二、单元格的选取

选取单元格是为了对单元格进行属性设置，行列调整等多种操作的基础。选中单元格的操作方式和效果如表6-2-1所示。

表6-2-1　选取单元格的方法和效果

预期选中的单元格	选 取 操 作	选 中 效 果
选中多个单元格	选中一个单元格后，按住Ctrl键，再单击其他单元格，即可选中所单击的多个单元格	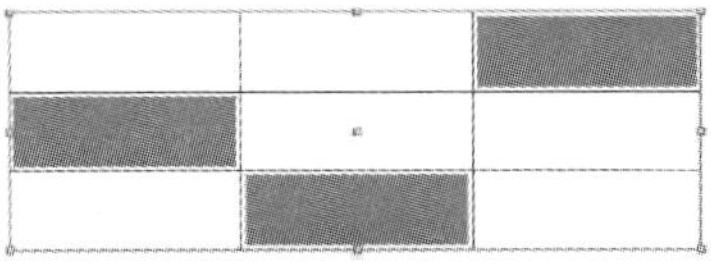
选中多个相邻单元格	按住鼠标左键不放，拖动光标，可以选中光标划过的多个连续单元格；或按住Shift键，单击其他单元格，则可选中多个相邻单元格	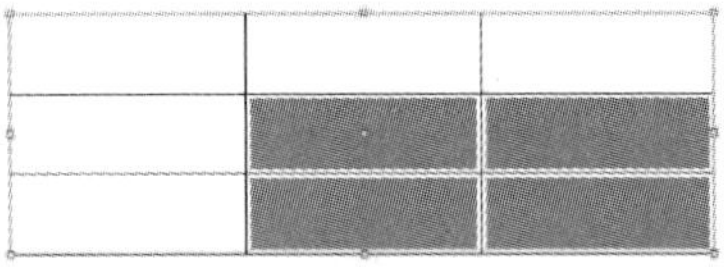
选中整行	将文字光标靠近单元格左边框，光标呈↗状态时，双击鼠标左键实现；也可在选中一个单元格后，按X键	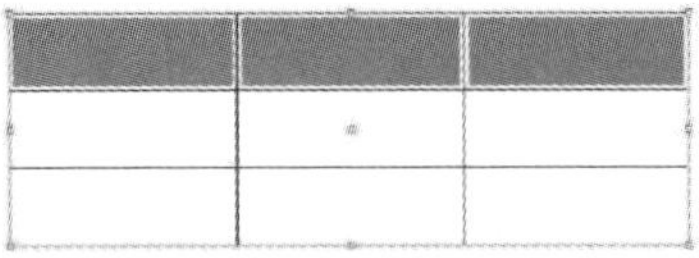
选中整列	将文字光标靠近单元格上边框，光标呈↓状态时，双击选中整列，也可在选中一个单元格后，按Y键	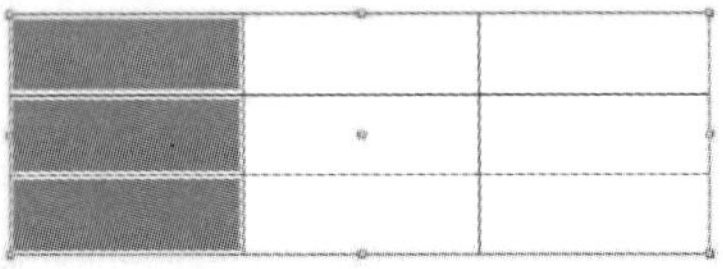
隔行选	选中一个单元格后，按数字键，就可以隔行选中，数字代表隔行数	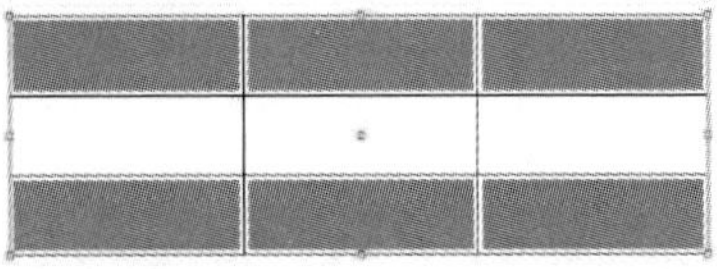
隔列选	选中一个单元格后，按Shift+数字键，就可以隔列选中，数字代表隔列数	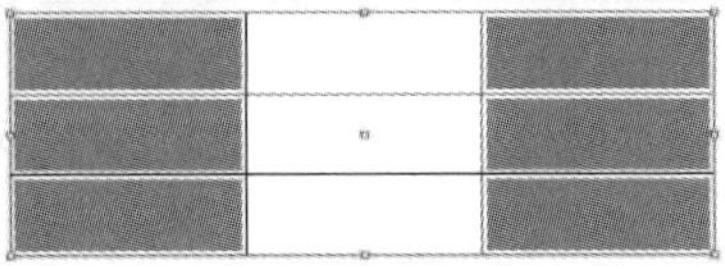

三、在表格中录入内容

创建表格后，可以在表格中输入文字内容，文字的输入可以两种方式。一种是直接录入，另一种是表格灌文。我们先来看一下直接录入文字的方法。

选中文字工具，单击在需要录入文字的单元格内，就可以进行输入了。按Tab键可将文字光标跳至下一个单元格，继续录入文字；按Shift+Tab组合键可返回上一单元格录入文字。

四、插入和删除行/列

在表格在录入的过程中，如果需要增加行列，可以在选中单元格后，选择“表格”→“插入行/列”，就在当前位置下插入一行或后插入一列，也可以按下H键增加一行；按下C键增加一列。

表格的最后一行为规则行时，选中该行的最后一个单元格或将文字光标插入最后一个单元格，按Tab键，则默认在最后插入一行，行的结构与最后一行一致。可连续按Tab键继续增加行。

选择“表格”→“插入行/列”，可以弹出“插入行/列”的设置，这里可以设置“插入次数”和“插入位置”，如图6-2-1所示。

删除行/列的操作方法是，选中要删除的行/列，或将文字光标置于要删除的行/列中，选择“表格”→“删除行/列”或按E键。

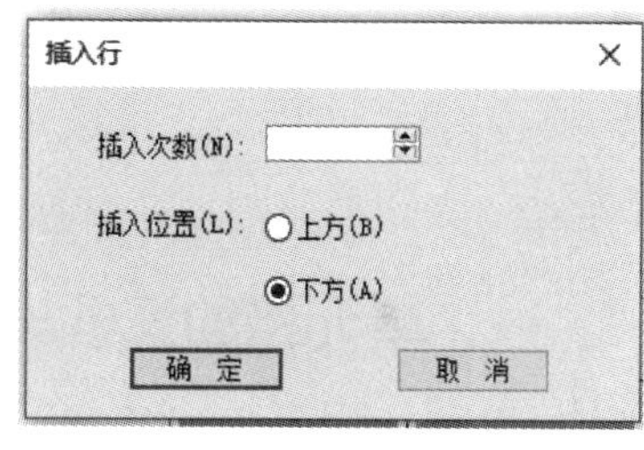

图6-2-1　弹出插入行/列的设置

五、行/列调整

（一）调整行高/列宽

通过调整行高/列宽可以使单元格外框适应文字区域，排下所有文字。调整行的高度为单元格文字的高度，调整列的宽度为单元格文字的宽度。具体的操作方法是，选中表格行/列，单击“表格”→“行/列调整”即可调整列高/列宽。

这里需要注意的是，对于有文字自缩的行列参与调整之后，文字恢复成不自缩的状态，单元格的自缩属性不会被改变。

（二）平均分布行/列

在选定的多行/列范围内，平均分配每行/列高度，使各行/列等高/宽。具体的操作方法是，选中多行/列，选择“表格”→“行/列调整”→“平均分布行/列”。

（三）锁定行高

设定选中行的高度固定不变。具体操作方法是，选中一行或多行，选择“表格”→“行调整”→“锁定行高”,则可锁定行高或按L键。

六、单元格的合并与拆分

选中多个单元格,选择“表格”→“合并单元格”或按M键,即可将选中的单元格合并为一个;选中一个单元格,选择“表格”→“拆分单元格”或按S键,弹出“单元格拆分”对话框,如图6-2-2所示。

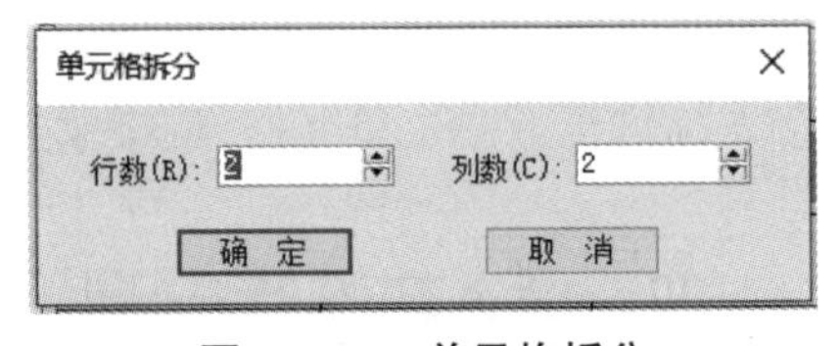

图6-2-2　单元格拆分

在这里,可以设置拆分的行数和列数,单击“确定”按钮就可以将选中的单元格按照指定的行数和列数进行拆分,如果选中多个单元格设置拆分,则是每个单元格都按照指定的方式来拆分。

第3节　表格的格式设置

一、单元格的属性设置

还可以对单元格的底纹和线型设置。选中单元格后,在表格选项卡中就可以对底纹和线型进行设置。底纹的颜色和类型可以在底纹窗口中设置。对于线型的设置,可以在单元格属性中设置。选中单元格在表格选卡中有单元格属性按钮或按快捷键P,还有就是鼠标右键菜单中。在一个单元格中进行录入时,当出现内容超过原来设置的单元格高度时,软件会如何处理呢? 这就要看单元格属性中的“自涨自缩”设置。软件默认是不自涨不自缩。也就是当内容超过单元格高度时,超出部分会进入续排,也就是未排完状态。

二、符号对齐的设置

表格排版中符号对齐的设置是一个比较常用的格式设置,在表格中存在小数、特殊的数字和内容时,可以按照内容中使用的符号将内容对齐。

设置方法是选中要设置对齐的单元格。这里可以选整列,也可以选中局部,选择“表格”→“高级”→“符号对齐”,弹出“符号对齐”对话框,如图6-3-1所示。

视频15:符号对齐的设置

这里的符号并不是某个固定符号,方正飞翔默认将一些常用的加到的下拉列表中,也可以手工输入,只要是一个符号就可以。除了符号外，针对数字列还可以设置个位对齐。

对齐方式中有内容居左、内容居中、内容居右，符号居中，默认为不对齐即取消对齐设置。一般都选中符号居中。

对于选中单元格中没有指定的符号时，通常在无特殊符号时对齐位置为不参与。

对于转换后的表格行高/列宽，我们可以通过行列调整的功能，将每个表行和表列都调整为最小宽高。效果很像文字块的自适应。一般在调整前，先将整个表格选中，在“单元格属性”对话框中，设置单元格的边空，如图6–3–2所示。

设置完成后，单击“表格”选项卡中的“列调整”按钮、“行调整”按钮即可使文字内容与表格线之间产生相应的空距。

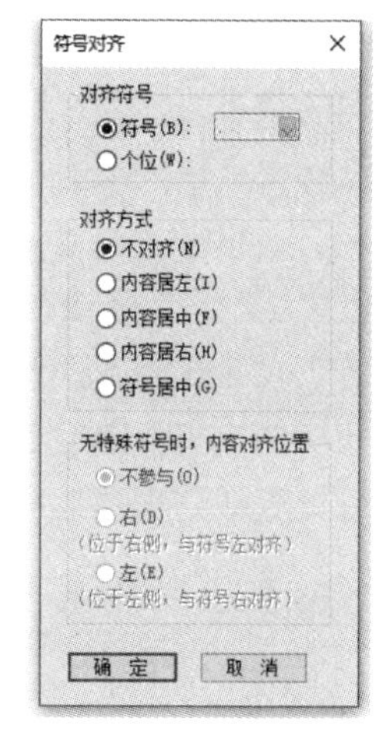

图6–3–1　符号对齐

三、表格框架的自定义

飞翔中具备一些表格框架的预置效果，如果软件自带的效果不能满足实际排版的需要，可以基于其中比较类似的一种效果自定义表格框架。

下面以三线表的表线粗细修改为例，介绍一下表格框架自定义的操作。选择“表格”→“表格框架”→“自定义表格框架”，弹出“表格框架”对话框，如图6–3–3所示。可以根据预期的表格效果，选择一个在对话框中与其相对类似的表格框架，基于选中的框架选择“新建”。

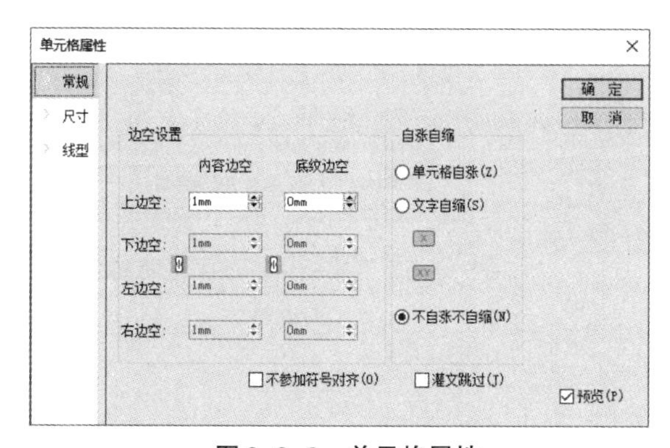

图6–3–2　单元格属性

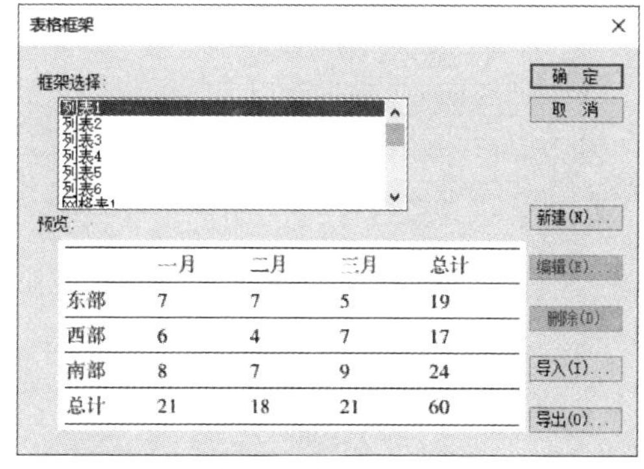

图6–3–3　基于已有框架效果新建表格框架

选中模板中的三线表进行新建，弹出“表格框架定义”对话框，如图6–3–4所示。

根据排版要求，可以在这一对话框中设置表格中的字体字号、应用的段落样式，还可以设置其他属性，如表格线型、表格的序、底纹及颜色、单元格属性的内空、排版方向、横纵向对齐等。

四、表格框架的应用与更新

方正飞翔提供了多套自带的表格框架模板，不但可以在排入Word时应用，也可以对版面中已有的表格一次性应用。例如,一个文字块中有多个表格,点中文字块,选择表格框架中的效果,或者在文字流中选中包含了多个表格的一段文字,选择表格框架中的效果,就可以将文字块内所有的表格都应用这个表格框架效果。

这里需要注意的是,如果设置表格框架效果,并将该框架应用到了表格上,但在后续操作中,又需要修改已经应用的表格框架,就需要在表格框架修改和设置完成后,再在"表格"→"表格框架"中选择"表格框架更新到已应用过的所有表格",才可以将所有应用了该框架的表格更新到最新的框架效果,如图6-3-5所示;如果选中其中一个表格并单击"表格框架更新到当前表格",表格框架更新后的效果将应用到选中的表格。

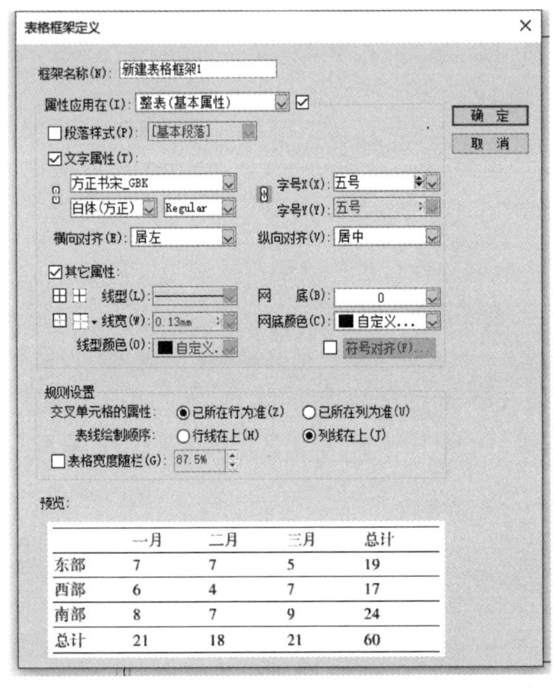

图6-3-4　基于已有框架效果新建表格框架

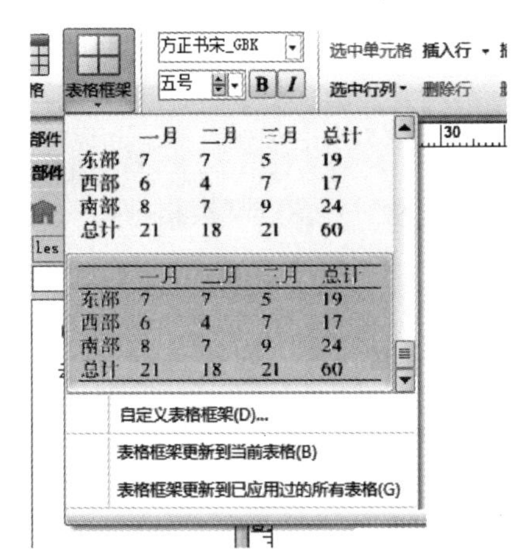

图6-3-5　表格框架的效果更新到版面上的表格

第4节　长表格的排版

对于书刊中出现的长表格,常用的处理方法就是在排版时将表格分页,这样即使前面的内容发生变化,分页表的续排部分,也与前一部分是连接在一起的,会跟随文字流的内容增加。在这一节中,我们主要讲解在长表格排版时,分页表(也称为续排表)的制作与设置。

一、制作分页表

我们先创建一个表格，使用选取工具选中表格。因为是对表格块进行操作，所以这里使用的工具为选取工具。鼠标置于下边线中间的控制点，光标变为↕，按住Shift键与鼠标左键，向上移动鼠标至需要形成分页表的表格处，松开鼠标，此时表格下边线出现分页标志▼；单击分页标志，光标变为☰，在版面任意位置单击，或按住鼠标左键拖画出一个矩形区域，就生成了新的分页表。这是纵向的分页表，也是比较常见的分页方式。如果光标置于侧面中间的控制点，光标变为↔，按住Shift键与鼠标左键，向左拖动鼠标至需要形成分页表的表格处。松开鼠标，此时表格右边线分页标志▶，鼠标单击分页标志，光标变为☰，在版面任意位置单击鼠标左键，或按住鼠标左键拖画出一个矩形区域，就生成了横向的分页表。

按照上述方法生成的两个表格是连续的，也就是前一个表格增减行列，按住Shift键与鼠标左键调整表格大小，都会影响到后面的表格。

当按住Shift键与鼠标左键向下拖动到另一个分页表边线时，松开鼠标左键，可将拆分的两个分页表合并回一个。

二、拆分表格

上面说的表格分页是一个表格分成多个连续的表。而实际排版中，有时需要将一个表拆成两个独立的表。基于这种情况，就需要使用表格的拆分功能，选中某一行或某一列，单击右键，选择“按行拆分表格”或“按列拆分表格”，就可以以选中行/列为界限，将一个整表拆分为两个独立的表格，如图6-4-1所示。

图6-4-1　拆分表格

三、续表的相关设置

（一）设置表头

当一个表格被分成分页表后，是希望表格首行或前几行出现在每个分页表上。这就需要对这样的表行设置为表头。选中要设为表头的行，单击“表格”→“更多”→“设置表头/取消表头”，这样每个分页表上就都出现相同的表头内容了。如果需要取消已经设置的表头，则再次单击“表格”→“更多”→“设置表头/取消表头”。

(二)续表的名称与格式设置

除了设置表头外,还可以单击“表格”→“更多”→“设置续表”,为续排表自动加上续表、编号以及续表的前后缀等文字信息,如图6-4-2所示。

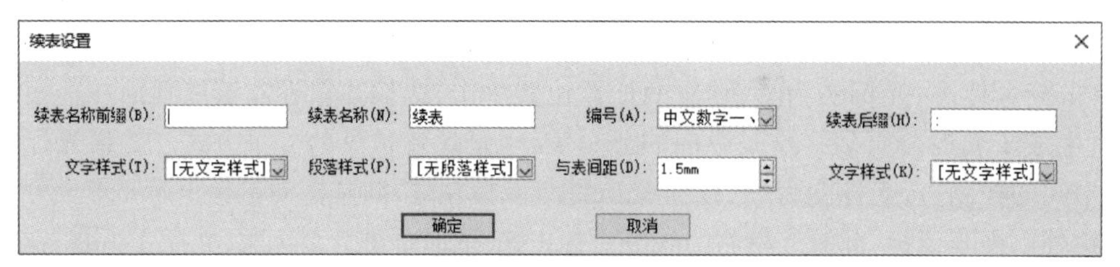

图6-4-2 续表设置

这里“续表名称”的格式设置是通过段落样式设置实现的。例如,居左、居中和居右的格式是在段落样式中定义段落对齐方式;左空或右空是左/右缩进。“续表前缀”和“续表后缀”的格式是通过文字样式设置实现的,如字体字号等。“续表名称”与表格的距离是定义“与表间距”设置实现。

(三)显示续表首行重复合并项

选中表格,可以在“表格”→“更多”→“显示续表首行重复合并项”中设置在续表中显示首行重复合并项的内容,再次单击就不显示。如在图6-4-3中,左侧的整表有纵向的合并单元格,当整表拆分成续表后,续表的纵向合并单元格中,也需要合并单元格的显示内容,此时就需要勾选此项。

班级	学号	姓名
一班	1	A
	2	B
	3	C
	4	D
	5	E
	6	F
	7	G
	8	H
	9	I

班级	学号	姓名
一班	1	A
	2	B
	3	C
	4	D

班级	学号	姓名
	5	E
	6	F
	7	G
	8	H
	9	I

班级	学号	姓名
一班	1	A
	2	B
	3	C
	4	D

班级	学号	姓名
一班	5	E
	6	F
	7	G
	8	H
	9	I

图6-4-3 显示续表首行重复合并项

注:左、中、右效果分别为设置前整表、设置前续表首行无重复项、设置后续表首行有重复项。

四、表格设序

表格的序是文字灌入表格时单元格的排序。设序的类型包括正向横排、正向竖排、反向横排、反向竖排和自定义序。用户可以选择在新建表格时，设置表格的序，也可以在表格创建之后再调整表格的序。

(一) 显示表格序

使用文字工具选中单元格，然后按下O键即可显示表格的序；再次按下O键，则退出序的显示状态。如果显示的表格序不是用户所预期的，则可以重新设置表格序。

(二) 设置表格序

使用选取工具选中表格，或使用文字工具选中单元格。选择“表格”→“高级”→“表格设序”，在二级菜单中选择“正向横排序”“正向竖排序”“反向横排序”“反向竖排序”。这里需要注意的是，设置表格序号，灌文将按此顺序依次将文字灌入单元格。

使用文字工具选中一个或多个单元格，选择“表格”→“高级”→“表格设序”→“自定义”，或者按D键弹出“自定义起始序”对话框，设置单元格的起始序号，如图6-4-4所示。

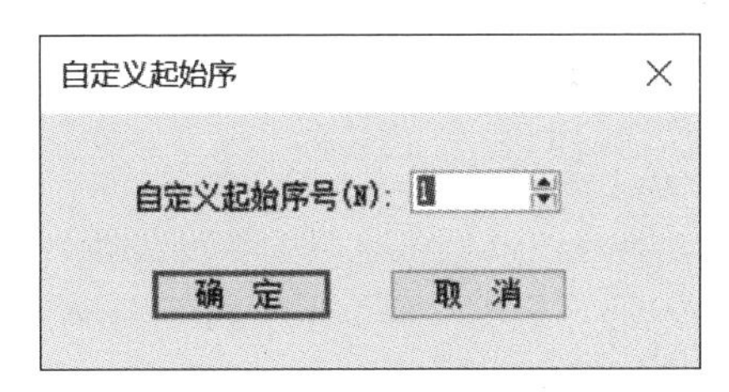

图6-4-4　自定义起始序

单击确定后，单击的单元格序号即设置为起始序号，然后单击下一个需要设置序号的单元格，即可为下一单元格设序，单元格序号依次递增。完成自定义序后，选择“表格”→“高级”→“表格设序”→“结束自定义”，或者按D键，即可退出设序状态，返回到版面，完成设序操作。

(三) 锁定表格序

选中表格或单元格，选择“表格”→“高级”→“锁定表格序”，可以实现锁定表格序，即此后禁止对表格设序。这里需要说明的是，选中多个表格时，锁定表格序这一功能，仅对第一个选中的表格有效。

五、分页表的外边框设置

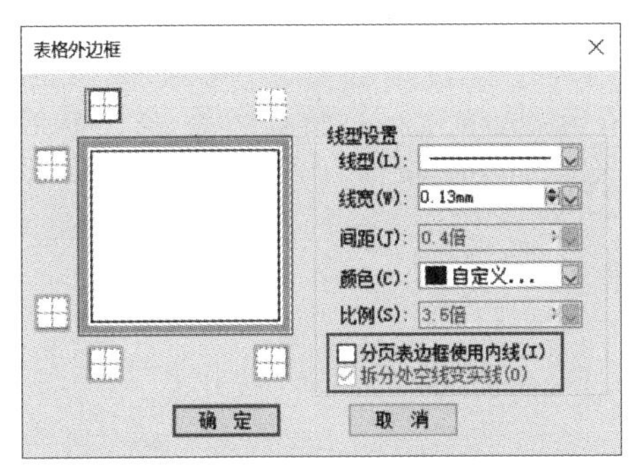

图6-4-5　分页表的表格外边框设置

视频16:表格外框线的设置

一般的表格外框与内线的线型粗细设置是不同的。这样在形成分页表后，分页表交替位置的线型采用使用哪种，可以通过“表格外边框”对话框中的设置实现不同的效果，如图6-4-5所示。在这里，我们用一段视频，讲解表格外边框设置的具体操作。

第7章 公式的排版

学习目标：

1. 深入理解排版文件设置、公式全局量设置对公式排版效果直接产生的影响，以及预先设置的重要性和操作方法。
2. 掌握数学公式、无机化学式、有机化学式、原子结构式的录入，各类公式内容的排入与修改。
3. 掌握不同类型公式局部调整方法，包括公式的格式设置、数学式的布局调整、化学有机结构式的局部调整等操作。

第1节　公式的基础设置与基本操作

一、影响公式排版效果的文件设置

在第3章中我们曾提到，文件设置是对整个排版文件的效果和参数设置，作为文件的全局量，对排版效果至关重要。事实上，在公式排版时，文件设置也同样影响着公式排版的效果，在这里，我们选择一些对公式排版效果比较重要的设置来讲解，希望大家可以在公式排版之前，就在文件设置中调整好这些参数，以便实现预期的排版效果。

（一）小数点后空四分空

如图7-1-1所示，"文件设置"对话框的默认排版设置中"小数点后四分空"也影响着公式中数字的效果。在默认排版设置中选中此项，新创建的文字块内输入小数，小数点后有四分空的效果。

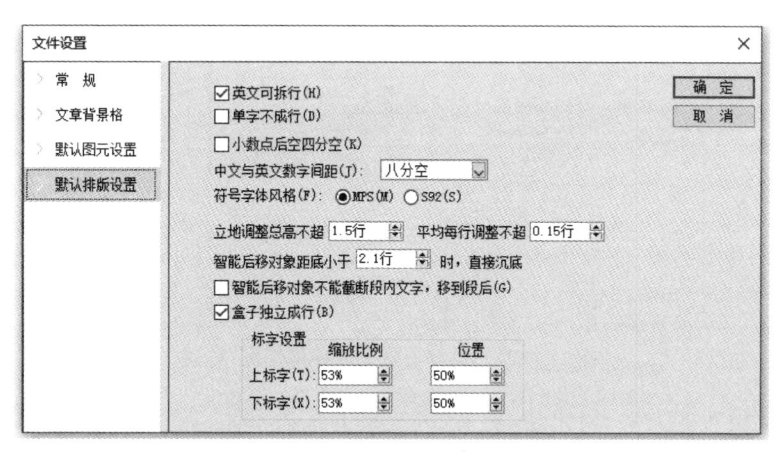

图7-1-1　"文件设置"→"默认排版设置"

（二）中文与英文数字间距

在这项中，设置文字流中文与英文数字间距以及公式与前后汉字的间距，此设置对在版面中新创建的正文和公式内的符号风格同时生效。

（三）符号字体风格

可以设置白体的符号字体风格是MPS或S92，对正文和公式内的符号风格同时生效。

符号字体风格自动与字心字身比联动，MPS的字心字身比是98%，S92的字心字身比是92.5%，如果不需要字心字身比，就需要在“文件”→“工作环境设置”→“偏好设置”→“字心字身比设置”里全部将比率修改为100%。

（四）标字设置

全局设置文字上标字和下标字的大小和位置，对新创建的文字块有效。“段落样式”→“扩展文字样式”还可以自定义标字设置，应用到段落里的上标字和下标字。

（五）字体搭配

当书刊内容同时包含中文、英文内容时，排版书刊未必会使用同一款字体，此时，就需要中文、英文使用不同的字体，这个设置是通过方正飞翔的字体搭配功能实现的，能够让用户实现中英文字体分开定义，当选取中英文混排的文字设置字体时，只需要设置中文字体，则英文字体自动设置为对应的英文字体。这样，就可以便捷实现中英文混排的版面效果。“字体搭配”设置如图7-1-2所示。

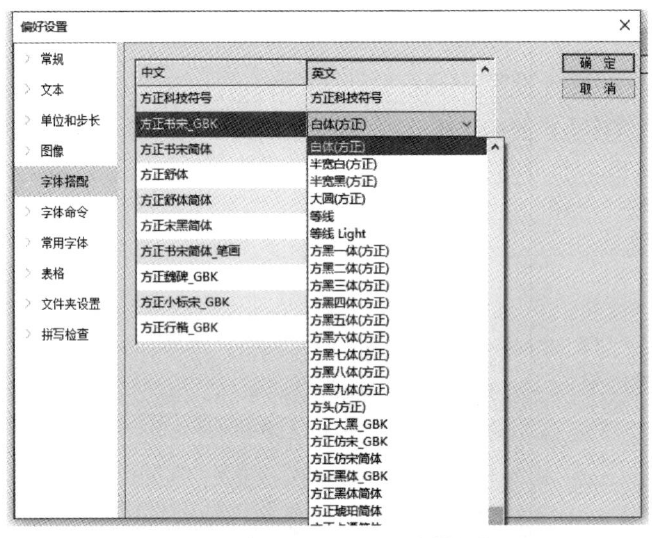

图7-1-2 “偏好设置”→“字体搭配”设置

字体搭配设置的方法是，单击“英文”列表里的某款字体，在弹出的字体下拉列表里，修改搭配的英文字体。

（六）字心字身比设置

字心字身比设置是指保持字体占位大小不变，修改字体的外形大小。字心字身比来源于方正书版，是方正排版软件的特色。字心字身比设置是一个文件量。灰版下，字心字身比的设置是一个文件量，对新建的文件都有效。开板下，字心字身比的设置是对当前文件有效。

在对话框上选中字体，分别设置MPS和S92风格的字心字身比（如98%、92.5%），单击修改比率，字符占位大小不变，缩小字符外形尺寸，使版面文字变得宽松些。

二、公式全局的格式设置与修改

（一）公式选项

公式选项设置的参数对新建的公式生效，因此在排版之前，需要对新建的公式设置好相应参数。单击“公式选项卡”→“公式选项”，弹出“公式选项”对话框，如图7–1–3所示。

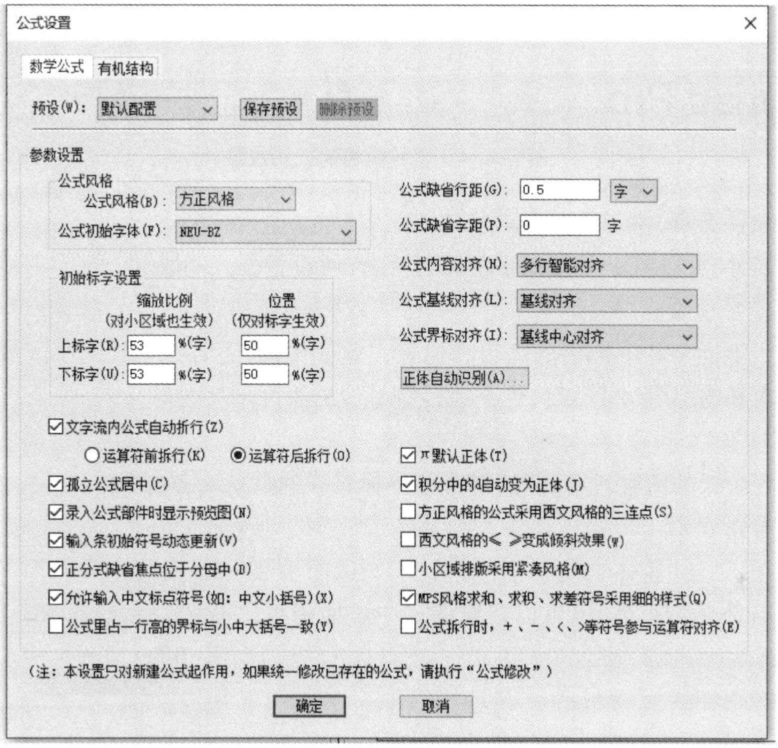

图7–1–3　公式缺省设置

下面介绍比较常用的参数以及含义。

1. 公式风格

公式风格分为“方正风格”“西文风格”和Myriad Pro。“方正风格”是以书版公式为参照，可以设置公式初始字体，方正的NEU字库有MPS和S92的字体风格；“西文风格”类似MathType公式，是Times New Roman与Symbol搭配形成的公式，无法选择公式的初始字体；Myriad Pro是两款非衬线公式字体（Myriad Pro与MdSymbol）搭配形成的公式，无法选择公式的初始字体。用户自己安装字体后，可以录入此风格的公式，四种风格的公式效果如图7–1–4所示。

2. 公式初始字体

只有公式风格为“方正风格”时，才置亮。默认为NEU-BZ，可以重新设置公式字体。公式字体要与“版面设置”中的“缺省字属性”的英文字体保持一致，对新创建的公式有效；T光标拉选文字流中的公式也可以修改公式字体。

方正风格——MPS $d_{j,l}=f\left(x_{j+1,2l+1}\right)-pf_j\left(x_{j+1,2l+1}\right)$

方正风格——S92 $d_{j,l}=f\left(x_{j+1,2l+1}\right)-pf_j\left(x_{j+1,2l+1}\right)$

西文风格 $d_{j,l}=f\left(x_{j+1,2l+1}\right)-pf_j\left(x_{j+1,2l+1}\right)$

Myriad Pro $d_{j,l}=f\left(x_{j+1,2l+1}\right)-Pf_j\left(x_{j+1,2l+1}\right)$

图7-1-4 三种风格的公式效果

3. 公式默认行距/字距自定义

在这一部分,可以自定义公式字距和行距,方便设置公式间距。

4. 初始标字设置

设置公式上标字和下标字的大小和位置,“缩放比例”还对数学式的小区域字号大小有效(如积分、求和的上/下小区域),但不能控制添线的小区域字号。

5. 公式对齐

可以设置公式的内容对齐、基线对齐和界标对齐的默认对齐方式。

6. 正体自动识别

单击此项,弹出“正体自动识别”对话框,勾选的函数将在录入时自动变为正体,也可以在对话框中添加函数,如图7-1-5所示。

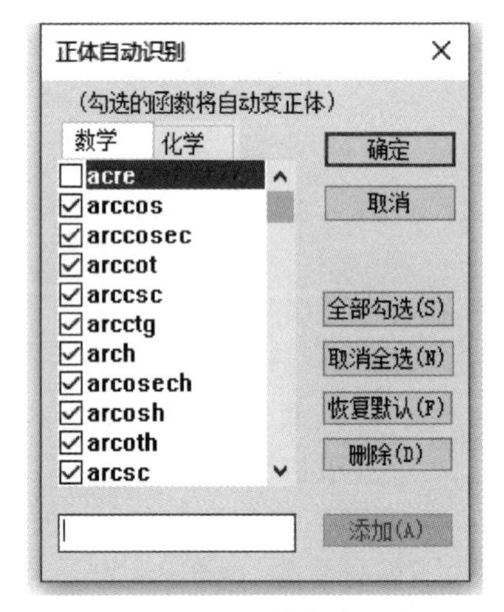

图7-1-5 正体自动识别

7. 文字流内公式自动折行

分为“运算符前折行”和“运算符后折行”。“运算符前折行”表示折行后,运算符(比如=、+等)折到下一行的行首;“运算符后折行”表示折行后,运算符(比如=、+等)留在行末,不会自动折到下一行的行首。

选中任一项,指对文字流内新创建的公式自动折行。

折行后,记录流内公式自动折行属性。

T光标插入公式内,右键选择“流内公式自动折行”,弃选,变为不折行,再按回车手动折行。

8. 孤立公式居中

选中此项,如果一行只有一个公式时,公式居中显示;否则,公式居左。右键菜单中可以取消这种属性。

9. 允许输入中文标点符号

选中此项,新创建的公式可以输入中文标点符号(如逗号、小中大括号)不用转码,其编码与正文里保持一致。标点风格对公式里的中文标点符号不起作用;中文小中大括号在公式里只能是“开明”类型；中文空格只能是按字宽。

10. MPS风格求和、求积、求差符号采用细的样式

选中此项，方正风格（MPS）和西文风格，公式中的求和符号均变成细的样式。

11. 公式拆行时，+、-、<、>等符号参与运算符号对齐

选中此项，+、-、<、>等符号参与运算对齐；否则，只有=符号参与对齐。

12. 公式里占一行高的界标与小中大括号一致

选中此项，新创建公式，占一行高的单行界标与键盘输入的小中大括号形状相同。

13. 西文风格的≤、≥变成倾斜效果

勾选此项，还选中了“西文风格”，新创建公式的≤、≥就变成倾斜⩽、⩾的效果，如图7-1-6所示。

不勾选此项：≤　　≥

勾选此项：⩽　　⩾

图7-1-6　不勾选此项和勾选此项的效果

14. 小区域排版采用紧凑风格

选中此项，新创建公式的小区域，比如指数、求和和积分的小区域的运算符前后间距、行距采用紧凑型排版。

（二）公式格式更新

在对话框中设置参数，统一修改版面中已存在的数学公式；还可以按新建公式的规则重排所有公式。单击“公式选项卡→公式修改”，即可弹出“公式修改”对话框，如图7-1-7所示。

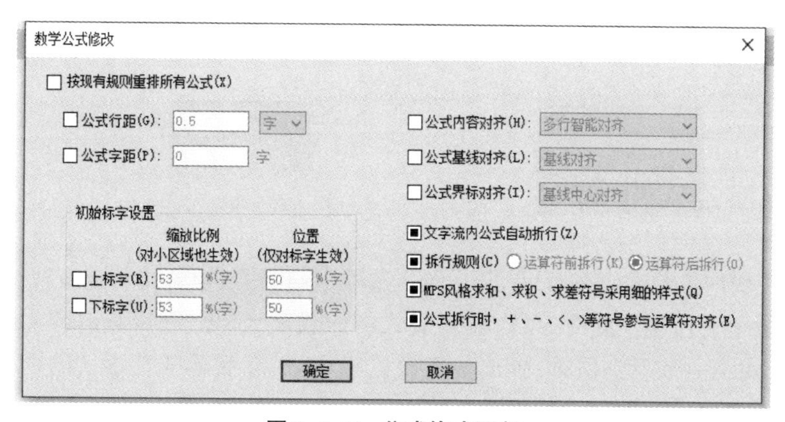

图7-1-7　公式格式更新

下面介绍“按现有规则重排所有公式”。选中此项，对话框上的其他参数项全部置灰，就是按照“公式选项”设置的参数规则重排版面上已存在的公式，就相当于重新录入的公式一样；不选中“按现有规则重排所有公式”，其他参数置亮，选中的参数才会修改版面上已存在的公式。这些参数含义，请参见“公式选项”。

（三）化学有机式的全局设置

对于有机化学式，全局参数设置也在“公式选项”中，如图7-1-8所示。主要设置的是

“原子参数设置”和“化学键参数设置”，设置方式与数学公式基本相同，不再赘述。

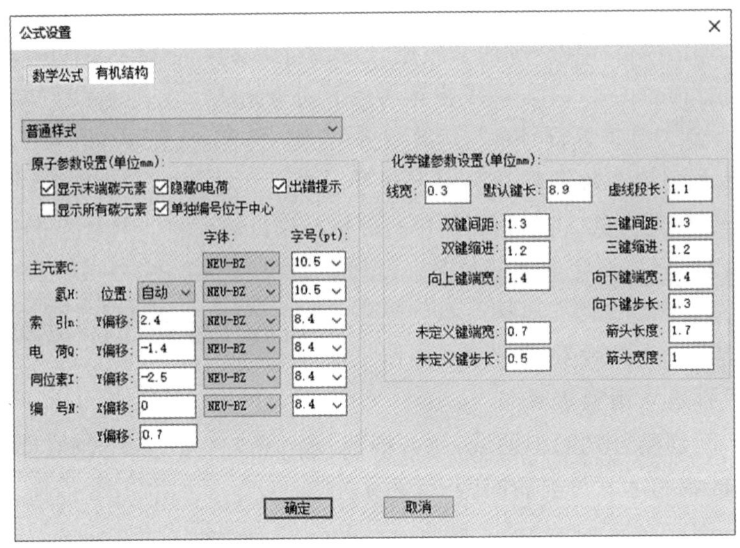

图7-1-8　化学有机式的全局设置

第2节　数学公式的排版

一、数学公式的录入

在文字块块内T光标状态下，单击“公式”选项卡中的“数学公式”，或按快捷键“Alt+=”，即可创建出数学公式块。此时，可以输入公式中的数字、字母、字符等内容，如果需要输入数学式，在公式块中按下空格键，弹出数学公式输入法，然后输入数学式的助记符。例如，如果要输入分式，则需要在数学公式输入中输入分式的拼音首字母简写“fs”，在这里，“fs”就是分式的助记符，通过鼠标单击或数字确定录入的内容，然后按下Tab键就可以切换光标，到下一处需要录入的区域内，如果想回到上一个录入的区域进行修改，则按下Shift+Tab组合键即可。在这里，我们用一段视频来讲解数学公式的录入。

视频17：数学公式的录入

对于数学式中的函数，方正飞翔中具备正体自动识别的功能，在“公式选项-正体自动识别”中，可以修改、增加正体自动识别的函数，打出特定的函数时，飞翔会自动识别为整体，无须再进行手动修改。例如，在公式中输入si看到的是si，再输n，这三个字母就自动变成正体sin了。这是因为，对于函数sin，飞翔中设置了正体自动识别。

二、数学公式的局部调整

除了公式排版时，要有一个全局设置，保证全文公式效果保持统一之外，有时根据不同的内容、公式长度、编辑的需要，我们在排版时还要对个别的公式进行单独的局部调整。局部调整包括两大部分：公式及字符格式的调整，以及数学式布局调整。

（一）公式及字符格式的调整

1. 对齐方式的局部调整

在“公式选项”中，可以对公式的内容对齐、基线对齐、界标对齐方式进行整体设置，创建的新公式，默认就是按照指定的方式对齐的。如果希望在文字块中创建公式直接就是居左而非居中，可以将“公式选项”中的孤立公式居中去掉。对于新创建公式，就可以自动居左了。

2. 公式整体字距、局部间距的调整

对于数学公式，字距也是一个重要的属性，字距分为公式的整体字距，即运算符前、后和字符之间的距离，以及局部字距，即字符之间、字符与运算符之间的距离，例如，对于如图7-2-1所示的简单公式来说，整体字距和局部字距调整，操作方式有所不同，但均可以在飞翔的版面中进行调整。

$$x + y = 1$$

图7-2-1　简单公式

如果需要让公式的整体字距缩小，具体的操作方法为，T光标定位在这个公式块内，在“编辑”选项卡中将设置“字距”设置-0.2字，即可实现运算符前后与字符之间的距离，都会缩小的效果。

如果需要让公式的局部字距缩小，如对x和+之间的字距，则需要T光标同时拉选$x+$，然后在“编辑”选项卡中将“字母间距”设置为-0.2字。

3. 标点类型的调整

有时需要对公式中的中文标点设置开明、全身的标点类型。这需要先将公式块从外部整体选中，在编辑——更多的文字高级属性中将标点风格由默认改为中文风格后，再定义。

视频18：标点类型的调整

4. 符号基线的调整

对于一些特殊符号如希腊符号的个别字符，不同编辑要求的符号基线可能有不同之处，对于单个符号基线的调整，可以使用“编辑”选项卡中的“符号基线”实现。

（二）数学式布局调整

对于求和式、积分式、分式、根式、界标式等数学式，有时可能不仅需要调整字距、符号基线等属性，还需要调整公式和数学式的符号之间的距离，如根号顶部和内部公式的距离、分子和分数线之间的距离等。这些参数的调整，是不能通过“编辑”选项卡中的简单参数实现的，这就需要用到方正飞翔的“数学式布局调整”的功能。

具体的操作方法是，T光标选中公式的特定数学式，右击，在右键菜单中选择“数学式布局调整”或按Alt+B组合键，弹出“数学式布局调整”对话框，可以修改特定参数值或格式，如图7-2-2所示。这里的参数设置，可以直接在编辑框中输入，也可以点在编辑框内，通过鼠标滚轮增减数值设置。

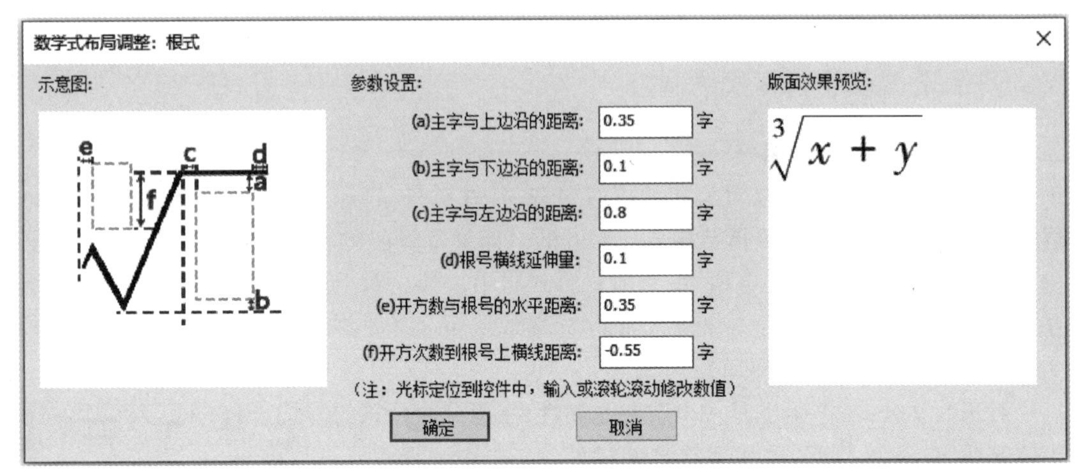

图7-2-2　数学式布局调整

因为是局部设置，所以T光标选中的公式区域决定了数学式布局调整的参数设置，如果要进行特定数学式的调整，正确的选中方式应为该数学式所体现的最外层公式。如果需要对公式的指数进行设置时，T光标应该拉选指数区域。

视频19：数学式布局调整

三、导入Word文件中的公式及其注意事项

（一）飞翔支持的Word公式类型

在排版的一般情况下，大部分的公式并非排版人员手工输入，而是通过排入作者提供的Word稿件，转换为飞翔版面中的公式内容。飞翔中可以兼容Word文档中的两种公式，分别是Omath公式和MathType公式编辑器制作的公式。

图7-2-3是Word中单击Omath公式块的效果。

$$(\mathrm{A})\left\{x \middle| 2k\pi-\frac{3\pi}{4}<x<2k\pi+\frac{\pi}{4}, k\in Z\right\}$$

图7-2-3　Word中单击Omath公式块的效果

图7-2-4是Word中MathType制作的公式，以及双击公式后，公式内容在MathType编辑器中显示的效果。

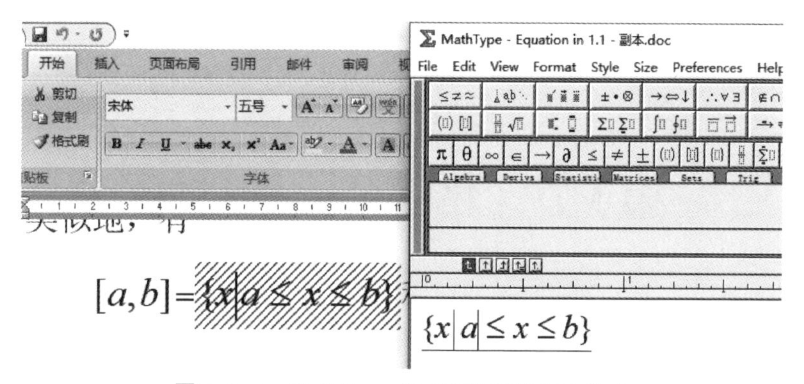

图 7-2-4 MathType公式编辑器制作的公式

（二）导入带有公式的Word文件的注意事项

如果需要导入MathType公式，需要先安装MathType公式编辑器。对于32位计算机，请您导入Word前确认计算机上已经安装了MathType6.5或以上版本；对于64位计算机，请您导入Word前确认计算机上已经安装了MathType6.9a或以上版本。

如果导入时出现弹窗提示“Mathtype接口调用失败”，可能由于虽然安装了Mathtype，但飞翔转换公式时会调用MathType接口，存在调用接口失败的情况。可以尝试按两种方式处理，以便接口可以调用成功：①在飞翔已完整安装的情况下，重新安装MathType公式插件；②手工移动加载项，以Word2013以及MathType6.9a为例，从MathType公式编辑器的安装路径中找到MathPage\MathPage.wll和\Office Support\MathType Commands 6 For Word.dotm两个文件，将其放到Office 2013路径Office15\STARTUP\下。

（三）Latex公式的导入方法

Latex公式需要复制到Word中，转换为MathType公式，方可成功导入飞翔。MathType中提供了将Latex公式批量转换为MathType公式的功能，您可以批量转换后，以MathType的方式导入到飞翔中，具体的方法是，把Latex格式的公式和其他相关内容复制到打开的Word中，单击工具栏中的MathType插件；选中Word中的所有的Latex公式的部分，或全选Word中的所有复制过来的内容；单击工具栏中的Toggle Tex，即可转换为MathType公式，完整的操作步骤如图7-2-5所示。

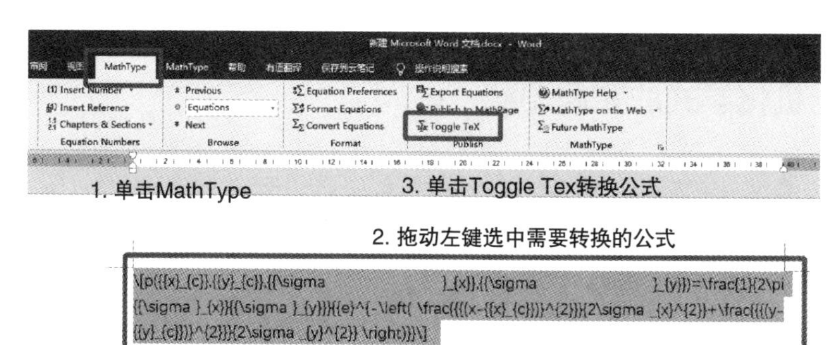

图 7-2-5 Latex公式导入飞翔的操作方法

第3节　化学公式的排版

一、无机化学式的录入

无机化学式的录入，与数学公式非常类似，在文字块块内T光标状态下，单击“公式”选项卡中的“数学公式”，或按Alt+–组合键，即可创建出化学公式块，按下空格，弹出化学公式输入法，如图7–3–1所示。

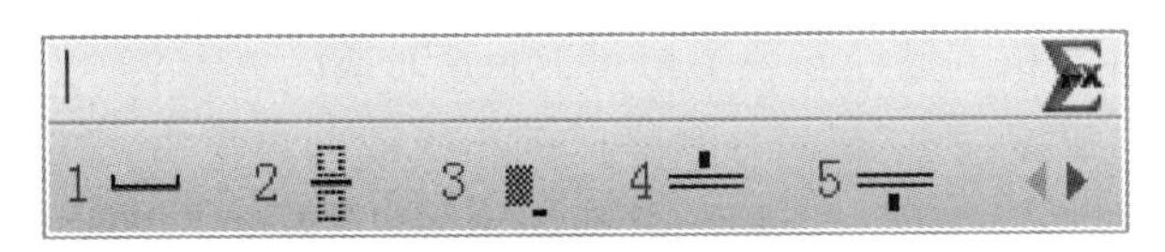

图7–3–1　无机化学式输入法

无机化学输入法中对一些无机化学式，具备以拼音首字母方式定义的助记符。例如，如果要碳酸钙，则需要在化学公式输入法中输入化学式的拼音首字母简写tsg，如果不清它的名称，输入cac也可以输入，如图7–3–2所示。

图7–3–2　无机化学式的录入

按Tab键可以继续切换光标至下一处，输入其他无机化学式、反应箭头（tjt）等，即可完成无机化学式的输入。

二、无机化学式的布局调整

对于反应箭头，如等号、单箭头、双箭头等，可以定义默认长度，以及上方、下方文字内容与反应箭头之间的距离。以等号为例，T光标选中等号的特定数学式，在右键菜单中选择“数学式布局调整”或按Alt+B组合键，弹出“数学式布局调整”对话框，在这里，可以修改特定参数值或格式，如图7–3–3所示。调整后单击确定，效果即可在版面上生效。

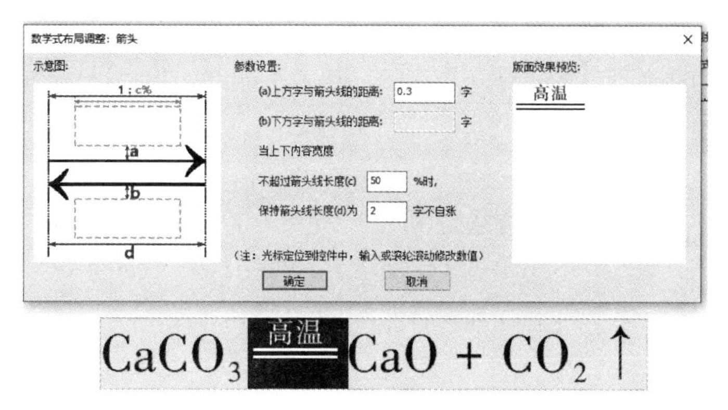

图7-3-3　无机化学式的布局调整

三、原子结构式的录入与调整

对于原子结构，在以往情况下，我们会选择画图后再将图片插入到排版文件中，在方正飞翔中，提供了更为便捷的排版功能。将光标定位到文字流中或者版面空白处，在T光标输入状态下，单击“公式”→“原子结构”，弹出“原子结构”对话框，如图7-3-4所示。

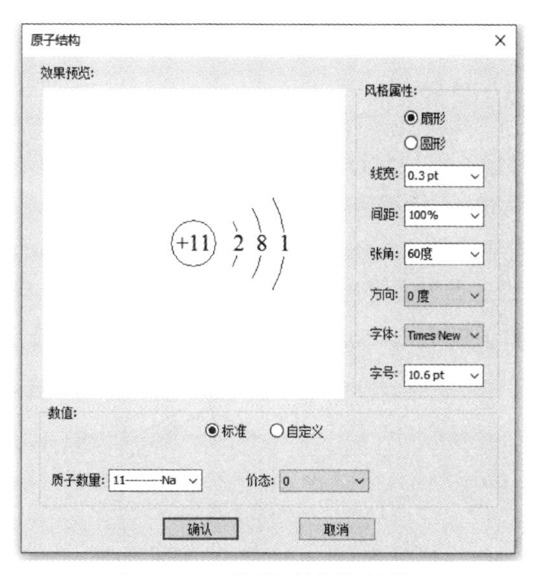

图7-3-4　“原子结构”对话框

在“原子结构”对话框中，可以选择扇形或者圆形风格属性，还可以选择相关的属性和数值信息，确定后，就可以在版面中生成了原子结构图。

四、有机化学式的录入与调整

化学书籍的排版，经常会涉及有机化学结构式、反应式，这些烦琐的有机化学式、化学结构，也可以使用飞翔的公式输入法录入。

在学习有机化学式的录入和调整之前，我们需要简单了解一下有机化学式中的概念。对于化学有机结构来说，两端的字母称为原子，原子之间的连线称为化学键。

（一）有机化学式的录入

录入有机化学式的具体操作方法是，在文字块块内T光标状态下，通过单击公式选项卡中有机化学或按快捷键Ctrl+Shift+=，这样创建了有机结构式。按下Ctrl+方向键，即可在相应的方位上创建一个基本化学键，例如Ctrl+→，后，可以创建乙烷，创建后的效果如图7–3–5所示。

通过键盘方向键，可以在有机化学式中切换选中的原子或化学键，如图7–3–6所示。

$H_3C—CH_3$

图7–3–5　乙烷效果

$H_3C—CH_3$　$H_3C—CH_3$

图7–3–6　选中原子的状态和选中化学键的状态

有机结构中有一个重要的结构就是苯环的六角结构，苯环的创建的具体方法是，在创建有机化学公式块后，按下空格，弹出有机化学输入法。输入苯环的助记符“b”或“bh”，可录入苯环的基本结构，如图7–3–7所示。

在选中原子状态，继续按Ctrl+方向键组合键，可以继续创建新的原子节点。

（二）化学键类型的设置

化学键的设置，主要包括对化学键类型、宽度、长度、角度的设置。是对化学键的宽度粗细等设置。尤其是默认键长，将直接影响创建的结构式的大小。

方正飞翔中，选中化学键按回车键是进行化学键大类之间的切换。例如，在双键的情况下按回车键，就变成了三键。如果需要快速设置，则可以在选中化学键，按Ctrl+↑和Ctrl+↓组合键可以开启可视化状态，通过↑、↓、←、→方向键可以选择化学键，如图7–3–8所示。

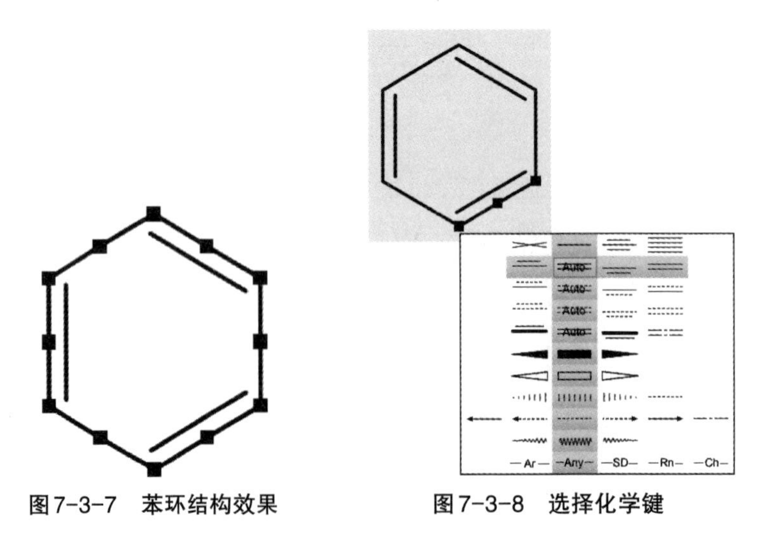

图7–3–7　苯环结构效果　　图7–3–8　选择化学键

化学键长度与角度，也可以使用快捷键来调整。按Shift+↑和Shift+↓组合键是按推荐边长拉伸或缩短化学键；按 Alt+↑和 Alt+↓组合键，是细微的拉伸或缩短化学键，默认的伸缩步长为 1/20；按 Shift+←和 Shift+→组合键，可以大幅度旋转化学键；按 Alt+←和 Alt+→组合键，可以小幅度旋转化学键。

（三）原子的修改

在有机化学式中，碳原子和氢原子是比较常见的原子，但有机化学式中的原子并非只有碳和氢，有时，我们还需要录入其他原子。具体的操作方法是，选中单个原子后，直接按键盘相应的字母键，再按回车键，即可修改选中的原子。

除此之外，对于修改后的原子，也可以编辑其电荷数值。例如，对于铁（Fe），选中后右击，选择“原子属性”，即可在“原子属性”对话框中设置电荷数值等参数，如图 7-3-9 所示。

对于一些如 COOH 由多个字母组成的原子，可以将 T 光标定位在原子处，右击，选择“转为标签”，在“标签编辑”中输入需要的原子，如图 7-3-10 所示。

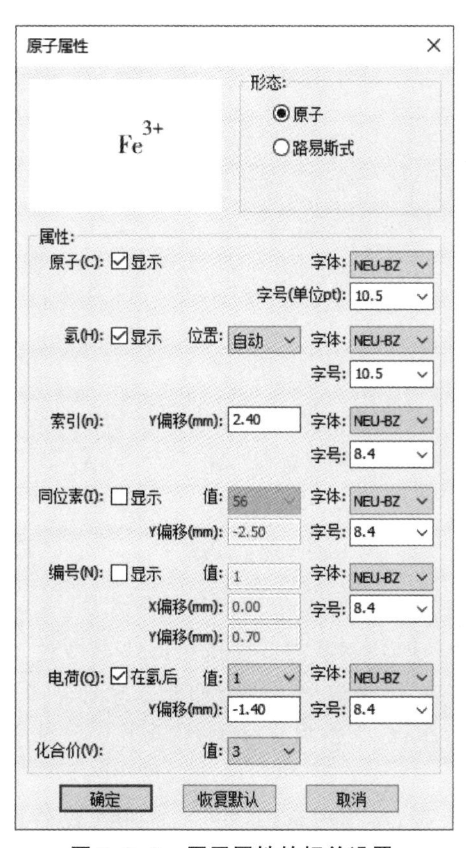

图 7-3-9　原子属性的相关设置

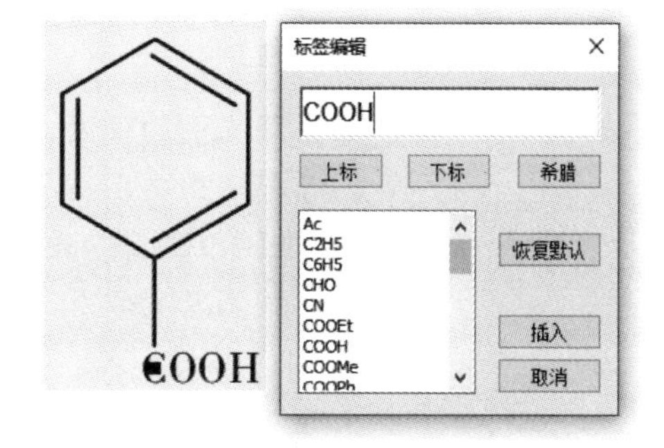

图 7-3-10　转为标签和编辑标签

第8章
书刊元素的排版技巧

学习目标：

1. 掌握主页的设置方法，以及页面管理、章节管理的操作方法。
2. 掌握不同类型页码的设置方法，深入理解各类页码的应用场景。
3. 掌握脚注创建、设置的操作方法，掌握脚注合并的相关操作方法。
4. 掌握书眉的添加、编辑和保存，能够根据实际场景，设计制作适合书刊的书眉样式。
5. 掌握目录的创建、提取和更新，以及输出PDF将目录转换为书签的操作方法。
6. 深入理解不同类型文本变量的应用场景，掌握文本变量在主页中添加，批量呈现可变书眉的方法。
7. 掌握索引与词条创建、设置、提取的操作方法。

第1节　页面操作、主页的编辑与应用

一、页面管理及章节管理

(一) 页面管理

页面是书刊的组成单位,是内容的载体,我们需要正确理解页面的制作规范,在方正飞翔中,有专门的页面管理窗口,选择右侧浮动面板的页面管理窗口,或按F12键弹出页面管理窗口,如图8-1-1所示。

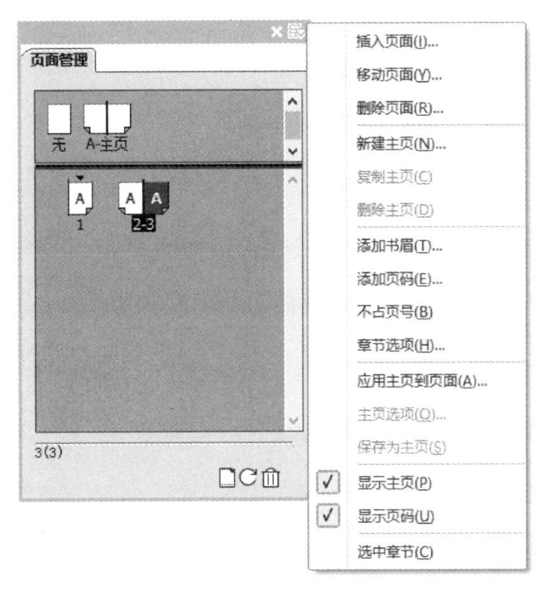

图8-1-1　页面管理

在页面管理浮动面板中,可以进行增加页面、移动页面、删除页面等操作。单击窗口底端的增加页面图标即可以增加页面,每单击一次增加一个页面。如果需要增加多页,可以在右键菜单里选择“插入页面”,或者在窗口的扩展菜单里选择“插入页面”,弹出“插入页面”对话框,设置后即可插入多个页面。

选中页面,按住鼠标左键可以将页面拖动到其他位置;也可以在右键菜单中选择“移动页面”,然后在对话框里指定目标位置。

翻页可以通过不同方法实现。在页面管理窗口里双击页面图标。在页面左下方页码列表中选择页面,或单击列表左边的页码标签。选择“插入→页面→翻页”,指定翻到的页面。当选择“普通页”时，可以选择按“页码”翻页或按“页序”翻页。也可以选择翻到主页。

（二）章节管理

如果书刊页数非常多，可以选择将每个章节做成一个文件，由工程管理这些文件。如果页数并不是太多(200页内)，可以在一个文件中包含所有的章节。一般说来，过长的文档会导致操作响应较慢，建议拆分为多个文件由工程管理，但是这样做对于全书查找替换、主页修改会带来一些不方便。如果所有章节都包含在一个文件中，每个章节的首页可能需要做一些特殊的设置，比如章首页的左右页起排方式，章节的起始页码等。注意这里的章节并非特指书刊中的正文章节，目录、前言、正文章、后记等都可以作为章节。只要能够使得书籍的页面操作更加方便、灵活，我们就可以进行合理的章节规划。

1. 设置文档起始页码

对于某些连续出版物(如丛书或者学术期刊)，本书的页码并非从1开始，而是衔接上一册(期)的页码，此时我们需要设置本书的起始页码。

起始页码是指文件第1页的页号，选择“插入→页码→设置文档起始页码”，弹出“文档页码选项”对话框；在“起始页码”编辑框里输入页码即可。例如输入10，单击确定后则该文件第1页的页码为10，后面的页码依次递增。

2. 设置章节起始编号

如果文章包含多个章节，可以设置章节的起始编号，还可以设置章节是从哪一页开始的，即新章节的起始页。例如在书籍中正文章节是在目录章节的后面，但是正文第一章的页码并非在目录的最后一页上递增，而是重启页码。具体的操作方法是，在页面管理单击需要开始新章节的普通页，在其右键菜单中选择“章节选项”，在弹出的“章节选项”对话框，勾选“开始新章节”，即可开始新的章节，此时可以对章节编号和页码编号进行设置，如图8-1-2所示。

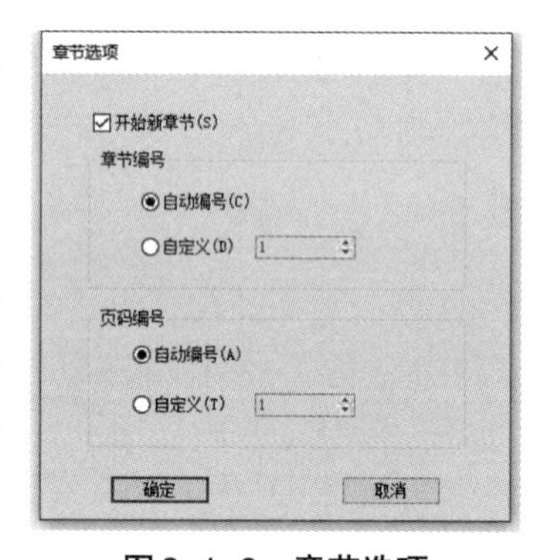

图8-1-2　章节选项

如果是跟前一章节连续，选择“自动编号”即可，是在前一章节的基础上继续编号。如果需要重新定义编号，选择“自定义”，即可自行指定开始的章节或页码编号。自定义页码编号后，如果希望文章中显示设置的页码，需要在页码类型中勾选“章节页码”。

在页面管理中可以右键菜单“选中章节”后移动整章节的页面到其他位置；通过主页插入的主文字流块，在一个章节的最后一页，主文字流将被断开。

二、主页的基本操作

页面是构成书刊的基本单位，在书刊中包含章节，章节一般是由多个连续的页面构成，并且一章内的页面其书眉、装饰效果具有一定的相似性，这就需要引入主页的概念和排版能力。

主页用于统一管理页面共有的内容,我们可以将主页理解为普通页面的背景页,将一个主页应用到多个普通页上,可以确保它们的背景是统一的。主页本身并不是实际的页,不会单独作为实际页面打印或输出。主页可以如普通页面一样编辑版面内的对象,添加在主页上的内容将呈现到各页面里。

在方正飞翔中,可以设置多个主页,并可为每个主页指定应用的页面范围。为文件添加页码、页眉、页脚时,必须在主页上进行操作。

(一) 新建主页

在页面管理浮动窗口里可以通过多种方式新建主页。

最普遍的方法是,选择扩展菜单里的“新建主页”,或选中一个主页后在右键菜单里选择“新建主页”,弹出“新建主页”对话框。

另外一种方法是,从页面新建主页。在方正飞翔里可以将页面保存为主页,页面即为新主页的基础主页。选中一个页面图标,按住鼠标左键拖动到“主页”窗口里,松开鼠标左键即可创建新的主页。这里需要注意的是,如果是双页排版的页面,则必须按住Ctrl键或Shift键选中双页,然后拖动到“主页”窗口。

还有一种方法,即选中页面图标,在右键菜单里选择“保存为主页”。

(二) 应用主页

新建主页后,即可将新建的主页应用到指定的页面。

最普遍的方法是,选中主页,按住鼠标左键,将主页图标拖动到相应页图标上方,松开鼠标左键即可将所选主页应用于页面。

另外一种方法是,选中主页,在右键菜单里选择“应用主页到页面”,弹出“应用主页”对话框,在“应用主页”的下拉列表里选择需要应用的主页,在“目标页面”里设置应用的页面范围。其书写方式可以是“1,2,5”“1-5”或“1,2,4-5”,中间的分隔符号使用英文半角符号。也可以选中页面,在右键菜单里选择“应用主页到页面”,修改选中页面应用的主页,或将该页面主页设为“无”。

这里需要注意的是,如果页面为单页,主页为双页(即有左右两个页面),拖动双主页到页面时,系统默认将左主页应用于页面。

(三) 主页与普通页的切换

在排版过程中,有时我们需要主页与普通页相互切换。操作方法是,选中某个普通页,单击普通页和主页相互切换图标,就会切换到对应的主页;对主页进行编辑后,单击普通页和主页相互切换图标,就会定位到切换之前的普通页。

这里需要注意的是,如果存在多个主页,对应的主页编辑后,再对其他的主页进行编辑,最后在切换到普通页时,会定位到切换到主页之前的普通页。

三、页码操作

（一）添加单个页码

有两种方式可以在版面上添加页码，分别是插入页码，以及使用文本变量添加。

插入页码的具体操作方法是，单击“插入→页码”，弹出“页码”对话框，在对话框内，可以选择页码类型、页码定位，选择“章节页码”，以方便以后设置章节页码用；单击更多设置可以设置页码选项；单击确定即可在页面上添加页码，如图8-1-3所示。

通过文本变量方式添加页码的方法是，选择“插入→文本变量→插入变量”，弹出“文本变量”对话框。“文本变量列表”列出了当前的文本变量，选择一个文本变量，单击插入即可将文本变量插入到当前光标所在的版面位置，如图8-1-4所示。

图8-1-3 添加页码

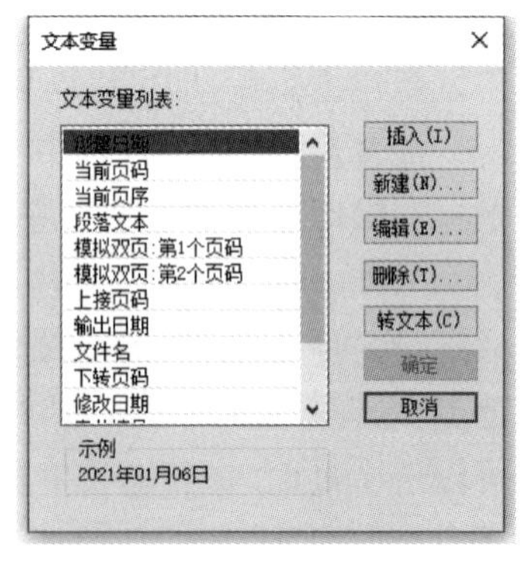

图8-1-4 文本变量

文本变量可以有多种选择，在这个场景下，需要选择“当前页码”，就可以制作出页码块。这种方式制作的页码在位置摆放、装饰效果上可以更加灵活。

（二）添加多个页码

有些书籍在每页上存在两个页码。分别为主页码和分页码，比如学术期刊可以用主页码表示论文在本书中的编号，用分页码表示该页在本论文中的页号。如果前两篇论文都为4页，那么它们的页码编号依次为1-1、1-2、1-3、1-4、2-1、2-2、2-3、2-4。

方正飞翔支持制作多页码的效果，这样可以在一页上展现多个页码，并且不同的页码可以有不同的风格。具体的操作方法是，选择“插入→页码→添加页码”，或者在主页的右键菜单中选择“添加页码”，弹出“页码”对话框，多次添加页码，就可以增加多组页码，如图8-1-5所示。

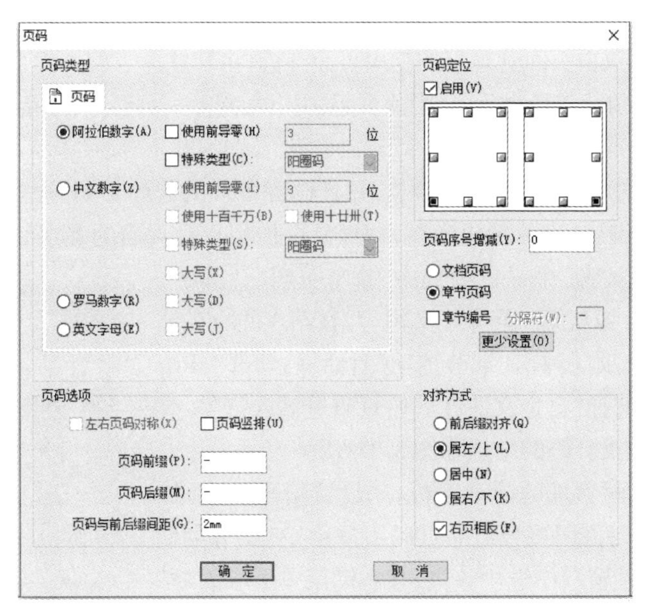

图8-1-5　页码的添加

添加页码后，可选中页码后通过“页码类型”进行修改。

除此之外，同一章内可能出现多种风格的页码，此时可以将章节与多页码功能关联使用。通过设定页码序号增减可以保证多个章节彼此间页码的连续，通过设置多页码还可以显示对应章节的编号。这里需要注意的是，使用“页码序号增减”，可以对页码的起始页自行进行设置。在设置“页码序号增减”时需注意页码不能为负数。

（三）设置分页码

1. 设置分页号

方正飞翔默认添加普通页码，即以独立的数字表示页码，如“1，2，3”。除此以外，方正飞翔还可以设置分页码，分页码由主页号和分页号组成，例如“1-1、1-2、2-1、2-2”。符号“-”前面的数字为主页号，后面的数字为分页号。这类页码通常用来定义章节页码。

首先选择“文件”→“工作环境设置”→“文件设置”→“常规”，弹出“文件设置”对话框，选中“使用分页码”，单击“确定”按钮。

执行上述操作后，则版面允许使用分页码。并且如果版面上已有普通页码，会将普通页码转为分页码；如果版面没有添加页码或者缺少页码，则可以选择“插入”→“页码”→“添加页码”来添加页码。

当允许使用分页码时，“页码类型”选项组有两个标签“主页码”和“分页码”，单击标签，可以分别设置主页码和分页码的类型。在“分隔符”编辑框内可设置主页码与分页码之间的分隔符号。

当版面页码为分页码时，“插入→页码→重起分页号”选项被激活，执行该命令后，从当前页开始重起分页号，即当前页的主页号加1，分页号从1开始重置，后面的分页号依次递加。例如，将翻到页码为“1-10”的页面，选择重起分页号，页码变为“2-1”。页面重起分页号后，如果想恢复重启前的效果，与前面的页号接着排，可以选择合并主页号。鼠标单击到重起分页号的版面，也可以将鼠标双击页面管理里的相应页面图标，将其置为当前页面，选择“插入→页码→合并主页号”即可。执行该命令后，从当前页起，主页号同上一页，分页号接上一页递增。

2. 设置章节主页号

可以通过设置章节页码来形成章节，并且设置章节的起始页码。这样在页面窗口中可以展现页面的章节编号、实际页码和逻辑页码，更加利于对页面的观察和管理。

首先，在“页码类型”中一定要选中“章节页码”。其次，在页面管理窗口中，如从第3页为正文内容，在第3页的右键菜单中选择“章节选项”，弹出“章节选项”对话框；勾选“开始新章节”，页码编辑选择“自定义”，在起始页码里输入“1”。单击确定，设置好章节及页码的结果如图8-1-6所示。

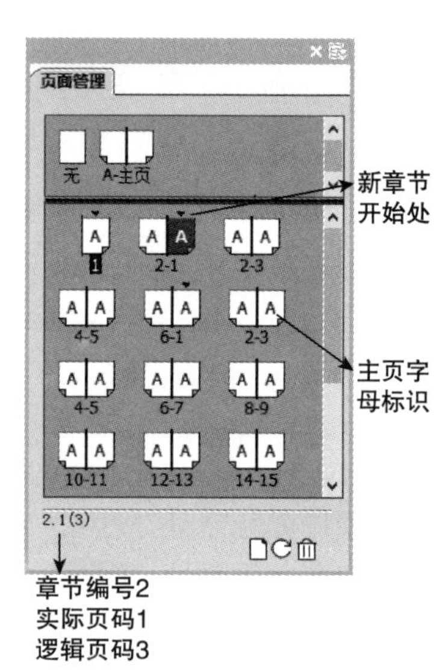

图8-1-6　多章节的页面管理

还可以通过页面管理的浮动面板，来设置暗码或无码。暗码就是该页的页码占用页号但是页码不显示，一般用在章首页中。在页面管理窗口中选中该页，在右键菜单里取消“显示主页”或“显示页码”的选中状态即可；无码就是该页的页码不占用页号也不显示页码，一般用在广告插页中。在页面管理窗口中选中该页，在右键菜单里勾上“不占页号”即可。

（四）普通页的其他调整

方正飞翔支持在普通页上对主页上的对象选中并进行编辑，同时不改变在主页上的该对象。在普通页找到想要编辑的主页对象，按住Ctrl+ Shift组合键，同时在对象上单击，即可选中该对象，此时该对象已从主页上分离出来。

如果希望特定普通页不显示主页内容或页码，选中页面图标，在右键菜单里取消“显示主页”或“显示页码”的选中状态即可。

第2节　书刊元素的排版与制作

一、脚注

脚注用于为文章中的名词等内容提供解释、批注以及相关的参考资料。方正飞翔提供了两种脚注类型，分别为通栏脚注和尾栏脚注。

通栏脚注是在当前页的下方排版，与主文字流块等宽，脚注区还可以分栏，如图8-2-1所示。

失。因此，高斯退却了，这一退却无疑成为这位“数学王子”辉煌一生的遗憾。另外还有一位同时代的匈牙利数学家鲍耶·雅诺什，他也发现了非欧几何的存

① 彭林.非欧几何的由来[J].中学数学教学参考，2014(5)：62-64.

② [美]莫里斯·克莱因.古今数学思想(第三册)[M].邓东皋，等译.上海：上海科技出版社，2014：51-54.

图8-2-1　通栏脚注

尾栏脚注是指多栏排版，脚注会在当前页最后一栏的下方排版，随栏宽，不可再分栏，如图8-2-2所示。

范闲：你刚才说府里人都以你为尊。

范思辙：没错啊！

范闲：你说什么他们都得听。

范思辙：对啊！

范闲：那你要让他们打死你自己呢？他们要是动手，就得伤害你，说明不是以你为

再如，“理发师悖论”。理发师要给“所有不给自己理发的人理发”这句话的对象是

① 秦玮远.“说谎者悖论”的再探讨[J].安徽大学学报(哲学社会科学版)，2006(1)：39-42.

② 陈世清.从传统逻辑到对称逻辑[J].宁德师专学报(哲学与社会科学版)，2006(2)：1-8.

图8-2-2　尾栏脚注

（一）生成脚注

将光标定位到文档中需要插入脚注的位置，选择“插入”→“脚注”→“插入编号脚注”，或者选择“插入”→“脚注”→“插入符号脚注”，就会插入脚注，此时，在脚注文本区域填写相关的内容即可。

插入脚注后，更改脚注选项，也可以对已经插入到版面的脚注生效。通过“脚注选项”对话框，可以对脚注格式进行详细的设置和更改。编号脚注会自动编号和生成脚注排版区；符号脚注不参与编号，用户可以自定义前导符。

（二）脚注引用和脚注文本之间的跳转

在脚注引用和脚注文本之间可以实现快速地跳转。将光标定位在脚注区域中某一条脚注，选择“插入”→“脚注”→“转到脚注引用”，将跳转到文档中插入脚注的位置；将光标定位在文档中某一插入脚注的位置，选择“插入”→“脚注”→“转到脚注文本”，将跳转到相应的脚注文本。

（三）脚注选项与脚注设置

选择“插入”→“脚注”→“脚注选项”，弹出脚注选项，可以对“编号格式”“脚注文本选项”“脚注线”“脚注类型”以及“编号前/后缀”进行设置，如图8-2-3所示。

图8-2-3　脚注选项

（四）脚注共享

脚注共享指同一页的脚注内容相同，而编号不同，不同编号对应着同一脚注内容，需要合并在一个脚注里的效果，如图8-2-4所示。

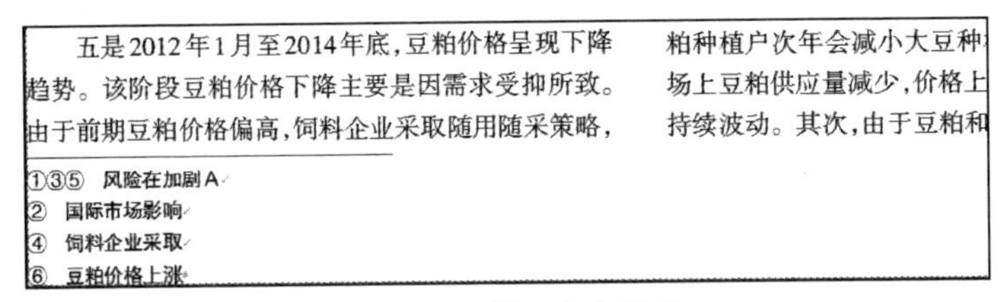

图8-2-4　脚注共享效果

具体的操作方法是，T光标插入脚注区，选择"插入"→"脚注"→"合并脚注"，输入要合并的脚注编号，用英文逗号分隔，如图8-2-5所示。在这里，我们用一段微课视频讲解脚注共享效果的排版方法。

视频20：脚注共享

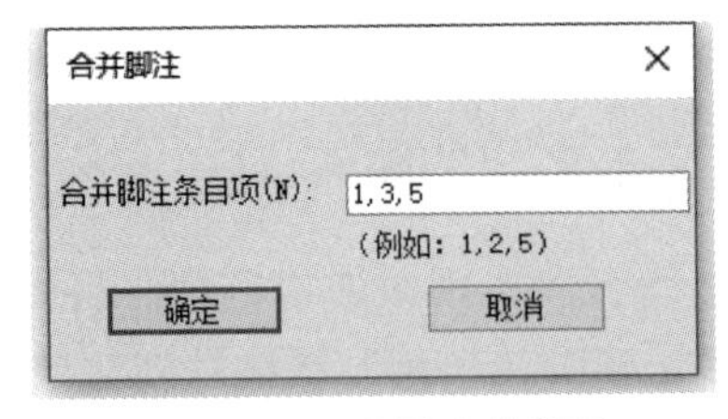

图8-2-5　设置合并脚注

二、书眉

方正飞翔提供了添加书眉功能，可以添加页眉、页脚或者边眉。在学术期刊中左页上方通常用刊名做书眉，右页上方用论文名做书眉，书眉上还有日期等信息。书眉的制作采用选择框架及插入内容两个步骤，内容可以使用文本变量，页眉、页脚能够会根据文章内容变化，使排版更加方便。

（一）添加书眉

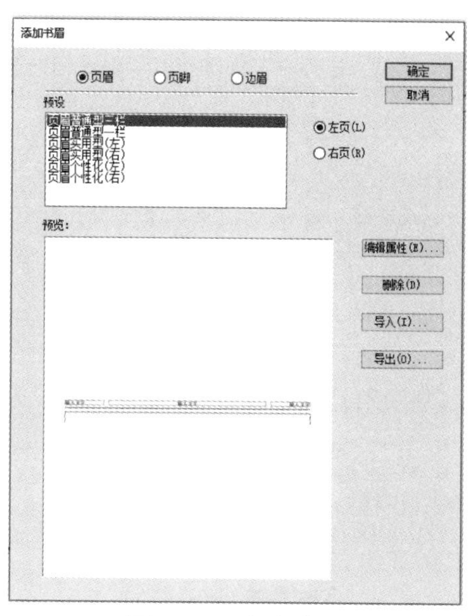

图8-2-6　添加书眉

制作书眉首先需要插入一个书眉框架，软件已经提供了一些预设框架。选择“插入”→“书眉”→“添加书眉”，弹出“添加书眉”对话框，如图8-2-6所示。

如果是在普通页上添加书眉，会提示是否转到主页上进行添加，单击“是”即可。

添加书眉时，框架会适应当前版心，即自动按比例地缩放到版心的宽或高。添加完毕后，就是版面文字块，可以其中修改和添加内容。选择书眉的类型，在这里，可以选择书版是页眉、页脚还是边眉。在此之后，选择一个预设框架，此处可以对预设进行编辑和删除；选定之后，单击确定即可将选择的书眉插入到版面中。

（二）插入书眉条目

将T光标插入到书眉的文本框中，选择“插入”→“书眉”→“插入书眉条目”，弹出“书眉条目”对话框。

在书眉条目界面中，列出了当前可用的文本变量，选择一个变量，单击插入即可将变量（书眉条目）插入到书眉中。文章的书眉经常会与段落样式相关联，例如文章中的一级、二级标题等会作为文章的书眉，此时可以新建文本变量，使书眉中自动引用需要作为书眉的文本变量。

（三）保存书眉

在主页上设置好的书眉，可以保存为书眉预设。选择设置好的书眉，单击“版面”→“书眉”→“保存书眉”，输入书眉的名称，单击确定即可。根据书眉的位置，会自动识别为页眉、页脚或边眉。

这里需要注意的是，保存书眉对象时，尽量不要进行多层嵌套或成组，否则下次添加书眉时可能因为版心尺寸匹配导致书眉变形。

（四）导入、导出书眉

通过导入、导出书眉的功能，可以导入已经制作好的书眉预设，也可以将自己制作的书眉导出为预设，分享给他人使用。

三、目录

目录是书籍重要的组成部分，目录中一般会包括各级标题及所在的页码。方正飞翔可以将定义了段落样式、文字样式或者目录级别的段落文字作为目录一次性提取出来。用户可以选择需要提取的样式或者目录级别,并且可以定义每一级目录的格式。

(一) 定义目录

两种方法定义需要提取的目录,也可以同时定义。

定义段落样式或文字样式。选中需要提取目录的段落或段落中特定的文字样式内容,创建一个段落样式或文字样式。

定义目录级别。选中需要提取目录的段落,选择“插入”→“目录”→“目录级别”,选择目录级别,如“一级目录”“二级目录”等,如图8-2-7所示。

(二) 提取目录及更新目录

选择“插入”→“目录”→“目录提取”,弹出“目录提取”对话框,如图8-2-8所示。

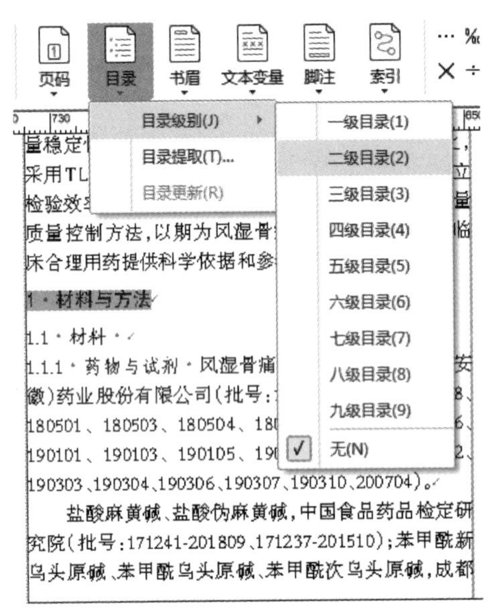

图8-2-7 目录级别定义

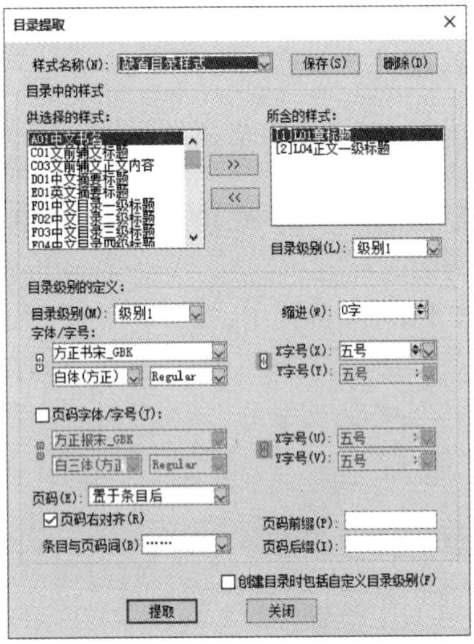

图8-2-8 目录提取

如果定义了段落样式或文字样式,则“供选择的样式”窗口中列出所有样式,选中需要作为目录的样式,添加到“所含的样式”窗口中,然后在“目录级别”下拉列表中选择该样式对应的目录级别。

如果定义了目录级别,则选中该对话框最下方的“创建目录时包括自定义目录级别”,即可将自定义的目录级别提取出来。

上述两种提取方式可以同时进行。单击提取完成目录提取,在文件当前页生成目录块。提取页码与普通页保持一致。如果普通页上存在多页码,则提取“页码序号增减”最接近0值的页码;如果主页上没有添加页码,则提取的目录块中也没有页码。如果要提取目录的文字块,在版面上有多个,按文字块在版面上的排列顺序,从上到下、从左到右的顺序来提取。

当文档内容发生变化时，文档目录也需要同步更新。选择“版面”→“目录”→“目录更新”，弹出“目录更新”对话框，根据需要选择后单击确定即可完成目录的更新，可以选择“只更新页码”“只更新内容或页码”或“重新提取并更新整个目录”，如图8-2-9所示。

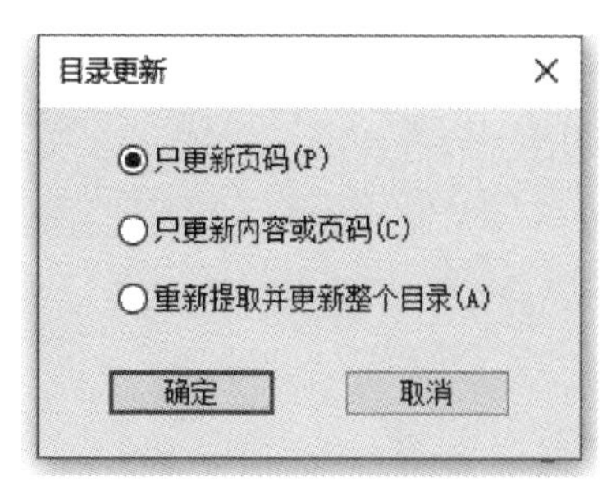

图8-2-9　目录更新

(三) 目录输出成品PDF

对于含有目录的飞翔文件，在输出PDF的时候，会将目录信息转换为PDF文件中的书签。书签不会影响页面的展现，它是PDF文件的辅助信息。可以在Acrobat阅读器中单击左侧的书签按钮，通过单击书签跳转到对应的页面。单击PDF版面中的目录，还可以实现页面跳转。即从目录跳转到正文的位置。

在这里需要注意的是，书签的提取是通过正文中标注的目录级别来提取的。如果我们提取目录后，删除了目录中的条目，而没有删除正文中的内容，此时书签中依然包含被删除的目录。因此，为了去掉这些书签，应该在正文中也取消其目录级别。

第3节　索引与词条的制作

一、索引的使用场景

索引主要应用在科技类书籍和工具书等排版领域，这类书籍中包含了大量的知识点。索引用于将本书的重要知识点采用某种排序方式集中列举出来，便于读者对知识点进行查阅，如《大百科全书》《新华大字典》《辞海》等，图8-3-1就是《辞海》中的一段索引的效果。方正飞翔具备索引功能，可以方便地创建索引条目。

二、索引的新建、设置与生成

(一) 索引条目的不同创建方法

索引条目是组成索引的最小单位，比如《新华字典》包含部首和拼音索引，其中的每个字采用一个索引条目来表达。

前面是解释的内容，称为索引名称，后面一般是页码，为索引值。

在飞翔中如果内容被标注为索引，内容前面会有索引标识符。它在输出的PDF中是不会存在的，目的是提示软件操作者。类似于换行

视频21：索引的相关操作

		bàng	97
A		bāo	98
		báo	100
ā	1	bǎo	100
á	18	bào	108
ǎ	18	bēi	112
à	18	běi	113
a	18	bèi	124
āi	18	bei	130
ái	22	bēn	131
ǎi	23	běn	131
ài	23	bèn	134
ān	29	bēng	134
ǎn	40	béng	135
àn	40	běng	135
āng	42	bèng	135

图8-3-1 《辞海》中的索引片断

符号的作用。

创建索引条目的方法有三种，分别为快速标记索引条目、新建索引条目、通过文字样式新建索引条目。

1. 快速标记索引条目

快速标记索引条目适用于在文档中单个标引索引条目。具体的操作方法是，选择需要标引为索引的内容，选择“插入”→“索引”→“快速标记索引条目”，选择的内容就会标记为索引条目。这里需要注意的是，标记为索引条目的内容，在内容的前面会有索引的标志符“⁏”，它在输出的PDF中是不会存在的，目的是提示软件操作者。如果看不到标志符，单击“视图”→“隐藏符”，使其处于选中状态。选择内容默认为一级索引，索引值为当前页码。

2. 新建索引条目

新建索引条目适用于存在多级别索引条目或者索引值不是当前页情况，并且索引名称不一定要在版面上存在。例如，创建有级别的索引，条目“阿”为一级，条目“阿鼻”为二级索引，如图8-3-2所示。

索引

A

阿 ……………………………………………… 2.1
  阿鼻 ………………………………………… 2.1
  阿爹 ………………………………………… 2.1
  阿父 ………………………………………… 2.1
  阿瞒 ………………………………………… 2.1

图8-3-2 索引效果

选择“插入”→“索引”→“新建索引条目”，弹出“新建索引条目”对话框；填写索引项级别中相关级别中的内容，单击确定即可。例如“1”级别中填写“阿”，“2”级别中填写“阿鼻”；其他3个索引的“1”级别中填写“阿”，“2”级别中分别填写“阿爹”“阿父”“阿瞒”，这样表示“阿”为一级索引条目，其余的条目为“阿”下面的二级索引。如果“阿”本身要作为一个索引条目，需要增加“阿”为一级索引，并且不带二级索引，这样就达到了上述效果，否则“阿”将不作为独立条目。

在索引值类型下拉菜单选择索引值的范围，例如到文章末尾，如果当前页为100页，文章尾页是101页，那么索引值为“100-101”、章节末尾等及其他选项同理；请参见、另请参见等可以参见另一个索引。当索引值为页码时，可以定义页码的文字样式。

3. 文字样式创建索引条目

快速标记索引条目需要通过选中内容逐一进行标注。通过文字样式创建索引条目与快速标记的原理类似，但其方法是通过文字样式批量新建索引，即将使用特定文字样式的内容一次性标注为索引条目。使用文字样式新建索引条目，可能存在多余项，也就是说有的虽然应用了此文字样式，但不一定要设置为索引，所以需仔细检查。

首先定义特定的文字样式，然后将文档中相关的内容，使用文字样式；选择“插入→索引→文字样式新建索引条目”，弹出“新建索引条目”对话框。在文字样式下拉菜单中列出了所有的文字样式，选择指定的文字样式，单击确定，应用了选择的文字样式的内容就会标为索引条目，即内容前面出现索引标志符。

（二）生成索引

完成索引条目的创建后，选择“插入”→“索引”→“生成索引”，弹出“索引生成”对话框，如图8-3-3所示。单击“高级”，可以设置更多的索引格式，如级别样式、索引样式和条目分隔符等。

单击“确定”按钮，出现灌文符号，在需要添加索引的页面单击，即可自动生成索引块。提取页码与普通页保持一致。如果普通页上存在多页码，则提取“页码序号增减”最接近0值的页码；如果主页上没有添加页码，则提取的索引块中也没有页码。

索引抽取的类型和显示顺序可以改变，选择“插入”→“索引”→“索引排序”，弹出“索引排序”对话框，如图8-3-4所示。在对话框中勾选需要显示的类别，符号默认为勾选项。选择一个类别，通过右下角的上调或者下调按钮，可以调整显示顺序的优先级，如图8-3-4所示。

（三）编辑索引

编辑索引条目有两种入口：索引块和文档中的索引标记符。

T光标定位到索引块中的索引项，或者将T光标定位到文档中的索引标志符“:”，选择“插入”→“索引”→“编辑索引条目”，弹出“编辑索引条目”对话框。

请参见、另请参见等引用方式的索引，需要在文档中的索引标记符进入“编辑索引条目”对话框。即只有索引值为页码的情况下，才能弹出“编辑索引条目”对话框，否则只能选中索引标记符才能进入编辑索引条目对话框。

索引块与文档中的索引标志符之间可以快速跳转。将光标定位在索引块中一个索引项，选择“插入”→“索引”→“转到索引标志符”即可跳转到文档中相应的索引标志符；将光标定位在文档中的索引标志符，选择“插入”→“索引”→“转到生成的索引块”即可跳转到索引块。这里需要注意的是，只有自动提取出来的页码才能编辑或跳转，如果是手动修改的

图8-3-3　索引生成

图8-3-4　索引排序

页码，不能进行跳转。

（四）删除索引

在文档中选择包含有索引标志符的内容，选择“插入”→“索引”→“删除索引条目”，就会删除内容的索引标志符，一旦生成或更新索引时，删除的索引项就不存在。

（五）更新索引

如果文档内容有变动，可能使索引条目的页码发生了改变，选择菜单“插入”→“索引”→“更新索引”，索引就会同步更新。如果添加了索引条目，需要重新生成索引。

三、词条的新建、设置与生成

词条主要用于排字典、词典和辞书时，自动将需要列在书眉上的词条提取出来，并根据用户指定的词条格式，自动排在当前页的书眉上，图8-3-5就是一个典型的词条效果。

a　阿啊……埃　āi

图8-3-5　词条效果

排字典时，书眉一般包含三个区域，首词条区域（拼音）、汉字词条区域、末词条区域（拼音）。为了实现该效果，我们可以将词典中每个条目的主汉字标注为单字词条，将每个条目的拼音标注为词语词条。制作三个词条区域，在第一个区域中放置首拼音，在最后一个区域中放置

视频22：词条的提取和排版

末拼音，在中间的区域中放置所有的汉字。下面我们就看看如何制作上述效果以及其他词条效果。在制作之前，假设已经将拼音全部标注为了词语词条，主汉字已经全部标注为了单字词条。

(一) 设置词条区

在提取词条之前，需要先设置词条区。在主页上，选择“插入→占位块”的“横排文本框”或“竖排文本框”在书眉位置上创建一个或多个占位块，选中此占位块，再选择“插入”→“书眉”→“词条”→“设置词条区格式”将该文本占位块变成词条区，如图8-3-6所示。

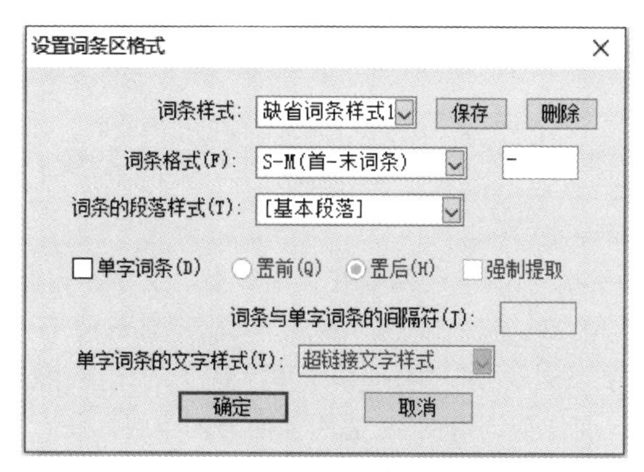

图8-3-6　设置词条区格式

设置词条区提取词条的格式分为以下五种。

(1) S-M(首-末词条)：提取当前页上的第一个词语词条和最后一个词语词条。首末词条可以用间隔符分隔。

(2) S(首词条)：提取当前页上的第一个词语词条。上面的示例中第一个区域应该提取首词条。

(3) M(末词条)：提取当前页上的最后一个词语词条。上面的示例中第三个区域应该提取末词条。

(4) D(单字词条)：提取当前页上的所有的单字词条，不提取词语词条。上面的示例中，中间的词条区域应该选择此项。

(5) A(所有词条)：提取当前页上的所有的单字和词语词条。

单字词条和词语词条是两个仓库，词语词条一般用来标注拼音，词语词条中可以只有一个字，甚至可以只有一个汉字。词语词条在版面用一对“开闭符”标记“⁝ ⁝”；“单字词条”是指单个汉字的词条，在版面上单字词条标记符为“⁝”。标记符通过“视图”→“隐藏符”显示或隐藏。

词条的段落样式中，可以设置词条区的段落样式。只有词条格式选择S-M(首-末词条)、S(首词条)、M(末词条)时，此处“单字词条”置亮，表示我们在抽取了首末词条的基础上也抽取出单字词条；如果选择了D(单字词条)和A(所有词条)时，“单字词条”始终是置灰的，此时显然已经包含了所有的单字词条。“置前”指的是将所有的单字词条放到“首/末”词条的前面，只有提取了两个仓库的词条时，此选项才会置亮；“置后”指的是将所有的单字词条放到“首/末”词条的后面，置亮时机与“置前”相同；“强制提取”表示只要标注的词条(即单字词条和词语词条)均要提取出来，不进行查重处理。如果不勾选“强制提取”就要进行查重处理，即多音字只提取前面的一个。单字词条的文字样式中，可以设置单字词条对应的文字样式。

单字词条与首/末词条组合应用效果为：S-M(首-末词条)+单字词条置前+强制提取，间隔符为全角空。此方法是将首末词条与单字词条放置到一个词条区域中，其布局和装饰效果会受到一定的局限。如果需要更灵活的布局和装饰效果，应该拆分为多个词条区域，如图8-3-7所示。

八巴扒叭吧钯疤坺拔把钯靶　bā-bǎ

图8-3-7　划分多个词条区域的排版效果

(二) 标注词条

在主页上完成词条格式的设置，就需要在普通页上的文字流内标注词条。

在普通页中，“插入”→“书眉”→“词条”→“标注词条”有两种：①T光标插入文字流中标注，插入点即为标注的单字词条点位置，适用于单字词条的标注；②T光标拉黑段内一个或多个文字标注，这拉黑区间作为词语词条，适用于词语词条的标注。

(三) 取消词条

T光标插入单字词条的标记符位置或词语词条区间内，可以取消词条；T光标拉选可以批量取消词条。

(四) 更新词条

标注完成词条后，单击“插入”→“书眉”→“词条”→“更新词条”就将所有词条更新到当前页的书眉词条区内。这里需要注意的是，词条不是实时更新，修改词条后，需手动更新词条。

第9章 查找替换和审阅模式

学习目标：

1. 掌握使用查找替换，按照内容、格式、正则表达式对版面中的正文或公式内容进行快速、批量修改的基本操作方法。
2. 深入理解正则表达式的原理，熟悉各类正则表达式的元字符，掌握通过版面内容规律，使用正则表达式进行查找替换的操作方法。

第1节　查找替换的基本操作

一、文本与公式的查找替换

（一）文本的查找替换

使用查找替换，可一次性替换某种样式或文字属性，避免了许多重复性的工作。而且支持正则表达式，可以对符合某些规则的字符串进行查找/替换。还可以对公式里的字符单独查找替换，但公式只支持普通字符及其字体风格（如正体、斜体、粗体或粗斜体）的查找替换，不支持正则表达式和正则替换表。

单击“编辑”→“查找”，弹出查找替换，如图9-1-1所示。选中文字块或T光标插入文字流内进行查找/替换，“范围”默认是“当前文章”；如果不选中任何对象、选中图片或图元进行查找/替换，“范围”默认是“当前文件”。

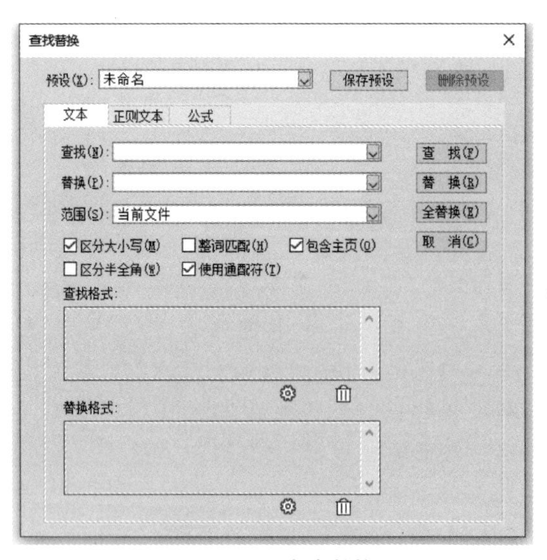

图9-1-1　查找替换

可以选中部分文字，对选中的内容进行查找/替换。选中文字流中文字超过20字时，“范围”默认是“选中区域”；如果选中的文字流少于20字时，则还是默认“当前文章”，可以手动改为“选中区域”。文本卡片页是对文本内容和格式的查找替换，正则文本卡片页是利用正则表达式，按照特定规律进行查找替换，两者都可以查找替换文本的字符、格式和属性，但查找范围不包括公式块里的字符。

查找替换之前，首先要在查找和替换的输入框中，同时，也可以选择一些查找的条件勾选，比如“使用通配符”，通配符指的是“*”和“?”，它可以替代任意一个或多个字符，“?”指代一个字符，“*”指代多个字符。在图9-1-2中，括号内的空格数量不同，我们要将其统一为图9-1-3中格式，括号内的空格均为两个的效果，就可以查找“(*)”，替换为“( )”，并且勾选“使用通配符”一项。

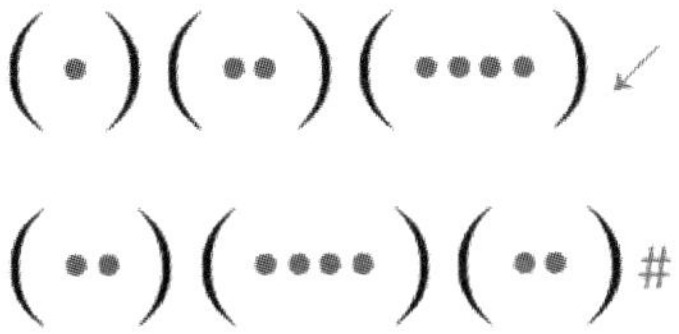

图9-1-2 当前效果

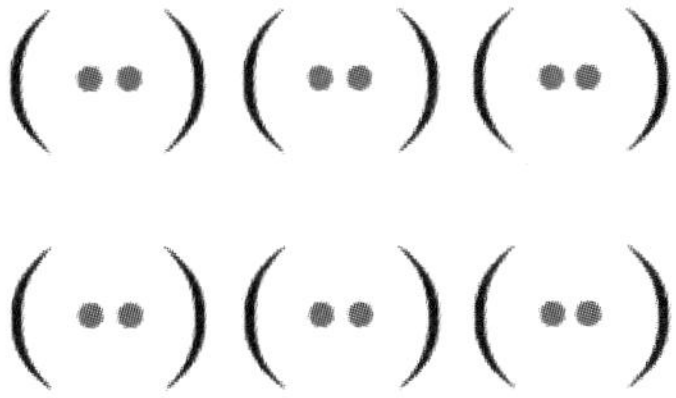

图9-1-3 预期效果

但在这里有一点需要注意，由于英文的问号“?”是通配符，因此我们在涉及英文的查找替换时，需要格外注意，存在要查找或替换为英文问号“?”的情况，应该取消勾选“使用通配符”。除此之外，勾选项中还提供了“整词匹配”一项，这一项是针对英文的查找场景的，例如一段英文中，既有“apple”，也有“apples”，当查找“apple”时，如果不勾选“整词匹配”，“apples”和其局部“apple”都能被查到，如图9-1-4所示；如果勾选“整词匹配”，则只能查到“apple”。

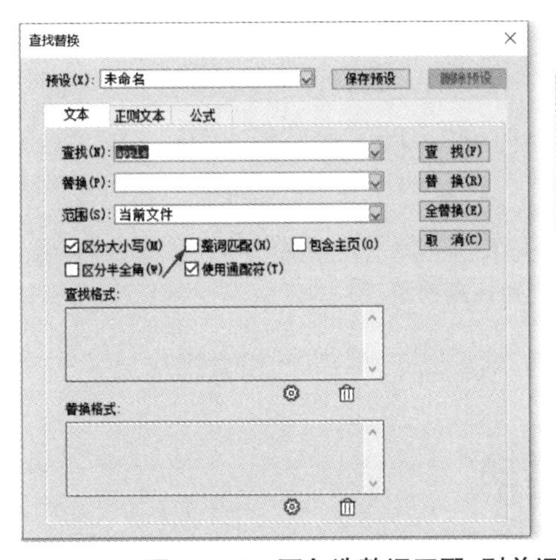

One apple, two apples, three little apples.
Four apples, five apples, six little apples.
Seven apples, eight apples, nine little apples.
Ten little red apples.

图9-1-4 不勾选整词匹配，则单词局部满足查找内容时也可查找到

在查找替换之前，我们可以指定查找替换操作执行的范围，以便能够更有针对性地进行内容的修改，也能避免一些替换错误的情况。方正飞翔中提供的范围包括“当前文件”“当前文章”“选中区域”“到文章首、到文章末”，在“范围”的下拉菜单中，可以选择这些查找范围的选项。

(二) 公式的查找替换

公式的查找替换是对公式块里的普通字符及其字体、字体风格(如正体、斜体、粗体或粗斜体)的查找替换。例如，将公式$\sqrt{S_1^2+S_2^2+S_3^2}$中的斜体S替换为正体S，操作就是在“查

找替换”对话框中，查找S，查找格式Italic（斜体），替换格式Regular（正体）。

二、文本属性的查找替换

在排版工作中，有时我们不仅要批量修改文字内容，还需要批量修改某种文字已经应用的格式或属性，此时，就需要使用方正飞翔中对于文本属性的查找替换，以便能够实现快速查找到应用了指定属性或格式的内容，替换为另一种属性或替换为其他内容，这样的操作，也可以用于在原稿排入后，进行格式的规范化处理。

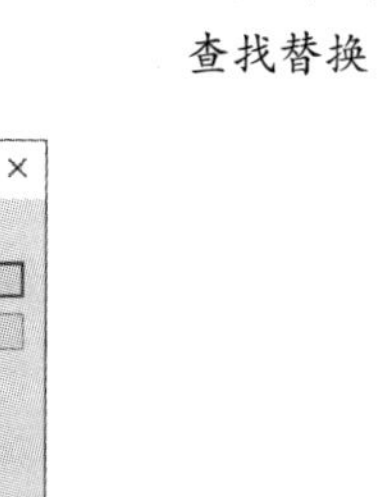

视频23：文本属性的查找替换

进行文本属性查找替换的方法是，在“文本”卡片页中，单击在“查找格式”右下方的按钮，可以弹出“查找格式设置”对话框，如图9-1-5所示。在这里，我们可以指定要查找的属性或格式，单击确定后，对话框中就会出现特定的属性或格式描述，即要查找的格式。

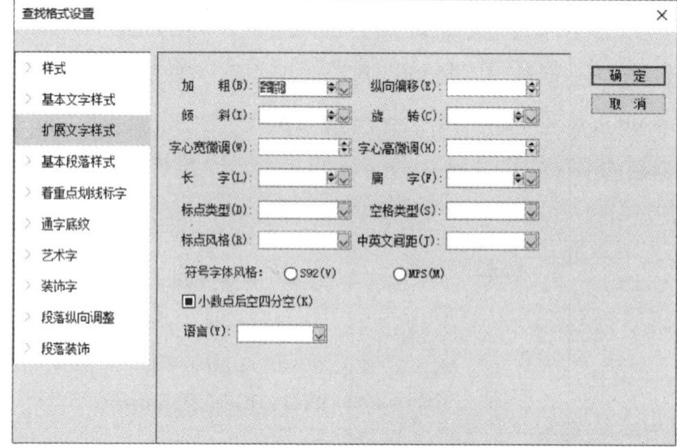

图9-1-5 查找格式设置

我们用一个将文字下划线替换为着重点的示例来演示一下此设置操作。

三、运用正则表达式进行查找替换

正则表达式，又称规则表达式。通常被用来检索、替换那些符合某个排版模式或规则的文本。在方正飞翔的查找替换中有一项正则文本，就是利用此功能设计的。该功能对查找替换起到十分快捷的作用。由于不同软件中正则表达式的规则会略有不同，表9-1-1中介绍的是部分正则表达式的元字符。

视频24：正则表达式的查找替换

表9-1-1 正则表达式的元字符

正则表达式元字符	含 义	正则表达式元字符	含 义
.	任意字符	\m	中文数字

续表

<table>
<tr><th>正则表达式元字符</th><th>含　义</th><th>正则表达式元字符</th><th>含　义</th></tr>
<tr><td>\</td><td>字符本身</td><td>+</td><td>前边的元素重复1到多次</td></tr>
<tr><td>|</td><td>或者</td><td>*</td><td>前边的元素重复0到多次</td></tr>
<tr><td>^</td><td>段首</td><td>[^]</td><td>排除“某个”字符</td></tr>
<tr><td>$</td><td>段尾</td><td>(?<=)</td><td>前面是</td></tr>
<tr><td>\t</td><td>TAB键</td><td>(?<!)</td><td>前面不是</td></tr>
<tr><td>\r</td><td>换段符</td><td>(?=)</td><td>后面是</td></tr>
<tr><td>\n</td><td>换行符</td><td>(?!)</td><td>后面不是</td></tr>
<tr><td>\a</td><td>字母</td><td>()()()</td><td>将查找内容分成若干段，方便后面的替换（注意括号为英文括号，最多可分成9段）</td></tr>
<tr><td>\d</td><td>数字</td><td>\1\2\3…\0</td><td>替换时，引用查找栏中的第X对括号（\0是引用查找的所有文本）</td></tr>
<tr><td>\s</td><td>空白（包括中英文空格及TAB）</td><td>\V</td><td>替换为剪贴板内容（使用时，先复制或剪切相关元素）</td></tr>
<tr><td>\c</td><td>汉字</td><td></td><td></td></tr>
</table>

第2节　查找替换的操作示例

在本节，我们将列举几个实际排版工作中遇到的需要使用查找替换的场景，并介绍使用正则表达式进行查找替换的方法，通过这些操作示例，大家可以理解正则表达式查找替换的思路、熟悉不同正则表达式的含义，以便举一反三，在实际排版过程中解决不同的问题。

一、删除空行与删除段前段后空格

如图9-2-1所示，对于一首短诗，在txt文本排入飞翔时，文章中有多个空行，但我们预期达到图9-2-2的排版效果，那么我们如何快速地删除这些空行呢？

大海在突然停顿在上空

突然停顿在我的头顶

关闭了所有的天空

天地马上就要

不复存在

图 9-2-1　当前效果

大海在突然停顿在上空
突然停顿在我的头顶
关闭了所有的天空
天地马上就要
不复存在

图 9-2-2　预期效果

在方正飞翔中，单击“视图”→“隐藏符”，可以显示版面中的隐藏符号，可以看到版面中每个空行均有一个换段符。在正则表达式中，“换段符”用“\r”指代，如果只是将换段符(\r)全都删除，很明显是不正确的，因为每段文字的结尾，也是有换段符存在的，删除之后整篇文章就会合并为一段。所以要将在这些换段符中，进一步明确删除哪些换段符。

进一步可以发现，需要删除的换段符均出现在段首，因此，可以再增加一个指代“段首”的正则表达式，即“^”，将段首的换段符(^\r)删除，就可以达到预期删除空行的效果。

具体的操作方法是，在“编辑”→“查找替换”→“正则表达式卡片页”中，查找处输出“^\r”，替换处为空。

二、删除段前段后空格

图 9-2-3 中，自然段开头和结尾的空格，要如何删除，达到图 9-2-4 中的效果呢？

为了有效计算同一时间序列中具有不同长度的子序列数据的相似度，深入研究了时间序列中有关相似度计算的内容，提出了不等长子时间序列的相似性度量方法。该方法在分段计算每一相对独立子序列斜率的基础之上，能够有效地获得每一段的变化趋势，进而可以不受时间序列长度的影响而完成相似度计算。该方法在不同的数据集上进行实验，都获得了良好的效果。

图 9-2-3　当前效果

为了有效计算同一时间序列中具有不同长度的子序列数据的相似度，深入研究了时间序列中有关相似度计算的内容，提出了不等长子时间序列的相似性度量方法。该方法在分段计算每一相对独立子序列斜率的基础之上，能够有效地获得每一段的变化趋势，进而可以不受时间序列长度的影响而完成相似度计算。该方法在不同的数据集上进行实验，都获得了良好的效果。

图 9-2-4　预期效果

查阅正则表达式的元字符，我们可以知道，段首空的正则表达式写为“^\s ”，段尾空写为“\s$”。“\s”指代一个空格，段首和段尾的空如果不止1个，我们就需要“\s”的后面再一个“+”，指代多个字符，即段“^\s+”和“\s+$”。如果还需要将段首空和段尾空一起查找到，就需要在两个正则表达式之间增加一个“|”，指代为“或”的意思。

具体的操作方法是，在“编辑”→“查找替换”→“正则表达式卡片页”中，查找处输入“^\s+|\s+$”，替换处为空。

三、将表格内的空白项改为“—”

如图9-2-5所示，在表格中，存在一些空白项，一般的排版要求是，将这些空白想改写为“—”，即图9-2-6中的效果，需要如何查到这空白项，并录入“—”呢？

行政区划		合计	（一） 耕地	其中		（二） 园地	其中
名称	代码			水田	旱田		果园
			-1	-11	-13	-2	-21
牛家满族镇	230184105	18887.18	16195.22	76.54	16118.68	0.3	0.3
二屯村	230184105200	2276.38	1987.35		1987.35		
镶黄旗村	230184105201	1404.58	1246.16	18.37	1227.79		
政新村	230184105203	1351.6	877.03	37.2	839.83	0.3	0.3
牛家村	230184105204	1604.77	1382.35		1382.35		
新友村	230184105205	943.46	832.3	0.9	831.4		
石羊村	230184105206	1174.73	1038.89	11.54	1027.35		
兴山村	230184105207	742.26	604.2		604.2		
兴福村	230184105208	1235.95	1100.56		1100.56		
兴富村	230184105209	1030.96	906.74		906.74		
政朴村	230184105210	1002.57	874.79		874.79		
政富村	230184105211	1299.02	1073.29		1073.29		
镶白村	230184105212	1288.22	1164.67		1164.67		
民旗村	230184105213	1313.32	1163.61	6.87	1156.74		
新甸村	230184105214	758.84	642.12		642.12		

图9-2-5 当前效果

行政区划		合计	（一） 耕地	其中		（二） 园地	其中
名称	代码			水田	旱田		果园
			-1	-11	-13	-2	-21
牛家满族镇	230184105	18887.18	16195.22	76.54	16118.68	0.3	0.3
二屯村	230184105200	2276.38	1987.35	—	1987.35	—	—
镶黄旗村	230184105201	1404.58	1246.16	18.37	1227.79	—	—
政新村	230184105203	1351.6	877.03	37.2	839.83	0.3	0.3
牛家村	230184105204	1604.77	1382.35	—	1382.35	—	—
新友村	230184105205	943.46	832.3	0.9	831.4	—	—
石羊村	230184105206	1174.73	1038.89	11.54	1027.35	—	—
兴山村	230184105207	742.26	604.2	—	604.2	—	—
兴福村	230184105208	1235.95	1100.56	—	1100.56	—	—
兴富村	230184105209	1030.96	906.74	—	906.74	—	—
政朴村	230184105210	1002.57	874.79	—	874.79	—	—
政富村	230184105211	1299.02	1073.29	—	1073.29	—	—
镶白村	230184105212	1288.22	1164.67	—	1164.67	—	—
民旗村	230184105213	1313.32	1163.61	6.87	1156.74	—	—
新甸村	230184105214	758.84	642.12	—	642.12	—	—

图9-2-6 预期效果

空白项与空行不同，可以将空白项理解为段首段尾间没有其他符号。那么，空白项的正则表达式查找为^$，可以直接替换为“—”。具体的操作方法是，在“编辑→查找替换→正则表达式卡片页”中，查找处输出“^$”，替换处为“—”。

四、在单位前加空格

如图9-2-7所示，在这个题目中，有几组数值和单位，在排版教辅、试卷时，有时会要求在数值和单位之间添加四分空，如图9-2-8所示。在这个题目中，数值各有不同，单位也有好几种，那么如何使用查找替换来实现一次性批量替换呢？

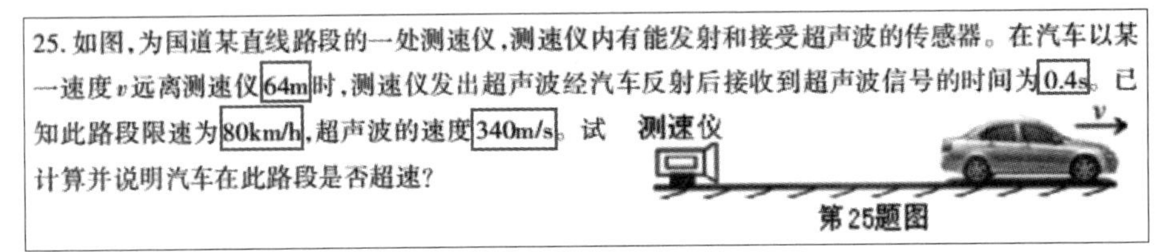
25. 如图，为国道某直线路段的一处测速仪，测速仪内有能发射和接受超声波的传感器。在汽车以某一速度v远离测速仪64m时，测速仪发出超声波经汽车反射后接收到超声波信号的时间为0.4s。已知此路段限速为80km/h，超声波的速度340m/s。试计算并说明汽车在此路段是否超速？

图9-2-7　当前效果

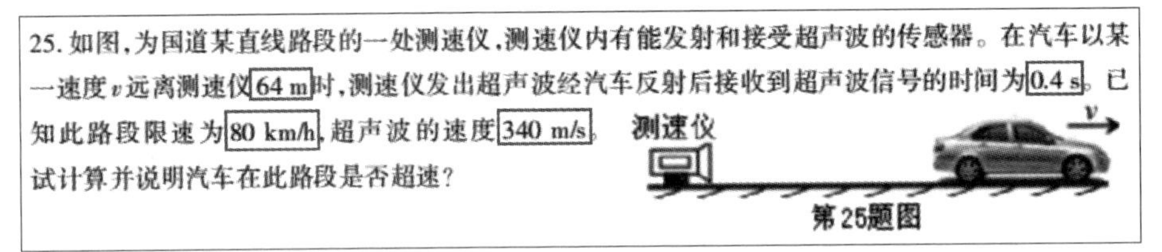
25. 如图，为国道某直线路段的一处测速仪，测速仪内有能发射和接受超声波的传感器。在汽车以某一速度v远离测速仪64 m时，测速仪发出超声波经汽车反射后接收到超声波信号的时间为0.4 s。已知此路段限速为80 km/h，超声波的速度340 m/s。试计算并说明汽车在此路段是否超速？

图9-2-8　预期效果

从要求上看，第一感觉可能会是在单位之间增加一个空格符号就可以了，但仔细分析后发现，直接这样查找替换是有问题的，比如在“m”前加空格，但对于“km”就变成“k m”了，这样的结果显然是错误的。因此，只要把数值也考虑进来，精确定位在数值和单位之间，对于数值和单位之间添加空格，就要用到正则表达式中的分段功能，将数值指定为第一段，单位指定为第二段。

此外，单位部分也需要分别填写，将排版文件中所有的单位都加在查找替换的输入框中。在替换时，应在第一段，即数值和第二段，即单位(\1\2)之间添加不间断空格，以便数值和单位内容在折行时不会断开，不间断空格需要在版面上录入，再复制到查找替换的输入框中。为了保证不间断空格为四分空，还需在替换时再添加“四分空”的格式属性。

具体的操作方法是，在“编辑”→“查找替换”→“正则表达式卡片页”中，查找处输出“(\d+)(g|kg|m|km…)”，替换处为“\1\2”，此外，在“替换格式设置”中选择“扩展文字样式”，将“空格类型”修改为四分空。

五、章节标题样式应用

在图9-2-9中，是排入书稿之后，最初在排版文件中的效果，所有的段落只应用了正文的段落样式。事实上，在图书原稿中，有多个级别的标题，每个标题级别也不止一个，如果想要达到图9-2-10中的排版效果，则需要逐一选中内容，再去应用特定的段落样式，这个过程至少需要上百次操作。仔细分析后会发现每级标题都存在一定规律，比如在图9-2-7的内容中，一级标题均为“第×章”，二级标题均为“第×节”，三级标题均为“×、”其中×均是数字的汉字。那么，对于这些有规律的标题，有没有一种办法，可以根据特定规律批量修改为特定的段落样式呢？

第九章 查找替换与正则表达式的应用技巧

在排版过程中，我们经常会遇到根据编辑的意见修改版式和文字内容格式的情况，如果对于已经明确的相同内容，逐一去修改的话，会花费很长时间，所以在排版过程中，我们经常使用查找替换的功能，对内容或格式进行批量修改。方正飞翔的查找替换功能，不但可以查找中文字、英文字、特殊符号等字符，而且提供文字属性和段落属性的查找。可查找具有指定文字属性的字符，按颜色查找，还可以查找文字样式、段落样式等特殊格式。

使用查找替换，可一次性替换某种样式或文字属性，避免了许多重复性的工作。而且支持正则表达式，可以对符合某些规则的字符串进行查找/替换。下面我们对查找替换进行介绍：

点击【编辑→查找】，弹出【查找替换】对话框，这里分为三个卡片页，分别是文本、正则文本、公式。

第一节 查找替换的基本操作

一、文本与公式的查找替换

使用查找替换，可一次性替换某种样式或文字属性，避免了许多重复性的工作。而且支持正则表达式，可以对符合某些规则的字符串进行查找/替换。还可以对公式里的字符单独查找替换，但公式只支持普通字符及其字体风格（如正体、斜体、粗体或粗斜体）的查找替换，不支持正则表达式和正则替换表。

图9-2-9　当前效果

第九章 查找替换与正则表达式的应用技巧

在排版过程中，我们经常会遇到根据编辑的意见修改版式和文字内容格式的情况，如果对于已经明确的相同内容，逐一去修改的话，会花费很长时间，所以在排版过程中，我们经常使用查找替换的功能，对内容或格式进行批量修改。方正飞翔的查找替换功能，不但可以查找中文字、英文字、特殊符号等字符，而且提供文字属性和段落属性的查找。可查找具有指定文字属性的字符，按颜色查找，还可以查找文字样式、段落样式等特殊格式。

使用查找替换，可一次性替换某种样式或文字属性，避免了许多重复性的工作。而且支持正则表达式，可以对符合某些规则的字符串进行查找/替换。下面我们对查找替换进行介绍：

点击【编辑→查找】，弹出【查找替换】对话框，这里分为三个卡片页，分别是文本、正则文本、公式。

第一节　查找替换的基本操作

一、文本与公式的查找替换

使用查找替换，可一次性替换某种样式或文字属性，避免了许多重复性的工作。而且支持正则表达式，可以对符合某些规则的字符串进行查找/替换。还可以对公式里的字符单独查找替换，但公式只支持普通字符及其字体风格（如正体、斜体、粗体或粗斜体）的查找替换，不支持正则表达式和正则替换表。

图9-2-10　预期效果

根据段落样式应用的特点，只要选中段落中的局部，就可以对整段应用。那么，只需要关注标题内容有规则的部分即可，只要可以查找到标题段落开头的有规则的部分，就可以将整段标题应用段落样式，达到预期的效果。

对于“第×章”，由于其内容在段首，所以首先应添加“^”，指代段首，此外，正则表达式“\m”指代数字的汉字，如果再添加“+”，则是考虑到数字位数可能不止一位，对“第十一章”“第二十一章”也将被查找到。

具体的操作方法是，在“编辑”→“查找替换”→“正则表达式卡片页”中，查找处输出“^第\m+章”，替换处为空，并且在“替换格式设置”中选择“段落样式”，选择段落样式为一级标题的样式。

同理，对其他级别的标题，也可以按此方式操作。

对于如果“第×章”“第×节”中的×是阿拉伯数字，则可以用正则表达式“\d”指代。具体的操作方法就变化为，在“编辑”→“查找替换”→“正则表达式卡片页”中，查找处输出“^第\d+章”，替换处为空，并且在“替换格式设置”中选择“段落样式”，选择段落样式为一级标题的样式。

六、规范序号标题格式

在图9-2-9的章标题和节标题中，一般在序号与内容之间都会有空格，比如全身空，但在原稿中，有可能因为作者写作时未注意格式，章节需要和内容之间没加空格或加了多个空格。那么针对这种的情况，要如何批量做空格的统一处理呢？

实际上，空格的统一处理操作，就是删除章节序号和内容之间的一个或多个空格，重新添加上全身空，根据此前介绍的处理思路，以章序号为例，实际上就是在章序号部分（第\m+章）之后，查找一个或多个空格，替换为全身空。

这里需要注意的是，指代多个空格不是用“\s+”而是用“\s*”，“\s*”指代0个以上空格，而“\s+”是1个以上空格，没有包含图9-2-11中章序号和内容之间没有任何内容的情况。

第九章查找替换与正则表达式的应用技巧

在排版过程中，我们经常会遇到根据编辑的意见修改版式和文字内容格式的情

图9-2-11 “第九章”和后面的章名称之间没有任何内容

因此，可以将章序号以及后面的空格分成两段，即“(\m+)(\s*)”，替换为“\1 ”。将“\1 ”中的空格类型，通过“替换格式设置”设置为全身空。具体的操作方法是，在“编辑→查找替换→正则表达式卡片页”中，查找处输出“(^第\m+章)(\s*)”，替换处为“\1 ”，并且在“替换格式设置”中选择“扩展文字样式”，选择“空格类型”为全身空。

七、查找替换规则的保存与复用

对于查找替换，有时设定的规则可以应用到不同的排版文件中，或者也同样适用于其他人的排版工作，那么如何将这些已经设定好的查找替换规则保存，以便下次直接使用，或分享给他人使用呢？

在方正飞翔中，可以通过“查找替换”对话框中的“保存预设”，保存当前填写的查找替换规则。所有保存的规则均保存在方正飞翔安装目录\Templates\SC\的FindReplaceSetting.cfg文件中。可以打开后复制这个文件中一段或几段其中的规则，或将整个文件分享给其他人使用。

八、巧用智能命令

在“查找替换”对话框中，逐次查找和替换版面内容，虽然快捷，但每次只能执行一步，在这里为大家介绍另外一种操作方法，即借助方正飞翔的“智能命令”功能，一次执行多步查找替换，直接达到预期的效果。

在使用“智能命令”之前，需要按照“查找替换规则的保存与复用”的方法，在“查找替换”对话框中，将要查找/替换的规则保存到“预设”中。选择“编辑”→“查找”→“批量执行多步查找替换命令”，弹出“批量执行多步查找替换命令”对话框，如图9-2-12所示。

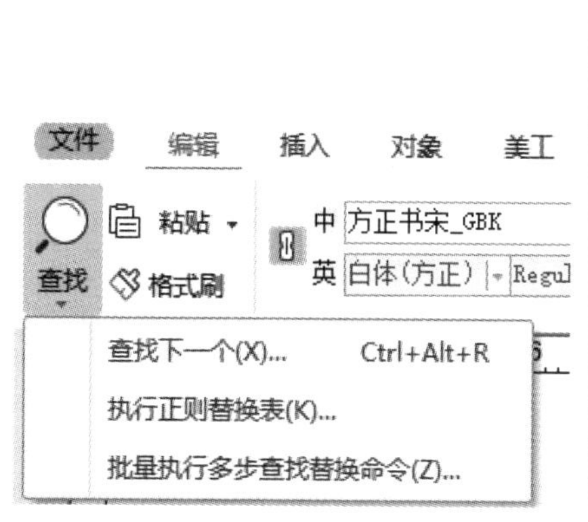

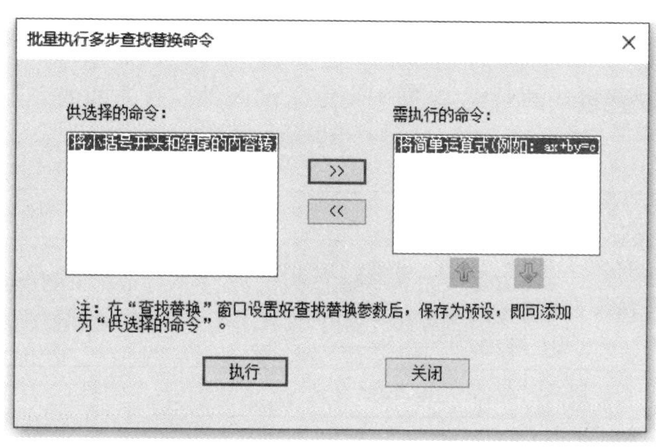

图9-2-12　智能命令

“供选择的命令”中列出的是“查找替换”对话框的“预设”下拉菜单的选项，可以把“需要执行的命令”根据需要通过“右双箭头”或“左双箭头”移进、移出，通过“需执行的命令”一侧的“上箭头和下箭头”可调整执行命令的顺序。单击“执行”，软件会按“需执行的命令”的顺序，依次对当前文档进行全文查找替换，查找替换过程直到命令全部执行完毕才会结束。在执行过程中，如果遇到设置错误的命令则会自动跳过，继续执行下一个正确的命令。执行完毕后，会出现弹窗提示，说明替换的数量。

这里需要注意的是，一般情况下，执行完成后，版面依然可以进行撤销和重复操作，撤销后可以回到未执行前的状态。如果文件过大，替换内容过多，计算机内存有限时，有可能出现撤销不成功的情况，因此建议在执行此操作时，先保存一次文件。

第3节　使用审阅模式进行内容批改

一、审阅模式的使用场景与价值

在书籍的制作过程中，涉及“编—校—排”等核心工作，编校排工作的数字一体化和无缝衔接一直是业界追求的目标。

方正飞翔提供了排版模式及审阅模式。排版人员主要是在排版模式下工作；编辑人员主要在审阅模式下工作。审阅模式具有更简洁的操作界面，仅仅提供了文字图片的基本编辑功能。排版人员将初排好的方正飞翔文件发送给编辑，编辑可以在此模式下进行文字图像的批注，之后编辑再将文件传递给排版人员及美工，对批注意见进行落实。

表9-3-1展示的是方正飞翔的审阅模式与排版模式的使用场景、目标用户、界面特点、功能模块的对比，有助于大家了解两种模式之间的区别，以便选择适用于自己的工作模式。

表9-3-1　审阅模式与排版模式的对比

项目	审阅模式	排版模式
使用场景	编辑人员在电脑上审阅已经排版完成的书刊版面，批注需要修改的内容，并在批注中明确如何修改	排版人员进行书刊版面的排版与设计，完成从原稿到成品之间的排版过程
目标用户	编辑人员、校对人员	美术编辑、排版人员、数字加工人员
界面特点	突出极简的工作区，提供简介的版面效果，批注内容可以在版面上有标注，在列表中清晰罗列	突出全面、专业的排版功能，同时提供版面参考线和辅助线
功能模块	文字内容修改、简单的文字属性修改、文字批注、图片批注	全部内容编辑、版面排版的功能

排版人员和编辑人员基于方正飞翔的协同工作，可以实现编、校、排流程的数字化，减少纸质打印、纸质校对、誊稿、折校、版本比对等工作环节，大大提升出版效率。此前的章节中，我们介绍了在排版模板下的专业排版功能，在这一章中，我们重点讲解在审阅模式下如何进行内容的批注。

二、审阅模式与排版模式的启动

安装方正飞翔后，首次启动时，会弹出“选择工作模式”对话框。以后启动不再询问，如果需要改变工作模式，可以在“文件”→“工作环境设置”→“工作模式设置”修改模式，重启方正飞翔后生效。

进入“审阅模式”，编辑可以在此模式下直接修改文字内容，利用“批注”功能进行文字批注，利用“图像批注”功能对图像进行批注，保存文件后，提供给排版人员在“排版模式”下修改。“审阅模式”只有专用的“编辑”选项卡，提供编辑常用、高频的操作项，如图 9-3-1 所示。

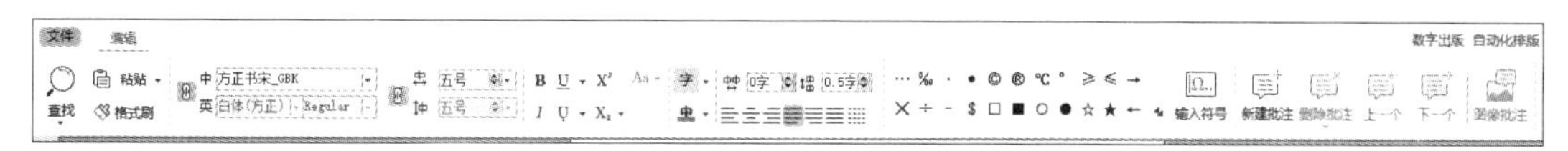

图 9-3-1　审阅模式的专用编辑选项卡

文字批注和图像批注功能，适用于编辑审校过程中，对文字流内的文本进行批注和通过图像编辑工具对图像进行批注。批注完成后，还能导出审读记录。供排版员及美工按批注修改文字及图片，也可以作为存档记录。在审阅模式和排版模式下，文字批注功能均可以使用。图像批注只能是审阅模式下使用。

三、文字内容的批注

在“审阅模式”下，启动方正飞翔，开启视窗右侧浮动面板区的“批注”面板，能够对文字内容进行批注。在“新建批注”前，首先应根据自己的角色，社内约定的审校颜色（参照传统纸样审校流程），通过“文件”→“用户信息”或批注面板底部的“用户信息”按钮设置“用户名”和“批注颜色”，方便通过颜色来辨识不同的批注人员，不同角色的颜色设定应该符合行业规范。如果修改了用户信息，则新的用户信息会在下次新建批注时生效。

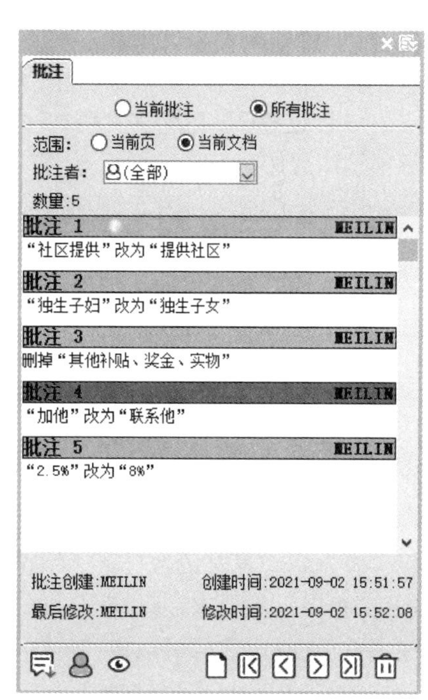

图 9-3-2　“批注”面板

使用 T 光标拉选区域内的文字，或者将 T 光标插入文字流内，都可以新建批注。单击浮动面板的“批注”→“新建批注”或审阅模式的“编辑”选项卡上单击“新建批注”，即可在批注列表上生成一条新的文字批注，如图 9-3-2 所示。

单击“批注”面板的条目，可以直接跳转到页面；还可以单击“下一个批注”“上一个批注”“第一个批注”和“最后一个批注”按钮，跳转定位到页面文字内容，进行编辑、修改。

批注面板可以多维度地展示批注条目内容，例如当前批注、所有批注；在创建批注阶段，重点关注当前批注的正确性，此时可以切换到当前批注；在对批注进行全面检查的时候，可以切换到所有批注。在展示所有批注的时候，可能全文档的批注太多，会导致批注面板的操作较慢。此时可以选择当前页，逐页处理批注。如果一个文档依次由多人批注，可以展示每个批注的作者。

批注的锚点标志符由批注面板上的显示或隐藏批注来控制是否显示。编辑完成文字批注和图像批注后，导出审读记录，作为稿件修改的凭证。这些功能的详细操作，我们用一段视频进行讲解。

视频25：文字批注的相关操作

四、图像批注

图像批注功能是方正飞翔在“审阅模式”中为编辑批注图像提供的特色功能，方便编辑批注图像后，反馈到版面，供排版美工人员修改。

(一) 图像批注操作的场景和流程

在进入图片批注的具体操作之前，首先来了解一下图片批注操作的具体场景和流程。

(1) 选中一幅图像，单击“编辑”→“图像批注”，启动画图工具批注图像。

(2) 图像批注完成后，保存图像，自动更新到版面，“图像管理”的图片会自动变成“待修”状态。

(3) 排版美工人员根据批注的图像进行修图。

(4) 在图像管理里替换图片，可以将“待修”变成“已修”状态，也可以变为“正常”状态。

(5) “已修”状态能够关联批注过的图像，可以在“图像管理”的右键菜单中单击“查看修图前的图片”，进行新旧图对比，查看修图是否达到了批注要求。

(6) 全部替换新图后，经检查，已符合图像批注的要求，可以通过“图像管理”的右键菜单一键“清除全部已修标记”，都变成“正常”状态。

(二) 图像批注的功能与操作

选中一幅图像，单击“编辑”→“图像批注”，启动画图工具批注图像，其方法是直接在此图像上进行文字、符号的绘制。这样一个图片就批注好了。图像批注完成后，在批注工具中保存图像，关闭工具。新图像自动更新到版面，“图像管理”的图片会自动变成“待修”状态，表示此图像等待修改。

将方正飞翔打包文件发送给排版人员。排版人员可以取出其中的图片，根据批注要求进行修图。修改完毕后，在方正飞翔图像管理里替换为修后图片，之后可以将“待修”变成“已修”状态，此方法用于返还给编辑进行确认；也可以选择变为“正常”状态，此时表示本次修图结束，不再需要确认。在这里，我们用一段视频讲解图片批注的相关操作。

视频26：图片批注的相关操作

(三) 确认图像的修改

对于已修图片，可以在图像管理窗口里右键单击“查看修图前的图片”，进行新旧图对比,查看修图是否达到了批注要求。全部替换新图后,经确认,全部都符合图像批注的要求,可以通过“图像管理”的右键菜单“清除全部已修标记”,将所有已修图片都变成“正常”状态,表示本文件所有的修图结束。正常状态下的图片不再保留批注图,因此也无法执行“查看修图前的图片”。

第10章 融合出版背景下的数字内容生产

学习目标：

1. 深入理解融合出版背景下常见的数字内容形态、生产方式。
2. 熟悉ePub数字出版物的呈现效果、技术特点及其与纸质出版物呈现形式、生产模式方面的异同。
3. 掌握使用方正飞翔，加工、输出ePub数字出版物的基本思路和操作方法。
4. 深入理解Word文件留存，对出版流程、数字化加工的重要性。
5. 掌握使用方正飞翔输出Word文件的方法和输出前的参数设置。
6. 熟悉HTML5电子书刊的应用场景，掌握基于定版的PDF文件，制作、发布HTML5电子书刊的操作方法。
7. 熟悉HTML5互动的呈现效果和技术特点。

第1节　使用方正飞翔加工与输出ePub电子书

一、ePub电子书加工的行业情况与实际困难

流式ePub电子书，即目前我们在各个阅读电商平台看到的文学、社科等电子图书的形式，注重文字内容和图片的呈现，不过于强调装饰和版式布局。基于方正飞翔的排版文件，能够直接输出流式ePub，输出后的ePub可直接用于在电商平台发布，也可用于二次精加工。

（一）大量过往资源，数字化存在困难

限于以往的生产过程，出版机构往往仅收集成品文件，对能够提取内容的排版文件、文本等文件的收集重视较少。

即使有排版文件，如过往一些使用老版本书版的排版文件，也由于文件格式相对特殊，ePub加工工具难以处理，在数字化时也遇到了一些困难。

（二）加工难度大，时间经济成本高

目前ePub的加工方式，基本都是使用PDF文件，利用ePub加工工具，以写前端代码的形式从零加工，这种加工方式，耗时相对较长，另外对于没有相应技术基础来说的人员，加工难度极大。

若出版社的ePub加工为内部工作人员的工作，则加工的工作量和时间非常大；若出版社交由第三方公司进行ePub加工，则加工费用极高，是一笔非常大的支出。

（三）电子书质量难以保障

无论是社内还是社外加工，基于目前从PDF从零加工的方式而言，加工过程意味着多次内容转换、重新编辑，ePub电子书需要进行重新审校，工作量不少于纸书的审校，电子书的质量限于人员、成本等因素，难以保障。

二、使用方正飞翔加工和输出ePub电子书的优势

基于方正飞翔的排版文件输出的ePub阅读效果规整、文件内部结构清晰，完全符合ePub2.0、ePub3.0标准。

对于以上出版机构面临的三大难题,方正飞翔提供相应功能,应对多种场景。

(1) 过往文件的数字化:方正飞翔中具备Word兼容、书版fbd文件兼容的功能,可以将以上两种格式的文件导入到方正飞翔中,简单编辑后输出ePub。只要社内具备或可转换为以上两种格式,就可以实现对过往文件的数字化。

(2) 加工过程:方正飞翔采用所见即所得的软件界面,ePub加工和输出过程中,涉及的操作均与办公软件中操作类似,操作过程完全可见,无须写代码。

(3) 电子书质量:方正飞翔基于已审校完成的排版文件输出ePub,而非以往使用PDF从零加工的方式,避免了PDF转换为文本、PDF标引过程中内容的差错,差错率极低,无须二次校对即可保证高质量的电子书输出。

三、使用方正飞翔加工和输出ePub的使用场景

考虑到出版单位的内容资源,排版文件来源、格式不同,方正飞翔提供两种直接ePub同步输出方案。

(一) 使用方正飞翔排版

基于方正飞翔的排版文件,能够直接输出流式ePub,输出后的ePub可直接用于在电商平台发布,也可用于二次精加工。操作步骤是,在完成排版的方正飞翔ffx工程文件中,选择“文件”→“输出流式ePub”即可。

(二) 未使用方正飞翔排版

在方正飞翔中具备Word兼容、书版fbd文件兼容的功能,可以将以上两种格式的文件导入到方正飞翔中,简单编辑后输出ePub。

以书版文件为例,将书版fbd小样文件导入到空白的方正飞翔文件中,将标题级别提取后,使用正则表达式查找替换功能,即可将标题套用特定的目录级别、段落样式。几步操作后,就可以输出ePub文件了。

(三) ePub的精加工

如果您还想对电子书进行精细的装饰,可以选择基于排版文件在方正飞翔当中进行所见即所得的装饰效果。也可以在方正飞翔中输出ePub文件,在其他ePub编辑工具中,用页面描述语言直接撰写。

四、ePub输出的前提——完成版式文件的制作

在方正飞翔中输出ePub的前提,是完成版式文件的制作。

所谓版式文件,既可以是用方正飞翔完成排版的文件,也可以是导入Word、书版文件后,进行“快速排版”而成的方正飞翔文件。对于导入Word、书版文件后,可在方正飞翔中进

行“快速排版”，以便达到可以进行ePub加工与输出的程度。

首先，导入文件后，需要提取文件中的段落样式并应用。提取不同性质文本的段落样式，用逐个应用或正则表达式批量云应用的方式应用段落样式。输出ePub时将会把方正飞翔中的段落样式自动转化成ePub中的Style.css，并舍去ePub阅读器不支持的效果。

其次，需要在方正飞翔文件中区分章节。将图书的不同部分分割为不同章节。在ePub阅读器上，方正飞翔中区分了不同章节的页面，内容会重新另起一页显示。

最后，需要将不同段落样式设置相应的目录级别。对于不同级别的标题段落样式，设置目录级别。方正飞翔中设置的目录级别，会按照级别，将内容提取到ePub阅读器的目录，显示在相应页的页眉上。

五、ePub的加工与输出步骤

视频27：ePub加工与输出

（一）文件流式化与内容检查

方正飞翔输出的格式有印刷PDF、交互PDF、版式ePub、PS、Word和流式ePub。其中，输出的格式属于版式文档的有印刷PDF、交互PDF、版式ePub和PS。输出的格式属于流式文档的有Word和流式ePub。

方正飞翔通常排版的结果文件是版式文档，这个版式文档在无人工干预的情况下，要输出完美的流式文档是很困难的。因此，建议完成定稿，输出印刷PDF后，如果有输出流式文档的需求，执行“流式化”会生成一个“原文件名_流式”的新文件，与版式文档区别，将新文档转换为流式，进行人工调整，再输出Word、流式ePub，效果更佳。

流式化检查，即把版式内容自动修改为适合流式发布的内容和布局。因此，在发布ePub流式电子书，以及流版结合的电子书刊之前，都要对排版文件中已经完成排版的版式内容进行流式化检查，使版面中的内容线性化、矢量化、归一化，以便适合流式内容的发布。对方正飞翔的排版文件进行“流式化检查”，实际上是方正飞翔自动对以下内容进行了一系列智能处理。

（1）普通页上执行“流式化”处理，而主页不执行；正文的主文字流改为不分栏。

（2）将浮动对象按线性化规则回填到文字流内；锚定对象、智能后移对象回到锚点所在的段后；去锚点、去后移、去互斥，形成独立成段。

（3）“伪成组”变真成组，放入文字流内。例如：图与主文字流没有交叉（或有交叉），零散的文字块与图拼凑在一起的多个对象，看似像“一家人”，称为“伪成组”，方正飞翔会整体成组后放入流内。

（4）零散的文字块与图拼凑在一起的独立对象。

（5）标记“可疑”的对象和字符。“可疑”的对象指浮动对象回到流内的位置可能不正确，需将对象框用红色标记出来，供用户调整到正确的位置。“可疑”的字符主要针对公式里的空格，此空格在版式布局的排版效果上是有用的，但是流式文档中的公式里的空格可能是多余，就需用红色标记出来，供用户选择删掉空格。

（6）公式里的换行、公式里的序号和序号在公式外用空格间隔的情况，这些程序无法判断是否“可疑”，也不能做其他处理。但是，流式化不分栏，能将此问题暴露出来，有利于质检人员识别和发现问题。因此,只有人才能判断是否有问题,程序不做“可疑”标记。

(二) ePub类名设置

在段落样式中,设置ePub类名,需要注意的是,当前有些阅读平台不支持中文ePub类名,因此,建议将ePub类名设置为英文。

(三) 输出ePub文档

输出流式ePub的操作步骤是,进行流式化检查后,在方正飞翔排版文件中,选择“数字出版入口”下的“输出流式ePub”,在输出窗口的“高级”选项中,有一些对ePub输出方式和呈现方式的设置,可以根据需要选择。

(四) 检查与微调

拷贝到手机或使用微信、QQ的文件传输助手,将ePub传输到手机上,使用阅读平台的App打开并查看效果,如果有不符合要求的地方,可以返回到方正飞翔流式化文件中进行进一步修改,直到符合要求,ePub电子书的制作就完成了。

第2节　使用方正飞翔进行流版结合HTML5电子书刊的发布

一、流版结合HTML5电子书刊的应用领域

方正飞翔进一步支持了基于排版文件的数字格式多元输出和发布,在软件中提供了全新的数字出版的专属入口和专项功能。

基于飞翔排版文件生产数字内容,通过方正飞翔的“数字出版”功能,可一键同步输出满足电商平台上架标准的ePub电子书,同时,还支持对接方正云阅读平台发布流版结合电子书刊,速度更快、质量更高。流版结合电子书刊,指的是近年来比较流行的一种呈现方式,用户既可以在作品中看到版面的版式效果,又可以按照微信文章一样浏览版面中的图文内容,并且两种阅读方式可以相互切换。这种流版结合的呈现方式,适用于发布期刊、图书、年鉴、手册等出版物和数字读物。方正飞翔中,通过“数字出版”入口,可以发布这样的流版结合电子书刊。

二、发布流版结合HTML5电子书刊

在前文中我们提到,流式化检查的意思是,把版式内容自动修改为适合流式发布的内

容和布局。因此，在发布ePub流式电子书，以及流版结合的电子书刊之前，都要对排版文件中已经完成排版的版式内容进行流式化检查，使版面中的内容线性化、矢量化、归一化，以便适合流式内容的发布。

输出流式ePub的操作步骤是，进行流式化检查后，在完成流式化检查的文件中，选择“数字出版入口”→“发布仿真电子书”，如图10-2-1所示。

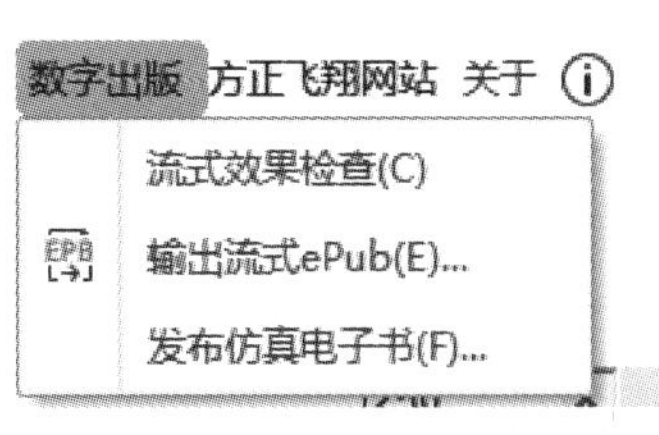

图10-2-1　发布仿真电子书

单击直接发布后，文件会开始进行上传发布，完成后单击“查看”即可跳转至方正云阅读平台，查看上传完成的作品。

三、电子书刊的阅读效果参数设置

在方正云阅读平台上，也可对电子书刊文件进行分享信息、背景模板、翻页音效等进一步设置。

（一）自动提取编辑多级目录

在方正云阅读的电子书刊编辑后台，可以编辑电子书报刊的目录。如果PDF中具备书签目录，在方正云阅读中可以提取目录内容和结构，自动生成目录；在PDF文件中没有目录的情况下，制作者也可以进行手动设置目录。自动提取生成目录的步骤为，首先，在PDF文件中设置好书签；其次，在方正云阅读电子书刊后台，可以在“书刊目录”编辑处，自动提取PDF书签的内容和结构。电子书刊发布后，读者可以通过单击目录中的条目跳转到相应位置。

（二）展示与阅读效果设置

使用方正云阅读，可以快速发布跨终端阅读的电子书报刊，在制作者发布前，还可以设置多种阅读效果，实现个性化的书报刊展示。

在制作者后台，自定义微信分享描述与微信文章转发缩略图、阅读背景、加载页图片、导览条Logo、海报分享等参数，可以通过参数设置快速定义、一键保存即可实时预览。

四、电子书刊的传播与运营

（一）发布和传播方式

方正云阅读可以设置多种的发布和传播方式，不同的方式应用于不同的场景，最终通过不同的渠道展示、读者可以访问、阅读、传播电子书报刊。目前，方正云阅读共支持四种不同的发布方式，分别为二维码、海报、网页链接，以及网页嵌入代码。下面对这四种方式的使用场景及读者阅读电子书报刊的方式进行简单的介绍。

1. 二维码

制作者可以将二维码图片下载，放置在纸质读物、微信文章、朋友圈海报中，读者使用微信扫一扫，或长按识别二维码的方式，可以阅读电子书刊。

2. 海报

制作者可以在后台设置海报样式，并生成海报。无论是制作者还是读者，都可以将海报图片保存至手机或电脑，发布到各个平台以便作品传播。

3. 网页链接

制作者可以将网页链接复制到网站、两微一端等平台，读者可以单击链接，跳转后阅读作品。

4. 网页嵌入代码

制作者可以通过“我的书刊”按钮跳转至电子书刊管理后台，查看并复制网页嵌入代码。将这段代码加入已有的网页代码中，就可以将方正云阅读的窗口嵌入网页中，在自有网站上展示单本电子书刊，或专辑、图书馆的书架，如图 10-2-2 所示。

图 10-2-2　网页嵌入代码

（二）运营数据

方正云阅读针对报社、期刊社、出版社等专业内容机构，提供了上线电子书报刊的数据收集及分析能力，通过浏览量、访客数、分享数、访客来源、阅读时长等多维度、全方位的运营数据分析，助力专业内容机构的内容运营、用户运营与产品推广。

（三）创建专辑和图书馆

使用方正云阅读，制作者可以将已发布的数字读物按照多期、多种刊物的方式，归类、展示和分享传播，快速生成系列作品的专辑和图书馆，如图 10-2-3 所示。

图 10-2-3　图书馆

第3节　从排版文件输出Word文件

纸质资源的数字化是人类社会文明进步的必然趋势，也逐渐成为全球关注和各行业竞争的焦点。能否跟上国际潮流，完成数字化进程，关系到一个国家、一个民族的兴衰。

在新闻出版领域，目前存在很多存储数年、面临数字化难题的陈旧资源，过往的文件，目前一般采用手工录入的方式、书稿扫描并校正为电子文档的方式进行数字化。基于这种情况，方正飞翔提供了从排版文件导出Word文件的能力，为出版资源数字化、图书修订和再版提供了便利。

基于排版文件导出Word文件，也需要进行上一节中提到的"流式化检查"，流式化检查后，选择"文件"→"导出Word文件"，即可将方正飞翔的排版文件导出为Word文件。导出的Word文件中，具备排版文件中的内容、文字属性、段落样式、表格、数学公式等，可用于二次编辑和修改内容。此外，在导出Word时，还可以选择是否将成组块转为图片导出到Word中。对于在方正飞翔中排版的组织结构图、流程图等图形组合，可以在导出Word时保留完整的版式。

与此同时，一些在纸质出版物中呈现，但无须呈现到Word中的对象，可以选择"不导出到Word"。在方正飞翔中的操作方法是：选中工具选中图像、图元、文字块、表格以及盒子、锚定对象在"对象"→"更多"菜单中手动设置"不导出到Word和流式ePub"，也可以通过右键菜单选择"不导出到Word和流式ePub"。导出Word时，会将设置此属性的对象过滤掉，不导出。对于字符来说，T光标拉选字符在"编辑"→"更多"或右键菜单中手动设置"字符不导出到Word和流式ePub"。导出Word时，会将设置此属性的字符过滤掉，不导出。

第4节　制作HTML5互动作品

一、HTML5互动作品定义

HTML5技术标准正蓬勃兴起，迅速从互联网行业拓展到传媒出版、数字教育等广泛的领域当中。在这样的背景下，很多HTML5的新媒体产品、数字读物应运而生，交互内容的多元与丰富使数字内容、数字出版物、互联网出版物的可读性和用户体验大大提高，已经成为媒体深度融合转型时期的一项重要尝试。

目前媒体的编辑人员主要的学科背景为传媒出版、文学类、管理类等文科专业，几乎不具备计算机前端知识基础和编程能力，由于技术基础薄弱、缺乏编程相关知识、技术门槛过高，使得很多媒体错失了全面进军新媒体行业的机会，难以跟上网络学科的发展最新动态和新技术的应用，也就无法满足新媒体时代对传媒行业转型的要求。因此，一款易用性强、能够轻松设计制作HTML5轻量级作品及深度作品的制作工具对于媒体至关重要。一方面，生产轻量级作品，用于手机等移动终端传播，可以扩大媒体的影响力；另一方面，基于优质内容的深度阅读作品，也更好地体现了新闻作品的优势以及在新媒体时代的价值。

二、方正飞翔数字版的产品特点及优势

方正飞翔数字版是北京北大方正电子有限公司自主研发的一款专业的桌面HTML5设计软件，它是一款提供制作、云端预览、管理、发布一体化HTML5富媒体内容制作工具，其继承并发展了方正飞翔数字版的易用性和丰富的交互组件与功能，内置多样的交互组件和动画效果，可搭配组合上千种互动效果，并在此基础上实现了HTML5作品云端预览与发布，及离线html文件包的输出。方正飞翔数字版广泛应用于数字出版、数字教育、新媒体等领域，可以在浏览器中进行阅读，展现动态效果、实现与用户的互动。

使用方正飞翔数字版进行HTML5作品的制作，不需要程序开发，无须脚本规划就可以进行富媒体交互数字内容的创意编排，方正飞翔数字版提供丰富的互动组件和多样的动画效果，搭配组合能够产生上千种多元效果和多样需求。音视频、虚拟现实、图片扫视、图像对比、图像序列、滚动内容、画廊、按钮、逻辑判断、擦除、弹出内容、动画、超链接等功能，所有的编辑工具、互动组件均以模块化的形式呈现，对于新闻出版行业编辑工作者，可以轻松便捷地完成多种交互效果的新媒体HTML5作品或富媒体电子书。

HTML5案例合集

扫描右侧的二维码可以看到方正飞翔数字版制作的多个案例的效果。

三、使用方正飞翔数字版制作“抽取你的新年签运”HTML5

方正飞翔数字版可以制作新闻出版领域多元主题、丰富效果的HTML5作品，在这部分，以一个HTML5作品“抽取你的新年签运”为例，来展示方正飞翔数字版制作的HTML5作品的效果，如图10-4-1所示。

在这个HTML5中，主要使用了几个功能：①按钮，长按按钮可以抽取新年签运；②微信头像的互动组件，用来调用访问此HTML5的用户微信头像；③图像序列，用来让用户抽取新年签运；④合成图片，用来生成同时带有微信头像和签运样式的图片。与此同时，还需要一个控制执行合成图片的按钮，在用户单击时，执行合成图片的动作。

视频28：HTML5案例效果

图10-4-1 “抽取你的新年签运”HTML5作品案例

第11章 综合实践案例

学习目标：

通过科技类图书、教辅、文学图书、期刊和公文的版面排版实践介绍，深入学习、掌握前面章节的基本操作。

任务1 科技类图书版面排版实践

科技类图书属图书排版的大类，图书属设计类出版物，体例要新颖、别具一格、不落俗套，版式不要有似曾相识之感，一书在手，眼前一亮，有艺术品的感觉。但不能金玉其外，败絮其中，内容是根本，排版规范是准则，版式设计是一门艺术。

科技图书版面元素主要是公式多、表格多、插图多、标题层次多，而且还可能有脚注、参考文献。书眉有规律也有个性特点。这些元素都需要用段落样式、版式结构和排版印制方式得以准确地表现。

一、版面效果

科技类图书重点是正文内容的排版，这个版面具备丰富的内容，首先有公式，其次有表格和图与文混排，这些都是构成科技类图书的要素，版面效果如图11-1-1所示。

这本科技类图书的版面看似中规中矩，但内容结构层次清晰，版面布局清爽，左右两页的行对齐规整，排版规范；节标题、页眉装饰线和页码旁的箭头，这些个性点缀图形使版面生机活泼。

二、版面构成解析

这本科技图书的页面大小为宽165mm×高235mm。页眉（天头）为28mm，页脚（地脚）为25mm，切口为18mm，订口为30mm。除此之外，作为一本图书，这个版面中还有书眉的装饰性元素及页码。版心又叫正文排版区域，版心是由文字、图表和间空（包括字距、行距和段前后距）构成。

（一）章起始页

在正文开始之前，有时会增加右页起排的篇首页及其背页的空白页或装饰性图案作为隔页，如图11-1-2所示。需要确保章下面的第一节是右页起排，以后的节内容左页起排或右页起排均可。

正文是一本图书的内容主体，是图书的灵魂，同时也是读者最关注的内容和阅读的主要部分，图书版面的正文效果如图11-1-3所示。

数学欣赏与发现

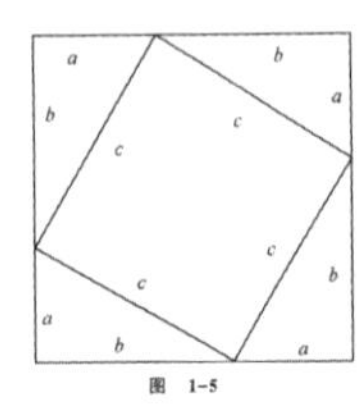

图 1-5

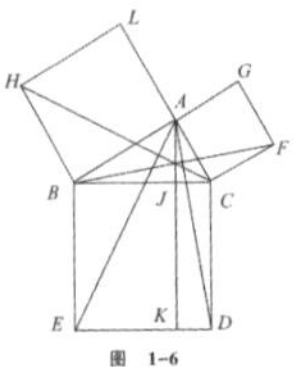

图 1-6

（三）赵爽证法

赵爽（三国时期吴国人）在《周髀算经注》中提出并严格证明了勾股定理的一般形式，定理的证图如图1-7所示。图中有1个小正方形及4个直角三角形，它们面积之和正好与大正方形$ABCD$的面积相等，即

$$(b-a)^2+4\times\frac{1}{2}ab=c^2$$

化简便得：

$$a^2+b^2=c^2$$

2002年，在北京举办了第24届国际数学家大会，会上颁发了四年一度的数学界最高奖——菲尔兹奖，获奖者是法国高等科学研究院的劳伦·拉福格和美国普林斯顿高等研究院的符拉基米尔·弗沃特斯基。这届大会的会标就采用了赵爽的弦图。[1]

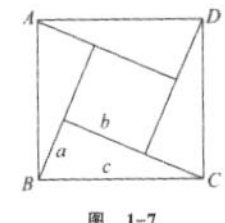

图 1-7

（四）刘徽证法

刘徽在《九章算术注》中也给出勾股定理的一种证法："勾自乘为朱方，股自乘为青方，令出入相补，各从其类，因就其余不移动也。合成弦方之幂，开方除之，即弦也。"[2]寥寥几十字便清晰描述了勾股定理证明。但遗憾的是，刘徽的证图已经失传。后人根据其"出入相补"术推测了各种可能的证明。

美国学者达纳·麦肯齐在其专著中推测出一种证图，如图1-8（a）所示。将其与中国古老的七巧板联系起来。不过这种推测可能并不能令人信服。图1-8中给出的辅助线难以给人简洁之感，与刘徽本意似乎不太相符。[3]

① 张奠宙．数学国际合作的曲折与进步[J]．科学，2002(4)：5-8．

② 张昆．勾股定理在中国的早期证明研究[J]．合肥师范学院学报，2018，36(6)：13-16．

③ 达纳·麦肯齐．无言的宇宙——隐藏在24个公式背后的故事[M]．李永学，译．北京：北京联合出版公司，2018：38．

↗016

第一章　厚重悠远的文化积淀

不过笔者发现另外一种证明推测可能更具欣赏性，如图1-8（b）所示。该证图简洁明了，似乎更加符合刘徽"出入相补"之意。

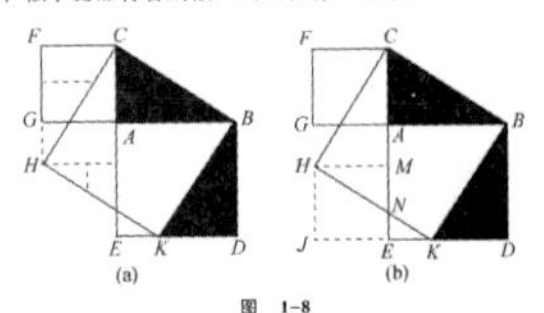

图 1-8

证明思路如下：

从直角△ABC的三边向同侧方向作正方形$ABDE$、$ACFG$、$BCHK$，HK交AE与N。过H点作AE垂线HM，垂足为M，过H点作DE的垂线HJ，交DE延长线与J。则容易知道△BKD、△BCA、△CHM、△KHJ全等，正方形$ACFG$、正方形$EMHJ$也全等，如图1-8（b）所示。

$$\begin{aligned}S_{\text{正方形BCHK}}&=S_{\triangle CHM}+S_{\triangle HMN}+S_{\triangle ABC}+S_{\text{四边形ABKN}}\\&=S_{\text{四边形HJEN}}+S_{\triangle EKN}+S_{\triangle HMN}+S_{\triangle BDK}+S_{\text{四边形ABKN}}\\&=S_{\text{正方形EMHJ}}+S_{\triangle EKN}+S_{\triangle BDK}+S_{\text{四边形ABKN}}\\&=S_{\text{正方形EMHJ}}+S_{\text{正方形ABDE}}\end{aligned}$$

因此，

$$c^2=a^2+b^2$$

二、勾股定理的代数学研究

对勾股定理研究的另一个方向则超越了纯几何范畴。追溯源头，还应归功于毕达哥拉斯学派的探索。毕达哥拉斯明确地给出了勾股数的一组公式：[1]

$$\begin{cases}a=\frac{1}{2}(m^2-1)\\b=m\\c=\frac{1}{2}(m^2+1)\end{cases}\quad(m\text{为正奇数})$$

从数论角度看，毕达哥拉斯给出的上述勾股数公式实质可理解为不定方程$x^2+y^2=z^2$的一般正整数解。不过，该公式给出的并非通解，而是"素勾股数解"（即勾股弦互素的解），并且公式中的弦比股大1。因此，该公式也没有给出

① 张文俊．数学欣赏[M]．北京：科学出版社，2011：102-103．

017↙

数学欣赏与发现

另外，学过立体几何的读者也非常熟悉四面体的体积公式，即

$$V_{\text{四面体}}=\frac{1}{3}Sh$$

四面体的这一体积公式与上述第一个三角形面积公式是如此和谐，这种和谐自然会引发我们思考：有没有一个计算四面体体积的方法与第二个三角形面积公式相对应呢？这种思考实际上就运用了类比思维，这是一种极富创造特征的思维方式。

想象一个四面体，如果相邻的三条棱确定了，并且这三条棱两两相交所夹的角也确定，这个四面体是不是也被确定了？答案是肯定的。如果放宽其中的任何一个约束条件，四面体是不是就不能被确定？答案还是肯定的。这说明四面体的体积完全可以通过相邻的三条棱与两两所夹的角来确定，或者理论上说四面体的体积应是可以表示成三条棱的长度与两两所夹的角的度数的三角函数的关系式的。这就为研究四面体的体积计算的可行性提供了探索的思想基础。下面给出四面体体积的公式并证明。

引理： 如图6-8所示，AB与平面α所成的角为θ_1，AC在平面α内，AC与AB的射影AB'成角θ_2，设$\angle BAC=\theta$，则$\cos\theta_1\cdot\cos\theta_2=\cos\theta$。

证明： 略。

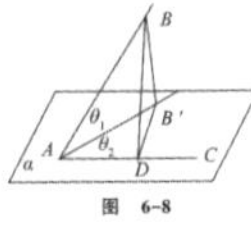

图 6-8

定理： 如图6-9所示，在四面体P—ABC中，$PA=a$，$PB=b$，$PC=c$，$\angle BPC=\theta_1$，$\angle APC=\theta_2$，$\angle APB=\theta_3$，则四面体体积为

$$V_{P-ABC}=\frac{1}{6}abc(1-\cos^2\theta_1-\cos^2\theta_2-\cos^3\theta_3+2\cos\theta_1\cos\theta_2\cos\theta_3)^{\frac{1}{2}}$$

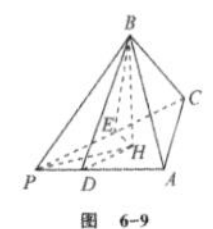

图 6-9

证明： 过B点作$BH\perp$平面PAC，垂足为H，则有：

↗122

第六章　归纳与类比：数学发现之钥

$$V_{P-ABC}=\frac{1}{3}S_{\triangle PAC}\cdot BH=\frac{1}{6}ac\sin\theta_2\cdot BH\tag{1}$$

则只需要求出BH即可。

过H点作$HD\perp AP$，$HE\perp PC$，垂足分别为D，E，连接PH、BD、BE，则由三垂线定理得到：$BD\perp AP$，$BE\perp PC$。

设$\angle BPH=\varphi$，$\angle APH=\varphi_1$，$\angle CPH=\varphi_2$，则$\varphi_1+\varphi_2=\theta_2$。由引理知：

$$\cos\varphi\cdot\cos\varphi_1=\cos\theta_3\tag{2}$$

$$\cos\varphi\cdot\cos\varphi_2=\cos\theta_1\tag{3}$$

所以

$$\cos\varphi_1\cdot\cos\varphi_2=\frac{\cos\theta_1\cos\theta_3}{\cos^2\varphi}\tag{4}$$

由积化和差公式，得：

$$2\cos\varphi_1\cdot\cos\varphi_2=\cos\theta_2+\cos(\varphi_1-\varphi_2)$$

所以

$$\cos\varphi_1\cos\varphi_2-\cos\theta_2=\sin\varphi_1\sin\varphi_2\tag{5}$$

另外，

$$\sin\varphi_1=\sqrt{1-\cos^2\varphi_1}=\sqrt{\frac{1-\cos^2\theta_1}{\cos^2\varphi}}\tag{6}$$

$$\sin\varphi_2=\sqrt{1-\cos^2\varphi_2}=\sqrt{\frac{1-\cos^2\theta_2}{\cos^2\varphi}}\tag{7}$$

把式（4）、式（6）、式（7）代入式（5），两边平方，化简得：

$$\sin\varphi=\frac{\sqrt{1-\cos^2\theta_1-\cos^2\theta_2-\cos^2\theta_3+2\cos\theta_1\cos\theta_2\cos\theta_3}}{\sin\theta_2}\tag{8}$$

所以

$$\begin{aligned}BH&=b\sin\varphi\\&=\frac{b\sqrt{1-\cos^2\theta_1-\cos^2\theta_2-\cos^2\theta_3+2\cos\theta_1\cos\theta_2\cos\theta_3}}{\sin\theta_2}\end{aligned}\tag{9}$$

把式（9）代入式（1），得到

$$V_{P-ABC}=\frac{1}{6}abc(1-\cos^2\theta_1-\cos^2\theta_2-\cos^3\theta_3+2\cos\theta_1\cos\theta_2\cos\theta_3)^{\frac{1}{2}}。$$

上述四面体体积的公式虽然形式复杂，但是从数学审美角度看，该公式充分展示了数学的内在魅力——和谐、对称、唯美。在一些几何问题的解决中也凸显了其独特的应用价值。

例： 在四面体A—BCD中，已知相对的棱相等，并且$AB=CD=a$、$BC=AD=b$，$CA=BD=c$，求此四面体的体积。

123↙

图11-1-1　科技类图书版面效果

（版面取用自清华大学出版社的《数学欣赏与发现》一书）

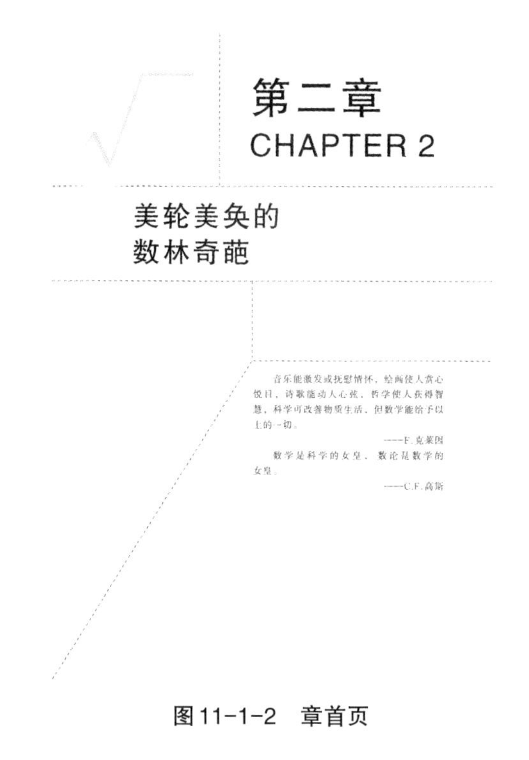

图11-1-2 章首页

第一节 唯美数学定理：欧拉公式与巴塞尔级数

数学科学体系的构建与发展源于数学概念网络以及庞大的定理系统。数学定理，可以说是数学科学体系的核心内容。在整个数学科学体系中，对其构建与发展起着关键性作用的“最美”数学定理有哪些？《数学信使》（*The Mathematical Intelligencer*）在1988年曾向国际数学界发出一份问卷调查，所得到的统计结果如表3-1所示（评分标准是满分为10分）。①

表3-1 “最美”数学定理排名

排名	定 理	评分
1	$e^{i\pi}+1=0$	7.7
2	多面体的欧拉公式 $V-E+F=2$	7.5
3	质数有无穷多个	7.5
4	正多面体恰好有五种	7.0
5	$1+\frac{1}{2^2}+\frac{1}{3^2}+\frac{1}{4^2}+\cdots=\frac{\pi^2}{6}$	7.0
6	从闭单元圆盘到自身的连续映射必有一个不动点	6.8
7	$\sqrt{2}$ 为无理数	6.7
8	π 为超越数	6.5
9	任何平面地图皆可用四种颜色涂色，使相邻区域的颜色皆不同	6.2
10	任何形如 $4n+1$ 的质数都可唯一表示成两个整数的平方和	6.0

表3-1中罗列的十个数学定理表述简洁干脆、形式优美独特、内涵深邃意远，涉及分析数学、数论、图论、几何等学科。该调查的统计数据虽然经常被后来的众多研究者提及，但据说回收的调查信息并不丰富，因此被调查者的个人偏好有可能影响统计结果。例如，被誉为“千古第一定理”的毕达哥拉斯定理（勾股定理）虽然简洁优美却未能名列前十，实际上第七名“$\sqrt{2}$ 为无理数”虽然是人类对数的认识的转折点，但其对数学科学进一步发展的作用远不及引发该发现的毕达哥拉斯定理。再如，第九个定理最初还属于猜想，机器证明的数学地位尚存异义，严格意义上的数学证明当时并未实现，作为“最美”定理自然会引发争议。又如，第十个定理虽然属于费马的一个重要贡献，但与“最

① 薛丽莉，李俊.“最美数学定理”的几次评选[J].数学教学，2007(11)：47-48.

059

图11-1-3 正文效果

（二）页眉页脚

页眉指的是版面最上面的天头区域，由一条水平的直线与几何图形组成，左页的书眉内容是书名，右页的书眉内容是章名，如图11-1-4所示。

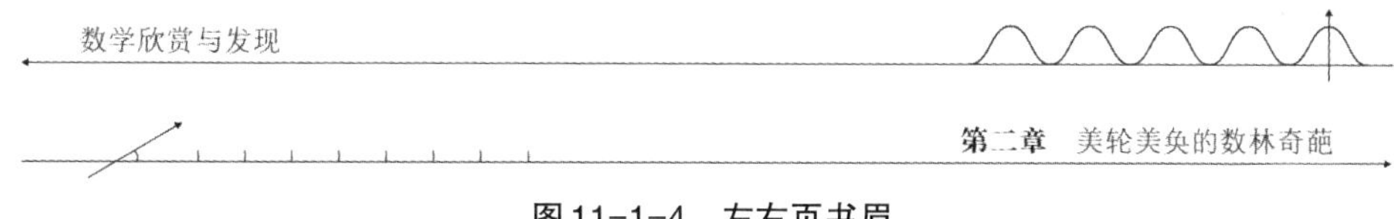

图11-1-4 左右页书眉

这种对称排版的页眉，对版面有很强的装饰作用，在不同页面的同一位置重复出现，增强阅读的节奏美。还更重要的是看书时，看到每一页就知道书名和看到哪一章。

页脚就是版面最下面的地脚区域。这本图书的页脚内容放在版面左右下角，由箭头和页码组成，有装饰作用，又能方便查找页面。

（三）版心部分

版心是由页面大小和页边距决定的。版心在版式设计中起着重要的作用。版心的宽度和高度，对版面字数有制约；其面积的大小和在版面上的位置，对于版式的美观、读者的阅读、纸张的合理利用以及印制成本都有影响。

版心的正文部分包括标题、正文、图表、公式和注文(即脚注)。

(1) 标题。不同级别的标题都是正文的向导，突出层次，引导阅读的作用。标题配合使

用数字是引导阅读顺序，配上标志性图形来加以装饰，是为了强调、吸引注意力的作用。标题就是版面中字号比较大，字体醒目的一组文字，如：章标题和节标题。章和节下面的正文标题还分为一级标题、二级标题和三级标题。标题的大小、粗细来决定标题的级数，一级标题大小最大，笔画最粗，然后二级标题、三级标题依次递减。标题在版面中的位置，直接影响其在文章的重要性。章节标题是居中排，一级标题、二级标题是居左排。通常情况下，标题以居中为强，居左为次要位置，排版中一定要以此为依据分清主次标题。

(2) 正文是版面中面积最大的部分，在整个版面中占主要地位，重要的内容都在正文中。正文排版的表现形式主要横排，通栏和分栏（两栏、三栏等）。正文排版还要考虑语种的排版规则。

(3) 图片、表格的特点是每一个版面上相对独立的“块”，既比较突出，又不便分割，与正文形成互斥排版。图和表看似独立，而是融入正文的内容，主要作用把凌乱的信息得到汇总和梳理，使信息便于阅读。

(4) 公式是正文的一部分，是科技类图书的引理、定理、推算的表达式。公式有独特的排版格式，例如公式居中、式码居右，有的公式下一段的段首不缩进等排版特点，在这个图书版面中，公式是居中的，式码是居右的，如图11–1–5所示。

设$\angle BPH=\varphi$，$\angle APH=\varphi_1$，$\angle CPH=\varphi_2$，则$\varphi_1+\varphi_2=\theta_2$。由引理知;

$$\cos\varphi\cdot\cos\varphi_1=\cos\theta_3 \tag{2}$$

$$\cos\varphi\cdot\cos\varphi_2=\cos\theta_1 \tag{3}$$

所以

$$\cos\varphi_1\cdot\cos\varphi_2=\frac{\cos\theta_1\cos\theta_3}{\cos^2\varphi} \tag{4}$$

由积化和差公式，得：

图11–1–5　公式排版效果

(5) 脚注就是注文。脚注在版面有特殊的排版位置和格式。在正文的下方，与正文竞争排版区域，还可以版面的右栏排版。脚注线将正文和注文分隔开，飞翔中可以设置脚注编号、段落样式，可以通栏排，也可以分栏排版，在这个图书版面中，使用的是通栏脚注，也是图书脚注最常见的格式，如图11–1–6所示。

① 张奠宙.数学国际合作的曲折与进步[J].科学,2002(4):5-8.

② 张昆.勾股定理在中国的早期证明研究[J].合肥师范学院学报,2018,36(6):13-16.

③ 达纳·麦肯齐.无言的宇宙——隐藏在24个公式背后的故事[M].李永学,译.北京:北京联合出版公司,2018:38.

↗016

图11–1–6　通栏脚注

三、排版步骤概述

（一）新建文件

新建一个自定义的开本，页面大小为165mm×235mm，页边距为：顶（天头）为28mm、底

(地脚)为25mm、外(切口)为18mm和内(订口)为30mm。单击“高级”,设置缺省字属性,定义版心字的字体、字号、标点和空格类型。这就确定了“基本段落”的文字属性。除此之外,新建文件后,需要在“文件”→“工作环境设置”→“文件设置”→“默认排版设置”里设置适合出版物的排版设置。

通过以上一系列设置,这本科技类图书的版面基本设置就完成了。

(二) 制作主页

科技类图书版面需要多主页,不同部分需要应用不同的主页,对于这本图书,通过分析科技类图书的一般形式和此版面,我们可以判断出,这本书需要三个主页。

图书排版需要设计一个基础主页,存放本书完全相同的装饰,如页眉线和页码,其他主页基于此基础主页新建,便于在排版过程中修改。对于文前部分,通常与正文的页码有所区别,对文前部分,就需要制作不同的主页。此外,正文部分也需要制作不同的主页。分别制作章首、节首和正文的主页。

(三) 排入Word文件

单击选项卡“插入”→Word,选择Word稿件排入版面中。在“Word导入选项”对话框中,建议选择“移去文本的样式和格式”,把Word的标题和正文以纯文本的方式导入,再重新应用段落样式。

(四) 创建并应用段落样式

创建不同级别的标题并设置目录级别,正文段落样式,图题、表题的段落样式,还有正文中的“引理、证明”的嵌套样式等。

首先,T光标定位在文字流中,按Ctrl+A组合键全选文字内容,将全文统一应用为“正文”段落样式。其次,按顺序将不同级别的标题、表说、图说等内容应用指定的段落样式。

(五) 表格排版

科技图书的表格格式是相同的,可以统一用一个表格框架。需要用到批量应用表格框架的操作,选中文字块,单击“表格框架”的框架,就会把文字块及续排块中的所有表格应用同一个表格框架。在此之后,再根据需要设置表头、续表和符号对齐。

(六) 公式排版

在导入Word之前,先在“公式”→“公式选项”设置公式全局量,在“文件”→“版面设置”→“默认排版设置”中设置公式的风格,以及进行字身字心比的设置。设置完成后,Word导入时,含有公式的原稿就自动转为预设好的效果。遇到少量公式的对齐方式、公式字符、字母间距或数学式需要调整的话,可以再进行版面效果的局部调整。此外,可以执行“部分文字居右”或“公式左右散开”,实现公式编号居右的效果。

（七）图片及图题

利用第三方软件修完图后，在“图像管理”浮动窗口中替换图片，如图11-1-7所示。接下来，需要将图与图题在版面的空白处成组。图11-1-7中的“图1-7”的成组块，可以作为互斥的独立对象，放在文字块上面；图11-1-7中的“图1-5”和“图1-6”插入文字流内成为盒子，这样可以跟随文字流动。

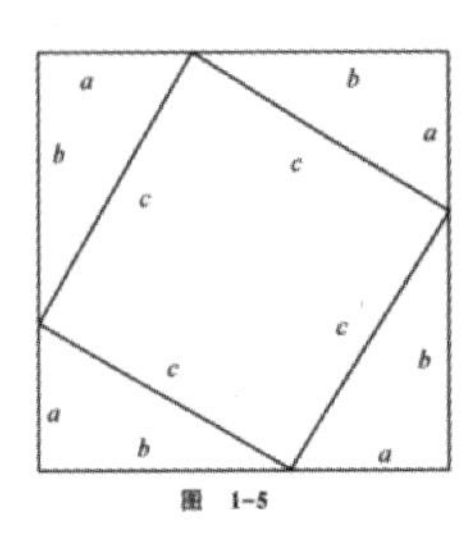

图 1-5

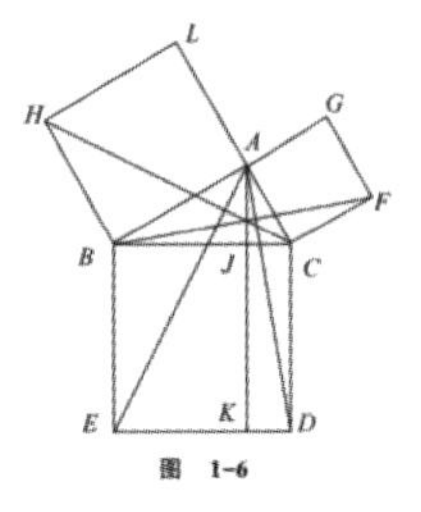

图 1-6

（三）赵爽证法

赵爽（三国时期吴国人）在《周髀算经注》中提出并严格证明了勾股定理的一般形式，定理的证图如图1-7所示。图中有1个小正方形及4个直角三角形，它们面积之和正好与大正方形$ABCD$的面积相等，即

$$(b-a)^2+4\times\frac{1}{2}ab=c^2$$

化简便得：$a^2+b^2=c^2$

2002年，在北京举办了第24届国际数学家大会，会上颁发了四年一度的数学界最高奖——菲尔兹奖，获奖者是法国高等科学研究院的劳伦·拉福格和美国普林斯顿高等研究院的符拉基米尔·弗沃特斯基。这届大会的会标就采用了赵爽的弦图。①

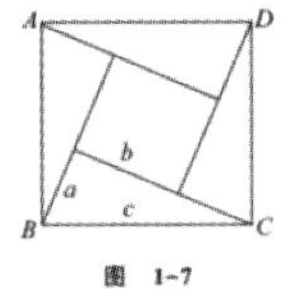

图 1-7

（四）刘徽证法

刘徽在《九章算术注》中也给出勾股定理的一种证法：“勾自乘为朱方，股自乘为青方，令出入相补，各从其类，因就其余不移动也。合成弦方之幂，开方除之，即弦也。”②寥寥几十字便清晰描述了勾股定理证明。但遗憾的是，刘徽的证图已经失传。后人根据其“出入相补”术推测了各种可能的证明。

图11-1-7　版面中的图片及图题

（八）脚注

导入Word时，Word中的脚注已转为飞翔的脚注，可以在“插入”→“脚注”→“脚注选项”里重新设置编号格式、脚注线和应用脚注文本的段落样式。

四、操作详解

扫描右侧二维码可以查看完整的操作视频。

视频29：任务1操作详解

五、排版技巧总结与提升

在排入Word原稿方面，导入Word之前，版面的缺省字属性要与正文的段落样式属性保持一致；单元格的字体字号、线型设置好，或者在“新建表格”对话框设置“表格框架”；公式选项的公式风格设置正确。这样导入Word就能把正文、表格和公式统一成为要排版的格式。

在公式排版方面，方正飞翔提供了简写拼音输入公式法，只要会读公式就可以录入。此外，对于公式局部格式的调整，可以使用编辑选项卡、公式选项卡或右键菜单的选项，或数学式布局调整等功能实现。

在表格的排版和表格框架的应用方面，学会应用表格框架有助于表格排版效率的提升。修改表格框架效果后，可以选中文字块或者拉选含有多个表格的文字流，单击需要应用的表格框架效果，就可以把文字流内的多个表格统一为一个表格的效果。对独立表格，可以多选表格对象，应用表格框架。

图片在版面上有多种形式存在，如独立图片、图片盒子和锚定对象，需要根据不同类别的图片以及排版需求，设置不同的图文关系。通过“图文互斥”功能，可以设置图文绕排的不同排版效果。

科技类图书排版

如图11-1-8所示，这是4页科技类图书的版面，有丰富的标题层次、图表和公式。请您使用与任务三相似的排版思路和软件操作，结合练习素材，完成这4个版面的排版。

大渡河流域水文气象预报服务技术

是大渡河最主要的暴雨区。沙坪水文站作为中下游流量大小的重要观测点，是龚嘴水电站的入库控制站。同时，沙坪水文站上游有成昆铁路线、峨边县城等重要防汛薄弱点，其水位、流量的大小也是防汛安全支撑的重要内容。因此，选择沙坪水文站断面作为第三个研究对象。

7.2　径流的年际变化特征

7.2.1　研究方法

通常情况下，径流的年际变化一般采用年平均径流的波动情况来表示，比较常用的基本特征表征指标有多年均值、变差系数、极值比、距平等，以及年径流连丰期、连枯期分析。同时也可采用滑动平均、趋势检验、Mann-Kendall突变分析、Morlet小波周期分析法分析其随机变化特性，计算方式与气候变化研究方法相似。

基本特征表征指标计算方法如下。

（1）变差系数

变差系数Cv反映了序列对应均值的相对离散程度，其定义如下：

$$Cv=\frac{\sigma}{\overline{Q}}\qquad \sigma=\sqrt{\frac{\sum_{t=1}^{n}[Q(t)-\overline{Q}]^2}{n}}\qquad \overline{Q}=\frac{1}{n}\sum_{t=1}^{n}Q(t) \tag{7-1}$$

式中：$Q(t)$为各年平均径流量，$\overline{Q}$为多年平均流量。Cv值的大小反映了河川径流在多年中的变化情况，Cv值越大，说明丰水年和枯水年径流相对变化越大。

（2）极值比

极值比定义为序列中最大值与最小值的倍比，即：

$$Km=Q_{max}/Q_{min} \tag{7-2}$$

式中：Q_{max}为统计序列内年平均最大流量，Q_{min}为统计序列内年平均最小流量。它与变差系数之间存在着对应关系，可以反映径流的年际变化。

7.2.2　基本特征

丹巴水文站资料年限为1960—2018年，共计59 a；瀑布沟水电站和沙坪水文站资料年限为1937—2018年，共计82 a；瀑布沟断面2009年之前为自然断面资料，2009年之后为水库断面资料。

7.2.2.1　总体特性

对取得的资料序列进行年际变化特征分析可知，三个研究断面中，瀑布沟和沙坪2个断面在1949年达到流量最大值，1993年流量为次大值；丹巴资料序列始于1960年，在1993年达到流量最大值。因此，大致可推断大渡河流域在1949年达到径流最大，1993年次之。丹巴和瀑布沟2个断面在2002年达到流量最小值，大致推断大渡河流域在2002年来水较枯。对大渡河流域各断面的年径流的变差系数Cv和极值比Km计算结果见表7-1。

通常，年径流的变差系数随着径流的增大而减小，上游断面的变差系数大于下游断面，极值比的地区分布与变差系数的地区分布大体一致，极值比大的地区，变差系数值也较大，两者较为对应。大渡河流域径流年际变化完全符合上述特征。另一方面也说明，大渡河流域径流的主要来源是上游河源来水和区间降水，从年径流量的变化情况来看，来水偏丰主要以上游来水偏丰而引起的流域整体来水偏丰为主，来水偏枯时中下游地区可能会

92

第7章　大渡河流域径流分析

由于区间降水丰富而有所减缓。

表7-1　大渡河流域径流年际变化特征

断面	实测年数	年平均径流(m³/s)	Cv	最大年		最小年		Km
				径流(m³/s)	年份	径流(m³/s)	年份	
丹巴	59	772	0.153	1069	1993	489	2002	2.19
瀑布沟	82	1257	0.122	1682	1949	924	2002	1.82
沙坪	82	1481	0.122	1977	1949	1133	1972	1.74

结合年降水最大、最小出现年份来看，年降水量在大渡河上游的最大值为858.4 mm（1993年），最小值为577.2 mm（2002年）。上游丹巴年径流在1993年达到最大，2002年达到最小，二者分布情况一致，说明流域降水是径流的主要来源。但大渡河流域中、下游地区降水极值出现时间分别为1990年（最大值）和1972年（最小值），与瀑布沟、沙坪略有不同。造成这种差异的主要原因是，降水是直接的空间分布，上中下游相对独立，但是径流在空间上仍有延续性，中下游径流变化同时受到上游径流和中下游降水的双重影响。

7.2.2.2　不同年代径流的变化

大渡河流域不同年代径流的变差系数Cv和极值比Km统计结果见表7-2，再次证实了上游的年径流Cv值大于下游的Cv值，20世纪50—80年代Cv值和Km值均比较接近，略有波动，相比之下，21世纪开始Cv值和Km值明显增大，说明21世纪径流年际之间的变化趋势显著增大。

表7-2　大渡河流域不同年代径流的变差系数和极值比统计表

时间		丹巴			瀑布沟			沙坪		
		平均流量(m³/s)	Cv	Km	平均流量(m³/s)	Cv	Km	平均流量(m³/s)	Cv	Km
20世纪	40年代				1302	0.148	1.79	1526	0.148	1.74
	50年代				1307	0.104	1.44	1548	0.089	1.34
	60年代	765	0.108	1.42	1276	0.090	1.37	1479	0.092	1.42
	70年代	699	0.107	1.43	1148	0.096	1.38	1320	0.089	1.35
	80年代	800	0.133	1.60	1279	0.088	1.40	1456	0.091	1.39
	90年代	821	0.147	1.56	1276	0.116	1.41	1494	0.117	1.41
21世纪	00年代	744	0.199	2.06	1166	0.123	1.43	1454	0.124	1.54
	10年代	804	0.144	1.53	1243	0.112	1.38	1507	0.130	1.52

不同年代径流的变化也可以采用不同年代的平均值和距平百分率来做进一步说明，图7-1给出了年径流与多年平均径流的距平百分比。随着时间的变化，年径流呈现不断的增大、减小的波动变化，径流存在着年代间的丰枯转换，20世纪40—50年代为偏丰时期，

93

图11-1-8　科技类图书版面效果

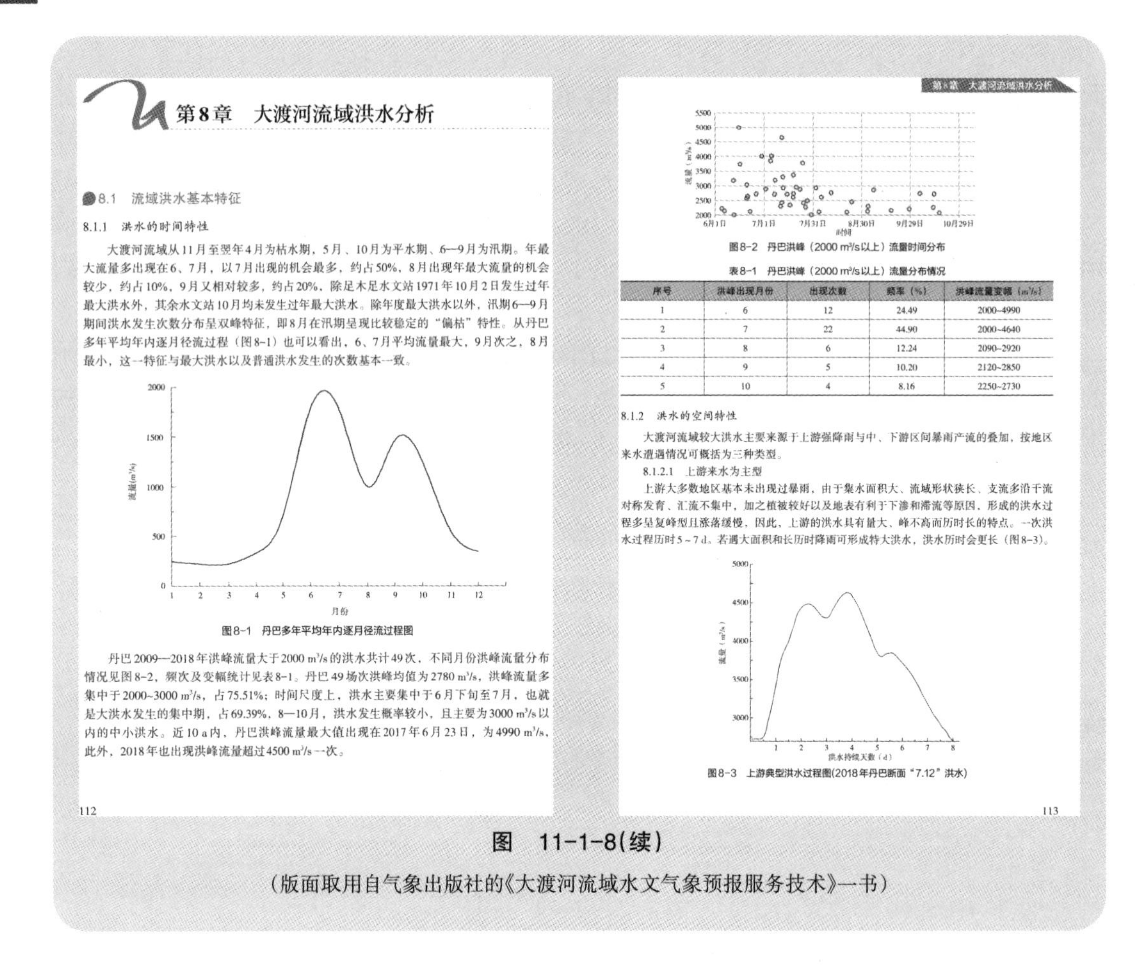

第8章　大渡河流域洪水分析

8.1　流域洪水基本特征

8.1.1　洪水的时间特性

大渡河流域从11月至翌年4月为枯水期，5月、10月为平水期、6—9月为汛期。年最大流量多出现在6、7月，以7月出现的机会最多，约占50%，8月出现年最大流量的机会较少，约占10%，9月又相对较多，约占20%，除足木足水文站1971年10月2日发生过年最大洪水外，其余水文站10月均未发生过年最大洪水。除年度最大洪水以外，汛期6—9月期间洪水发生次数分布呈双峰特征，即8月在汛期呈现比较稳定的“偏枯”特性。从丹巴多年平均年内逐月径流过程（图8-1）也可以看出，6、7月平均流量最大，9月次之，8月最小，这一特征与最大洪水以及普通洪水发生的次数基本一致。

图8-1　丹巴多年平均年内逐月径流过程图

丹巴2009—2018年洪峰流量大于2000 m³/s的洪水共计49次，不同月份洪峰流量分布情况见图8-2，频次及变幅统计见表8-1。丹巴49场次洪峰均值为2780 m³/s，洪峰流量多集中于2000~3000 m³/s，占75.51%；时间尺度上，洪水主要集中于6月下旬至7月，也就是大洪水发生的集中期，占69.39%，8—10月，洪水发生概率较小，且主要为3000 m³/s以内的中小洪水。近10 a内，丹巴洪峰流量最大值出现在2017年6月23日，为4990 m³/s，此外，2018年也出现洪峰流量超过4500 m³/s一次。

112

第8章　大渡河流域洪水分析

图8-2　丹巴洪峰（2000 m³/s以上）流量时间分布

表8-1　丹巴洪峰（2000 m³/s以上）流量分布情况

序号	洪峰出现月份	出现次数	频率（%）	洪峰流量变幅（m³/s）
1	6	12	24.49	2000~4990
2	7	22	44.90	2000~4640
3	8	6	12.24	2090~2920
4	9	5	10.20	2120~2850
5	10	4	8.16	2250~2730

8.1.2　洪水的空间特性

大渡河流域较大洪水主要来源于上游强降雨与中、下游区间暴雨产流的叠加，按地区来水遭遇情况可概括为三种类型。

8.1.2.1　上游来水为主型

上游大多数地区基本未出现过暴雨，由于集水面积大、流域形状狭长、支流多沿干流对称发育、汇流不集中，加之植被较好以及地表有利于下渗和滞流等原因，形成的洪水过程多呈复峰型且涨落缓慢，因此，上游的洪水具有量大、峰不高而历时长的特点。一次洪水过程历时5～7 d。若遇大面积和长历时降雨可形成特大洪水，洪水历时会更长（图8-3）。

图8-3　上游典型洪水过程图(2018年丹巴断面“7.12”洪水)

113

图　11-1-8(续)

（版面取用自气象出版社的《大渡河流域水文气象预报服务技术》一书）

任务2　教辅版面排版实践

一、版面效果

在这个任务中，需要完成一个教辅图书版面的排版，如图11-2-1所示。

这个教辅版近年来今年来颇受教辅图书公司青睐的一种版式设计风格，大家都称之为“学霸笔记”，之所以这么称呼，是因为这个版面中除了知识内容的呈现之外，还有对于知识点、重点、考点的标注，以及解题方法的笔记等元素，就像学校的学霸在书上做的笔记一样。

除了这个“学霸笔记”版面上丰富的内容以外，有时还会有曲线，箭头画线等内容相互指向的标注，这样的形式更能激发学生的学习兴趣，多元的颜色和图示，也有助于学生学习和记忆重点内容。

第二章 空气、物质的构成

学习目标

1.了解空气的成分,掌握空气中氧气含量的测定方法。(重、难点)
2.知道空气对人类生活的重要作用。(重点)
3.理解混合物与纯净物的概念和区别,会判断一些典型的混合物和纯净物。(重点)
4.知道空气污染的原因及造成的危害,从而强化环保意识。(重点)
5.了解空气质量日报,知道保护大气环境的具体措施,培养关注环境、热爱自然的情感。

考点关注

1.空气中氧气含量的测定(易考点)
2.纯净物和混合物的判断(常考点)
3.空气的污染及保护(常考点)

教材精析案

知识点1 空气的成分(重、难点)

1.空气中氧气含量的测定

(1)实验装置

①仪器:集气瓶、橡胶塞、燃烧匙、导气管、乳胶管、弹簧夹、烧杯、酒精灯及火柴。

②药品:红磷、水。

③实验装置图:如图所示。

(2)实验过程

实验步骤	实验现象	解释
①在集气瓶内加入少量水,并将集气瓶内液面以上的容积分成五等份,做上记号。	—	集气瓶里充满空气 实验视频
②点燃燃烧匙中的成五氧化二磷固体小颗粒,其内燃烧,放出红磷,迅速插入集气瓶中,塞紧橡皮塞。	烧杯内的水经导气管进入集气瓶,最终液面上升至刻度“1”处。	红磷与空气中的氧气反应,生成五氧化二磷固体小颗粒,其反应的文字表达式为: 红磷+氧气 $\xrightarrow{点燃}$ 五氧化二磷 (P) (O_2) (P_2O_5)
③燃烧结束,待集气瓶冷却至室温后,打开弹簧夹。	小于外界大气压,水进入集气瓶中,进入水的体积约是集气。	氧气被消耗后,集气瓶内压强小于外界大气压,水进入集气瓶中,进入体积约是集气瓶内消耗氧气的体积

(3)实验结论

①通过该实验说明氧气约占空气体积的$\frac{1}{5}$。

②剩余的$\frac{4}{5}$体积的气体(主要是氮气)不燃烧,也不支持燃烧,且难溶于水。

(4)实验注意事项

①装置的气密性要良好。避免瓶外空气进入集气瓶内,导致进入水的体积减小,使测得的氧气的体积分数偏小。

②集气瓶内加少量的水。一是为了防止热的燃烧物溅落炸裂集气瓶;二是为了吸收红磷燃烧后生成的白色固体——五氧化二磷。

③导管内应先注满水。否则燃烧完毕冷却后,进入的水有一部分存在于导管中,使进入集气瓶内水的体积减小,导致测得氧气的体积分数偏小。

④红磷要过量。如果红磷的量不足,则不能将集气瓶内空气中的氧气完全反应掉,导致测得空气中氧气的体积分数偏小。

学霸笔记

规律方法

(1)利用燃烧法测定空气中氧气的含量的原理是利用红磷燃烧消耗密闭容器内空气中的氧气,使密闭容器内压强减小,在外界大气压的作用下,进入容器内水的体积即为减少的氧气的体积。

(2)做此实验选择可燃物时的两个条件:一是该物质在空气中能燃烧且只与空气中的氧气反应;二是该物质燃烧后生成的物质为固体、液体或能被烧杯中液体吸收的气体。

拓展延伸

测定空气中氧气含量的其他方法:

①无底广口瓶内水面上升,上升的水的体积约占瓶内空气总体积的$\frac{1}{5}$。

②用凸透镜使白磷燃烧,烧杯中的水进入瓶内,其体积约占集气瓶中空气体积的$\frac{1}{5}$。

③通电后,白磷燃烧,一段时间后左侧水面升高到刻度处。

④镁粉变黑,注射器活塞向前移动,冷却稳定后,注射器内减少的气体体积约为注射器和硬质玻璃管内气体总体积的$\frac{1}{5}$。

⑤白磷燃烧,冷却后,活塞左移至刻度“5”处。

⑥交替推动注射器活塞,使氧气与铜丝充分反应,熄灭酒精灯并冷却至室温后将气体推进一个注射器,根据刻度读出体积。

1 新课标/粤科　　尖子生学案九年级化学/上 2

图 11-2-1 教辅图书版面效果

(版面改编自吉林人民出版社的《尖子生学案:九年级化学(上册)》一书)

二、版面构成解析

(一) 版式与布局

在这个版面中,内容主题实际上分成三个部分:第一部分是最上面的章名称,以及通栏的导读内容,即“学习目标”和“考点关注”;在第一部分之后,内容主体分为左、右两个部分,左边是本章的知识,即与教材相关的内容,右边是学霸笔记,即对知识的解析和举一反三,左、右两部分在版面上的比例,大概是2∶1。

当用方正飞翔新建好页面,开始排版这个教辅版面时,需要先将图书页面共同的版式和元素绘制、设置好,这部分内容,是在主页中排版的。在这个教辅版面中,章标题的装饰底图、划分知识内容和学霸笔记的分区蓝色虚线、边眉和页脚,是主页中的内容,因此在主页中,会用到图形的绘制和格式设置、插入页码等功能进行相关元素的排版。

在之后新建页面,继续制作其他内容时,主页上的内容可以继续应用,也可以基于已经完成的主页来新建主页,进行修改。

(二) 文字内容

在主页排版完成之后回到普通页上,利用方正飞翔的Word排入功能,将原稿排入飞翔中,由于学霸笔记和知识点内容在一个原稿中,但呈现时,两类内容是处于不同的文字块上分别续排的，因此对于这样呈现的内容，分栏是无法解决排版效果的，应该使用两个不同的文字块来进行不同类别文字内容的放置。

在教辅的排版中，一般为了更便捷地排版和修改，会给每章出现的不同内容设置并应用段落样式，在这里需要注意学习目标下面的内容，对于这部分内容，由于每一段中在括号中，有一段标记为高光的内容，因此，我们可以选择使用嵌套样式的方式，来快速制作应用这部分内容，如图 11-2-2 所示。

学习目标

1. 了解空气的成分，掌握空气中氧气含量的测定方法。(重、难点)
2. 知道空气对人类生活的重要作用。(重点)
3. 理解混合物与纯净物的概念和区别，会判断一些典型的混合物和纯净物。(重点)
4. 知道空气污染的原因及造成的危害，从而强化环保意识。(重点)
5. 了解空气质量日报，知道保护大气环境的具体措施，培养关注环境、热爱自然的情感。

图 11-2-2　学习目标部分效果

当然，对于这种效果的排版，使用查找替换也是可以的，但考虑到在整本书中都会存在每章名称后的导读内容，因此更推荐使用样式控制的方式，将内容的样式统一化，这样更加可以保证内容在后续修改过程中的准确性。

（三）图片

对于这个教辅版面中出现的如图 11-2-3 所示的实验装置图，通常情况下会想到转向第三方工具，从零设计、制作一张图片，再插入到方正飞翔软件中，但实际上，方正飞翔中已经提供了更加便捷的方式。

在方正飞翔的部件库中，具备有很多教辅部件可以使用，如果将这些部件拖动到版面上就会发现，这些部件是可以取消成组，并且任意对每个部分进行拆解、着色、编辑和组合的。这就提供了一种快速制作实验装置图的方式，可以选择适合相应实验的部件进行修改和作图，节省了很多排版的时间，如图 11-2-4 所示。

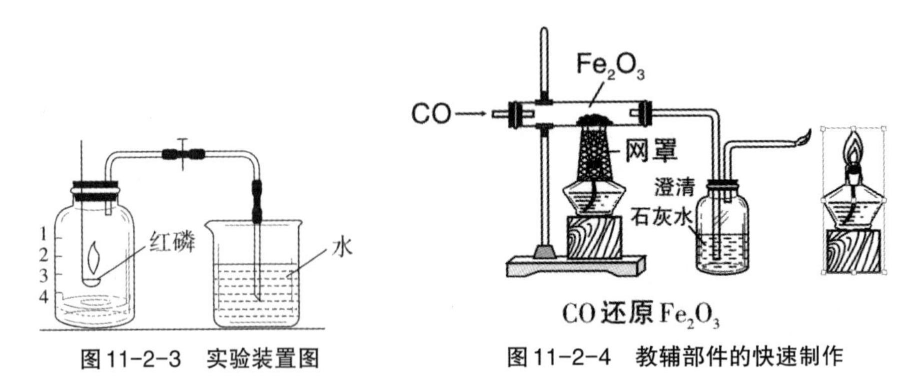

图 11-2-3　实验装置图　　图 11-2-4　教辅部件的快速制作

（四）表格

样式应用完成后就开始排版表格。基于方正飞翔内置的表格框架效果，可以新建一个表头具备粉色实底的表格框架，同时新建一个与正文样式不同的“表格内文”的段落样式。

在表格框架应用到表格后，选中表格中的文字，应用“表格内文”的段落样式，再对进行局部的特殊格式和属性的微调。

（五）其他格式

最后，按照版式的呈现效果进行一些版面特殊情况的处理。例如，在这个版面上如果文字块有续排，则需要使用离地调整的功能实现。

从上面版面构成和对应的方正飞翔操作中可以发现，这个教辅的版面是一个包含了图文、表格的丰富版式、综合了样式应用操作的排版任务，因此这个任务也对排版者对排版软件的综合能力是一个考验。

三、排版步骤概述

1. 新建版面

设置教辅的开本为16开，页边距为15mm，默认字属性为小四号。

2. 设计主页

在主页中，排版并设置好教辅图书中的共同部分，以便划分整体的版面布局。

3. 排入文档

在普通页中，排入原稿，并将原稿中的“知识内容”和“学霸笔记”两部分分开，分别放置在左、右两个独立续排的文字块中，内容相互对照。

4. 新建并应用段落样式

对不同级别的标题、不同类别的内容，新建不同的段落样式并应用。在段落样式的设置中，对于标题和正文的参数设置，会涉及段落装饰、段落对齐方式、纵向调整、符号风格、标点类型、嵌套样式等多元参数的设置。

5. 使用部件库的元素进行实验装置图制作

在飞翔的部件库中，找到相似的实验仪器部件，拖拽到版面中，修改、重新组合后成组，将这张做好的实验装置图，以盒子的方式插入至文字流的指定位置。

6. 表格排版

基于首行带底纹的样式，新建一个表格框架，设置好首行颜色、最左、最优列的表线属性，应用表格框架。

基于已经变化的表格效果，设置并应用表格内文字的段落样式，应用后再调整少量文字，以便实现不同于段落样式的特殊格式和效果。

7. 其他版式及元素的调整

版面内容大致完成排版后，进行版面的微调，如文字块立地调整的设置、对象的对齐等。

四、操作详解

视频30：任务2操作详解

可以扫描右侧的二维码查看完整的操作视频。

五、排版技巧总结与提升

版式与布局方面，这种正文内容和笔记内容左右对照的布局方式，可以在方正飞翔中使用两个续排文字块或者表格的方式实现相应的排版效果。

深入理解嵌套样式有助于我们去判断。文字样式嵌套在段落样式中可以实现哪些需要的版面效果，灵活使用嵌套样式的功能，甚至在同一个段落样式中设置多个文字样式作为嵌套样式，可以为排版工作节省不少时间，也减小了后期修改的工作量和出错的概率。另外，对于理科教辅来说，正文中数字和字母的符号风格，是可以在段落样式中进行设置的，需要我们提前确定好符号风格，并设置在段落样式中，以避免正文中的字符效果和预期效果不一致的问题。

教辅图书的作图，可以运用方正飞翔部件库中提供的部件，这些部件，都是矢量素材，并且可以取消组合变为单一对象。找到类似的部件进行修改、拼接和组合，可以大大降低排版制图的难度和时间。

理科试卷排版

如图 11-2-5 所示，这是一张正反两面的理科试卷，请您使用和任务二中相似的排版思路和软件操作，结合练习素材，完成这张试卷的排版。

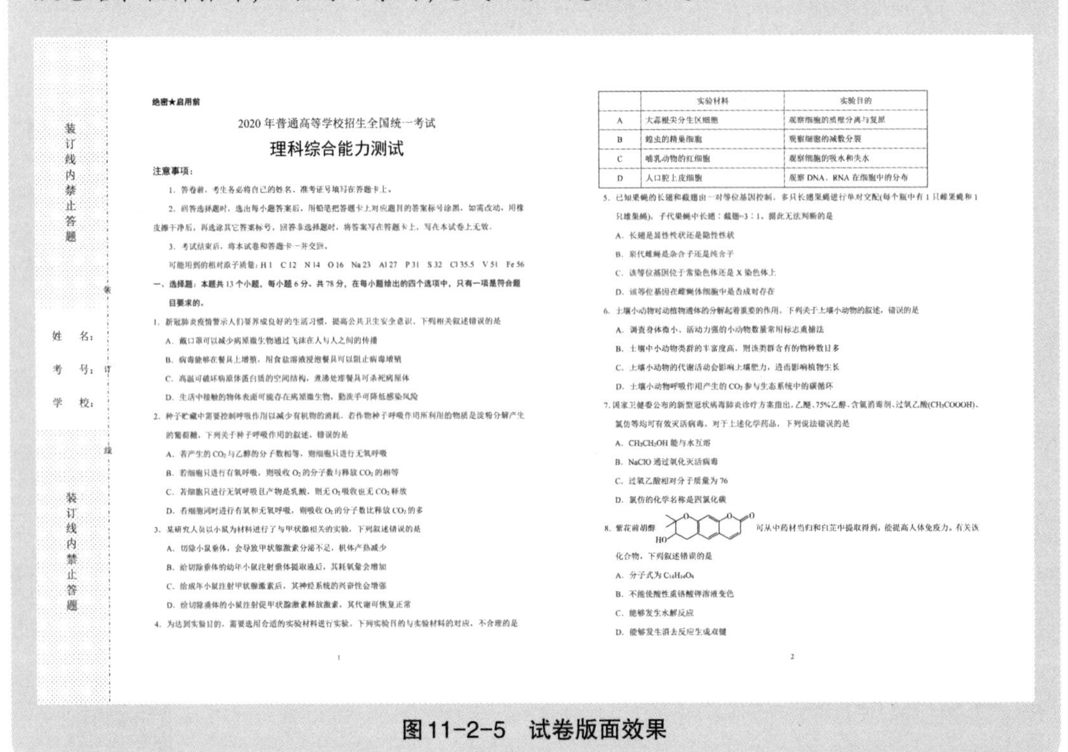

装订线内禁止答题

姓　名：

考　号：

学　校：

装订线内禁止答题

绝密★启用前

2020 年普通高等学校招生全国统一考试

理科综合能力测试

注意事项：

1. 答卷前，考生务必将自己的姓名、准考证号填写在答题卡上。

2. 回答选择题时，选出每小题答案后，用铅笔把答题卡上对应题目的答案标号涂黑。如需改动，用橡皮擦干净后，再选涂其它答案标号。回答非选择题时，将答案写在答题卡上。写在本试卷上无效。

3. 考试结束后，将本试卷和答题卡一并交回。

可能用到的相对原子质量：H 1　C 12　N 14　O 16　Na 23　Al 27　P 31　S 32　Cl 35.5　V 51　Fe 56

一、选择题：本题共 13 个小题，每小题 6 分。共 78 分，在每小题给出的四个选项中，只有一项是符合题目要求的。

1. 新冠肺炎疫情警示人们要养成良好的生活习惯，提高公共卫生安全意识，下列相关叙述错误的是

A. 戴口罩可以减少病原微生物通过飞沫在人与人之间的传播

B. 病毒能够在餐具上增殖，用食盐溶液浸泡餐具可以阻止病毒增殖

C. 高温可破坏病原体蛋白质的空间结构，煮沸处理餐具可杀死病原体

D. 生活中接触的物体表面可能存在病原微生物，勤洗手可降低感染风险

2. 种子贮藏中需要控制呼吸作用以减少有机物的消耗。若作物种子呼吸作用所利用的物质是淀粉分解产生的葡萄糖，下列关于种子呼吸作用的叙述，错误的是

A. 若产生的 CO_2 与乙醇的分子数相等，则细胞只进行无氧呼吸

B. 若细胞只进行有氧呼吸，则吸收 O_2 的分子数与释放 CO_2 的相等

C. 若细胞只进行无氧呼吸且产物是乳酸，则无 O_2 吸收也无 CO_2 释放

D. 若细胞同时进行有氧和无氧呼吸，则吸收 O_2 的分子数比释放 CO_2 的多

3. 某研究人员以小鼠为材料进行了与甲状腺相关的实验，下列叙述错误的是

A. 切除小鼠垂体，会导致甲状腺激素分泌不足，机体产热减少

B. 给切除垂体的幼年小鼠注射垂体提取液后，其耗氧量会增加

C. 给成年小鼠注射甲状腺激素后，其神经系统的兴奋性会增强

D. 给切除垂体的小鼠注射促甲状腺激素释放激素，其代谢可恢复正常

4. 为达到实验目的，需要选用合适的实验材料进行实验。下列实验目的与实验材料的对应，不合理的是

1

	实验材料	实验目的
A	大蒜根尖分生区细胞	观察细胞的质壁分离与复原
B	蝗虫的精巢细胞	观察细胞的减数分裂
C	哺乳动物的红细胞	观察细胞的吸水和失水
D	人口腔上皮细胞	观察 DNA、RNA 在细胞中的分布

5. 已知果蝇的长翅和截翅由一对等位基因控制。多只长翅果蝇进行单对交配(每个瓶中有 1 只雌果蝇和 1 只雄果蝇)，子代果蝇中长翅∶截翅=3∶1。据此无法判断的是

A. 长翅是显性性状还是隐性性状

B. 亲代雌蝇是杂合子还是纯合子

C. 该等位基因位于常染色体还是 X 染色体上

D. 该等位基因在雌蝇体细胞中是否成对存在

6. 土壤小动物对动植物遗体的分解起着重要的作用，下列关于土壤小动物的叙述，错误的是

A. 调查身体微小、活动力强的小动物数量常用标志重捕法

B. 土壤中小动物类群的丰富度高，则该类群含有的物种数目多

C. 土壤小动物的代谢活动会影响土壤肥力，进而影响植物生长

D. 土壤小动物呼吸作用产生的 CO_2 参与生态系统中的碳循环

7. 国家卫健委公布的新型冠状病毒肺炎诊疗方案指出，乙醚、75%乙醇、含氯消毒剂、过氧乙酸(CH_3COOOH)、氯仿等均可有效灭活病毒。对于上述化学药品，下列说法错误的是

A. CH_3CH_2OH 能与水互溶

B. NaClO 通过氧化灭活病毒

C. 过氧乙酸相对分子质量为 76

D. 氯仿的化学名称是四氯化碳

8. 紫花前胡醇 [结构式] 可从中药材当归和白芷中提取得到，能提高人体免疫力。有关该化合物，下列叙述错误的是

A. 分子式为 $C_{14}H_{14}O_4$

B. 不能使酸性重铬酸钾溶液变色

C. 能够发生水解反应

D. 能够发生消去反应生成双键

2

图 11-2-5　试卷版面效果

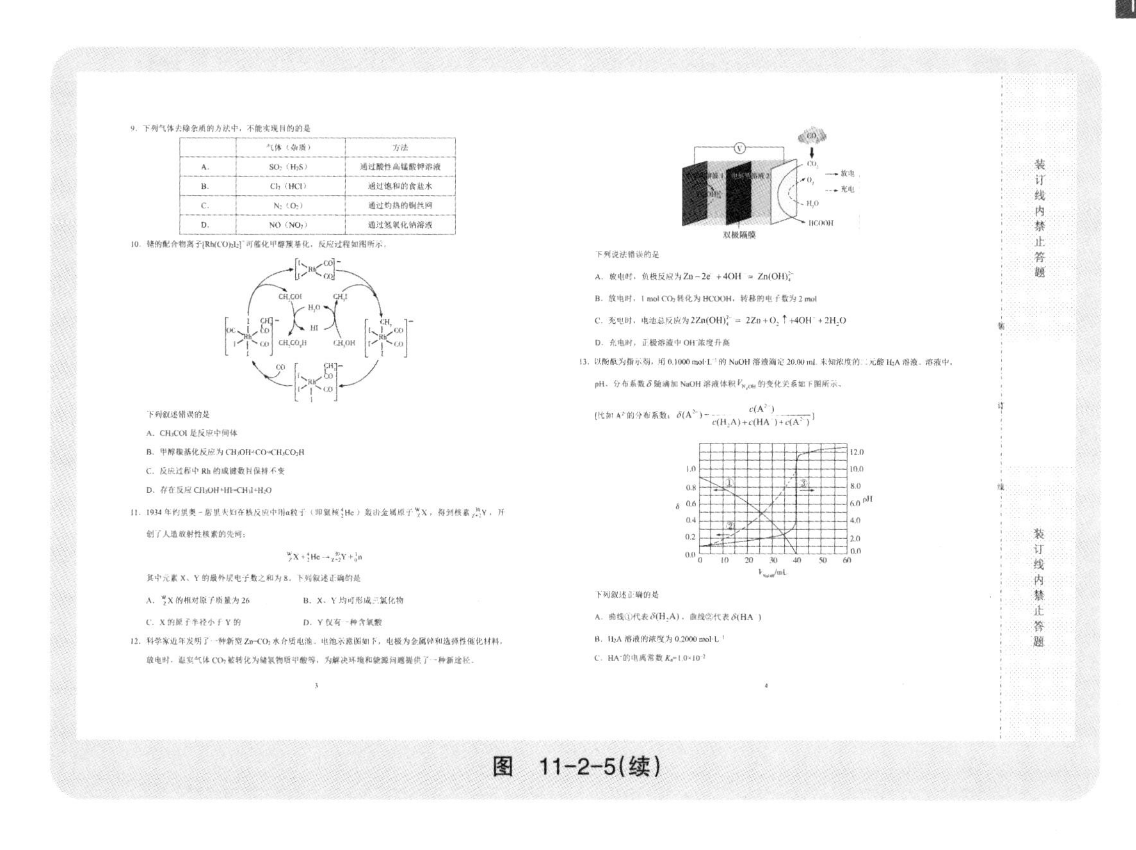

9. 下列气体去除杂质的方法中，不能实现目的的是

	气体（杂质）	方法
A.	SO_2（H_2S）	通过酸性高锰酸钾溶液
B.	Cl_2（HCl）	通过饱和的食盐水
C.	N_2（O_2）	通过灼热的铜丝网
D.	NO（NO_2）	通过氢氧化钠溶液

10. 铑的配合物离子$[Rh(CO)_2I_2]^-$可催化甲醇羰基化，反应过程如图所示。

下列叙述错误的是

A．CH_3COI是反应中间体

B．甲醇羰基化反应为$CH_3OH+CO=CH_3CO_2H$

C．反应过程中Rh的成键数目保持不变

D．存在反应$CH_3OH+HI=CH_3I+H_2O$

11. 1934年约里奥－居里夫妇在核反应中用α粒子（即氦核${}^4_2He$）轰击金属原子${}^W_ZX$，得到核素${}^{30}_{Z+2}Y$，开创了人造放射性核素的先河：

$${}^W_ZX+{}^4_2He\rightarrow{}^{30}_{Z+2}Y+{}^1_0n$$

其中元素X、Y的最外层电子数之和为8。下列叙述正确的是

A．${}^W_ZX$的相对原子质量为26　　B．X、Y均可形成三氯化物

C．X的原子半径小于Y的　　D．Y仅有一种含氧酸

12. 科学家近年发明了一种新型$Zn-CO_2$水介质电池。电池示意图如下，电极为金属锌和选择性催化材料，放电时，温室气体CO_2被转化为储氢物质甲酸等，为解决环境和能源问题提供了一种新途径。

3

下列说法错误的是

A．放电时，负极反应为$Zn-2e^-+4OH^-=Zn(OH)_4^{2-}$

B．放电时，1 mol CO_2转化为HCOOH，转移的电子数为2 mol

C．充电时，电池总反应为$2Zn(OH)_4^{2-}=2Zn+O_2\uparrow+4OH^-+2H_2O$

D．充电时，正极溶液中OH^-浓度升高

13. 以酚酞为指示剂，用0.1000 $mol\cdot L^{-1}$的NaOH溶液滴定20.00 mL未知浓度的二元酸H_2A溶液。溶液中，pH、分布系数δ随滴加NaOH溶液体积V_{NaOH}的变化关系如下图所示。

[比如A^{2-}的分布系数：$\delta(A^{2-})=\frac{c(A^{2-})}{c(H_2A)+c(HA^-)+c(A^{2-})}$]

下列叙述正确的是

A．曲线①代表$\delta(H_2A)$，曲线②代表$\delta(HA^-)$

B．H_2A溶液的浓度为0.2000 $mol\cdot L^{-1}$

C．HA^-的电离常数$K_a=1.0\times10^{-2}$

4

装订线内禁止答题

装订线内禁止答题

图　11-2-5(续)

任务3　文学图书版面排版实践

文学类图书的内容主要是国内外名著、近现代小说、文学作品。文学类图书版面的主要元素是文字，其次是文本，基本没有表格和公式。在我国古代、现代文学和外国文学作品中，可能存在脚注或注释内容，当代小说基本没有脚注或注释。

对于文学类图书，文字内容是主体和核心，版式设计只是装饰，活跃版面。当然，版式新颖，更能得到读者的青睐，让人赏心悦目。在版式设计方面，文学类图书在版式设计时，主要是在篇和章首页、页眉、页脚、边眉上下功夫，以体现此书的文化感、艺术感与独特性。

一、版面效果

这本文学类图书的主体文字版面中规中矩，文字内容只要设置好正文和标题的段落样式，就能轻松完成。图书版面的亮点主要集中在天头、地脚和边眉，页码、边眉和地脚的装饰线条，使版面有设计感，如图11-3-1所示。

002

闲暇的时间静静地看天了。因为总觉着城市的天没有儿时的辽阔也没有少时的静蓝。

今年的秋，来的适然也来的恬淡，刚感觉跨过秋的门槛，脚下便踩到了一片金黄和绵软，一次不经意的抬头看见天上大半轮的月亮居然也明晃晃、白灿灿的在天边挂着。彼时人站在黄河的北岸，一艘搁浅的渔船上，抬眼望去天上泛着灰透着蓝，大半轮的月亮皎洁的像银色的盘，朝着天和上方的半边是匀称的半个圆，另一面则是稍有点凸起的弦。哦，这大概就是人们常说的“上圆月，上半月”。看看手机上的万年历，农历十三，再过两天就是中秋了呀。

人们都说月是故乡明，的确，因为故乡有梦。当美好的东西都能呈现在你的身边，你的眼前的时候，月亮无论在哪里其实都是明亮的。怀着这份美好，应朋友之邀一路向北去寻找草原中的圆月不是人生最大的享受吗?

还真的如愿在北国的城市里看到了十五晚上那如轮般巨大的月亮。一个憨态可掬操一口地道的东北音的老者，支一架天文望远镜帮我们照月，圆梦……

还真的在茫茫的草原仰望夜空，问及灵魂在阴雨的夜空寻觅十五的月亮在十六的晚上真的更圆……

还真的在沙漠里激情冲浪，在蒙古包放歌天堂、人间，围着敖包转圈、手扶转经筒虔诚默念生命轮回要走圆，走圆……

漫步在金秋的原野上，感受着淅淅沥沥的小雨如泣如歌，此时，即便月亮躲在了云里，它也是笑呵着的暂时藏起，因为我相信秋天的路已穿过泥泞会越走越亮，越走越圆……

天凉好个秋

SANWENJI

003

云涌腾越

这是我第二次踏上这片梦幻般的土地，旖旎的风光在这里已绚丽多姿了六百余年了。自打我上次匆匆的眺望了你的轮廓，触摸了你的山脊，你的神奇便深深地刻印在了我的心里，总让我梦牵魂绕。

正月初二，风和日丽，天和洱海一样蓝，辞别苍山大理后，沐着春风，伴着暖阳，数百里沿着绵延崎岖的山路驶行，伴着哈欠连连，困倦袭袭，仍马蹄狂疾一路向西。驰向这极边第一城，就因为急切地盼望着再次读你。

腾冲，滇西。

这里紧临缅甸的密支那，和它搭界的尖高山是旧时茶马古道出境的通道，境内高黎贡山起伏盘绕围合成偌大个盆地。天上和风云涌，山顶阴影随动。城北醉卧着一片湿地，蓝天裹着云朵，花鸟在这里憩栖，与黎人荡舟，时时传出朗声阵阵欢歌笑语。

SANWENJI

004

城南是热海，也就是我们说的温泉，不过这里的水温极高，孕育在地下，有时积久了会形成水爆，也山崩地裂的，今年就发生过很多次，奇迹斑斑，着实让人惊叹。热海大滚锅，堪称天下地质奇迹，围聚在它的周边，顷刻会让你面红耳赤，放置在喷气池边成串的鸡蛋，谈笑间都熟了，透着硫黄的味道让你吃的香甜。

城东多分布着火山，坐热气球飘着向下俯瞰，曾经喷发的火焰堆积后又形成林山，星罗棋布座座都像倒扣着的圆形的盘，大的像锅，小的像碗，甚是壮观。城中有叠水河，瀑布飞流直下，群瀑层层梯递，大小辉映，让人流连忘返。

城中西南隅坐落着极边驰名的和顺古镇，依山而建，鳞次栉比，里弄胡同，青石板铺垫纵横间顺势延伸着，火山石筑砌的台阶，映着天然与谐趣，人们傍水而居。南红、黄玉、珍珠、赌石繁荣着整个街巷。每个店铺的门口不管经营什么都摆放着各色石头，斗大的赌字，招揽着客人们的青睐，让你一睹风采，总想石破天惊。胆壮的有掷万儿八千，一刀下去都想赚个盆满钵满，但终是看的多，问石头价格的多，真掏钱的少。

飞着檐口的房屋青瓦白墙，透着民风淳朴，门匾招牌写着茶马古道的兴盛与繁荣。镇里夺目的牌坊、照壁、祠堂像画师笔下的国画，泼墨在蓝天白云和绿水之间，处处彰显着这里门第的荣耀和下南洋归来后淘回的富足。荷塘边溪水旁大片大片的油菜花和山里红竞相绽放争奇斗艳。

天凉好个秋

SANWENJI

005

夕阳西下，红霞满天，元龙阁旁参天的大树、古木、竹林郁郁葱葱，挺拔俊秀。一汪湖水如镜泊平放，将亭阁楼台倒影衔于其中，学过点风水的人一眼望去便能探究些根脉缘由，前照后靠，祖山环抱。出贤达生尊贵，荫及子孙，啊，这里原是福源灵地的中心。鸭子在河里慢慢地游荡，偌大的水车转动着吱呀作响，卷起涓涓清水，哗哗流淌，流进湖里，流进河里，流进池塘。

傍晚时分街灯霓虹闪亮，鼓乐声下游人牵手，他乡故人相约以月色佐酒，说到当年如痴如癫，此情此景人醉入仙，伴着春风徐徐惠风和畅，由着你静下心来，任着性子慢游，慢品，缱绻徜徉！这等如诗如画般的画面，若长久的定格，可不是我等休闲向往的人间天堂?

新春佳节，择一隅共享，和着这美丽古镇的缤纷时光，是件极快乐的事。

云涌腾越

SANWENJI

图11-3-1　文学类图书版面效果

（版面取用自中国新闻出版研究院的《天凉好个秋》）

二、版面构成解析

（一）正文

版心内的正文内容是相对规整的。长篇小说的篇（或部）首页均是右页起排+背白页或装饰性图案作为隔页。第一章的首页通常是右页起排，后续章节一般是左右均可起排。

（二）页眉、页脚、边眉

页眉就是版面最上面的天头区域，在这个版面中，设计的是对称排版的装饰页码，由页码和圆角装饰线组成，左页是偶数页码，右页是奇数页码，如图11-3-2所示。

图11-3-2　页眉部分设计为页码

页脚就是版面最下面的地脚区域。这本书的页脚没有页码数值，只是一个装饰元素，如图11-3-3所示。

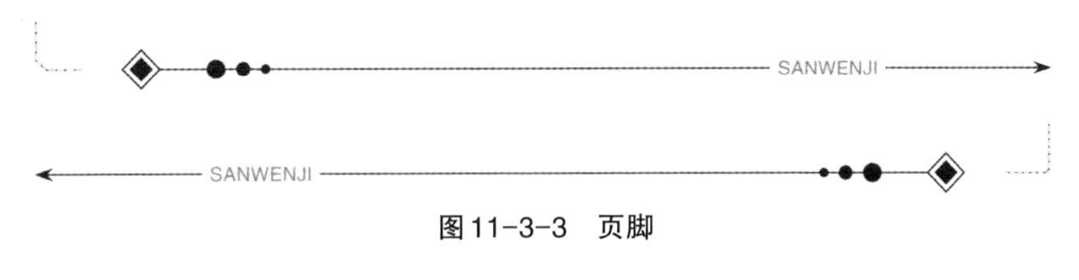

图11-3-3　页脚

边眉指左边眉和右边眉，是对称的。对于这个版面的边眉，左边是书名，右边是章名，并且利用装饰图形点缀，效果如图11-3-4所示。在这之中，由于章名是随时根据页面所在章发生变化的，因此可以用方正飞翔中的文本变量功能的段落文本提取。

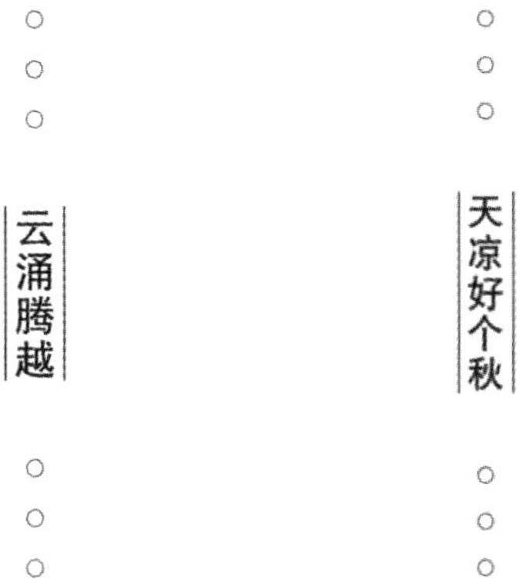

图11-3-4　边眉效果

三、排版步骤概述

（一）新建文件

新建一个大32开的开本，页面大小为：140mm×203mm，页边距为：顶（天头）为25mm、底（地脚）为23mm、外（切口）为18mm和内（订口）为18mm。

设置默认字属性，定义版心字的字体字号、标点和空格类型。这就确定了“基本段落”的文字属性。新建文件后，需要在“文件”→“工作环境设置”→“文件设置”→“默认排版设置”里设置适合出版物的排版设置。

通过以上一系列设置，图书排版文件的版面基本设置就完成了。

（二）制作主页

文学类图书版面需要多主页，不同部分需要应用不同的主页。在这本图书的版面中，一共需要三个主页：第一个是基础主页，图书排版需要设计一个基础主页，存放本书完全相同的装饰，如页码、地脚和边眉，其他主页引用此基础主页，方便排版过程修改；第二个是文前内容的主页文前与正文的页码不同，需要制作不同的主页。除前两者以外，还有正文部分的主页；正文部分也需要制作基于基础主页的不同主页。分别制作章首和正文的主页，章首的边眉可以通过分离主页对象，将边眉内容删掉。

（三）创建段落样式排入Word文件映射到样式

根据图书的需要，创建不同级别标题的段落样式，并将各级标题设置好目录级别，此外，还要创建正文、图说等内容的段落样式。

单击选项卡“插入”→Word，选择需要排入的Word稿件，在“Word导入选项”对话框，建议选择“保留文本的样式和格式”，并且选择“自定义导入样式”，单击“样式映射”，把Word的样式映射到飞翔的样式上，这样就可以在导入Word时就将正文排入和样式应用一次性完成。

四、操作详解

视频31：任务3操作详解

可以扫描右侧的二维码查看完整的操作视频。

五、排版技巧总结与提升

这本文学类图书涉及的排版元素不多，因此排版过程也非常简单，在排版时，需要我们熟练掌握兼容Word时自定义导入样式的设置。导入Word前，就可以将排版的样式设置好，在“Word导入选项”对话框中映射上飞翔的段落样式，导入Word后，正文就可以完成排版，这样对效率的提升是显而易见的。

此外，本书主要是公共部分的装饰，只要将这些装饰和页码放在基础主页中，修改装饰性元素就很省时省力。这个主页的可变书眉，需要使用飞翔文本变量的段落文本制作。

文学类图书排版

如图11-3-5所示，这是4页中国古典文学作品《红楼梦》的版面样例，属于版式比较简单的文学类图书，内容层次也相对较少。请您使用和任务五中相似的排版思路和软件操作，结合练习素材，完成这4个版面的排版。

第二十回

王熙凤正言弹妒意　林黛玉俏语谑娇音

话说宝玉在林黛玉房中说“耗子精”，宝钗撞来，讽刺宝玉元宵不知“绿蜡”之典，三人正在房中互相讥刺取笑。那宝玉正恐黛玉饭后贪眠，一时存了食，或夜间走了困，皆非保养身体之法，幸而宝钗走来，大家谈笑，那林黛玉方不欲睡，自己才放了心。忽听他房中嚷起来，大家侧耳听了一听，林黛玉先笑道：“这是你妈妈和袭人叫嚷呢。那袭人也罢了，你妈妈再要认真排场[1]他，可见老背晦[2]了。”

宝玉忙要赶过来，宝钗忙一把拉住道：“你别和你妈妈吵才是，他老糊涂了，倒要让他一步为是。”宝玉道：“我知道了。”说毕走来，只见李嬷嬷拄着拐棍，在当地骂袭人：“忘了本的小娼妇！我抬举起你来，这会子我来了，你大模大样的躺在炕上，见我来也不理一理。一心只想妆狐媚子哄宝玉，哄的宝玉不理我，听你们的话。你不过是几两臭银子买来的毛丫头，这屋里你就作耗[3]，如何使得！好不好拉出去配一个小子，看你还妖精

① 排场——高压性的批评。
② 背晦——指年老的人神志糊涂
③ 作耗——制造祸端，有意的捣乱或生事、胡闹的意思

206

王熙凤正言弹妒意　林黛玉俏语谑娇音

似的哄宝玉不哄！”袭人先只道李嬷嬷不过为他躺着生气，少不得分辨说“病了，才出汗，蒙着头，原没看见你老人家”等语。后来只管听他说“哄宝玉”、“妆狐媚”，又说“配小子”等，由不得又愧又委屈，禁不住哭起来。

宝玉虽听了这些话，也不好怎样，少不得替袭人分辨病了吃药等话，又说：“你不信，只问别的丫头们。”李嬷嬷听了这话，益发气起来了，说道：“你只护着那起狐狸，那里认得我了，叫我问谁去？谁不帮着你呢，谁不是袭人拿下马来[1]的！我都知道那些事。我只和你在老太太，太太跟前去讲了。把你奶了这么大，到如今吃不着奶了，把我丢在一旁，逞[2]着丫头们要我的强。”一面说，一面也哭起来。彼时黛玉宝钗等也走过来劝说：“妈妈你老人家担待他们一点子就完了。”李嬷嬷见他二人来了，便拉住诉委屈，将当日吃茶，茜雪出去，与昨日酥酪等事，唠唠叨叨说个不清。可巧凤姐正在上房算完输赢帐，听得后面声嚷，便知是李嬷嬷老病发了，排揎宝玉的人。——正值他今儿输了钱，迁怒于人。便连忙赶过来，拉了李嬷嬷，笑道：“好妈妈，别生气。大节下老太太才喜欢了一日，你是个老人家，别人高声，你还要管他们呢，难道你反不知道规矩，在这里嚷起来，叫老太太生气不成？你只说谁不好，我替你打他。我家里烧的滚热的野鸡，快来跟我吃酒去。”一面说，一面拉着走，又叫：“丰儿，替你李奶奶拿着拐棍子，擦眼泪的手帕子。”那李嬷嬷脚不沾地跟了凤姐走了，一面还说：“我也不要这老命了，越性今儿没了规矩，闹一场子，讨个没脸，强如受那娼妇蹄子的气！”后面宝钗黛玉随着。见凤姐儿这般，都拍手笑道：“亏这一阵风来，

① 拿下马来——降服
② 逞——带有鼓励作用的纵任。

207

第　二　十　回

把个老婆子撮了去了。”宝玉点头叹道：“这又不知是那里的帐，只拣软的排揎。昨儿又不知是那个姑娘得罪了，上在他帐上。”一句未了，晴雯在旁笑道：“谁又不疯了，得罪他作什么。便得罪了他，就有本事承任，不犯带累别人！”袭人一面哭，一面拉着宝玉道：“为我得罪了一个老奶奶，你这会子又为我得罪这些人，这还不够我受的，还只是拉别人。”宝玉见他这般病势，又添了这些烦恼，连忙忍气吞声，安慰他仍旧睡下出汗。又见他汤烧火热，自己守着他，歪在旁边，劝他只养着病，别想着些没要紧的事生气。袭人冷笑道：“要为这些事生气，这屋里一刻还站不得了。但只是天长日久，只管这样，可叫人怎么样才好呢。时常我劝你，别为我们得罪人，你只顾一时为我们那样，他们都记在心里，遇着坎儿，说的好说不好听，大家什么意思。”一面说，一面禁不住流泪，又怕宝玉烦恼，只得又勉强忍着。

一时杂使的老婆子煎了二和药[1]来。宝玉见他才有汗意，不肯叫他起来，自己便端着就枕与他吃了，即命小丫头子们铺炕。袭人道：“你吃饭不吃饭，到底老太太，太太跟前坐一会子，和姑娘们玩一会子再回来。我就静静的躺一躺也好。”宝玉听说，只得替他去了簪环，看他躺下，自往上房来。同贾母吃毕饭，贾母犹欲同那几个老管家嬷嬷斗牌解闷，宝玉记着袭人，便回至房中，见袭人朦朦睡去。自己要睡，天气尚早。彼时晴雯，绮霰，秋纹，碧痕都寻热闹，找鸳鸯琥珀等耍戏去了，独见麝月一个人在外间房里灯下抹骨牌。宝玉笑问道：“你怎不同他们玩去？”麝月道：“没有钱。”宝玉道：“床底下堆着那么些，还不够

① 二和药——中药服法，普通汤药是用水煎药，澄出药汤，叫作“头煎药”或“头和药”，先服；原药材再加水煎，再澄出，叫作“二煎药”或“二和药”，续服。

208

王熙凤正言弹妒意　林黛玉俏语谑娇音

你输的？”麝月道：“都玩去了，这屋里交给谁呢？那一个又病了。满屋里上头是灯，地下是火。那些老妈妈子们，老天拔地，伏侍一天，也该叫他们歇歇，小丫头子们也是伏侍了一天，这会子还不叫他们玩玩去。所以让他们都去罢，我在这里看着。”

宝玉听了这话，公然又是一个袭人。因笑道：“我在这里坐着，你放心去罢。”麝月道：“你既在这里，越发不用去了，咱们两个说话玩笑岂不好？”宝玉笑道：“咱两个作什么呢？怪没意思的，也罢了，早上你说头痒，这会子没什么事，我替你篦头罢。”麝月听了便道：“就是这样。”说着，将文具镜匣搬来，卸去钗钏，打开头发，宝玉拿了篦子替他一一的梳篦。只篦了三五下，只见晴雯忙忙走进来取钱。一见了他两个，便冷笑道：“哦，交杯盏[1]还没吃，倒上头了！”宝玉笑道：“你来，我也替你篦一篦。”晴雯道：“我没那么大福。”说着，拿了钱，便摔帘子出去了。

宝玉在麝月身后，麝月对镜，二人在镜内相视。宝玉便向镜内笑道：“满屋里就只是他磨牙。”麝月听说，忙向镜中摆手，宝玉会意。忽听唿一声帘子响，晴雯又跑进来问道：“我怎么磨牙了？咱们倒得说说。”麝月笑道：“你去你的罢，又来问人了。”晴雯笑道：“你又护着。你们那瞒神弄鬼的，我都知道。等我捞回本儿来再说话。”说着，一径出去了。这里宝玉通了头，命麝月悄悄的伏侍他睡下，不肯惊动袭人。一宿无话。至次日清晨起来，袭人已是夜间发了汗，觉得轻省了些，只吃些米汤静养。宝玉放了心，因饭后走到薛姨妈这边来闲逛。彼时正月内，学房中放年学，闺阁中忌针，却都是闲时。贾环也过来玩，正遇见宝钗，香菱，莺儿三个赶围棋作耍，贾环见了也要玩。宝钗素习

① 交杯盏——古时婚礼，新郎新妇交换着饮两杯酒，叫作“交杯”，新郎为新娘该梳发髻和加簪饰物叫作“上头”。下文“通头”是指梳通头发。

209

图11-3-5　文学类图书版面效果

（版面取用自人民文学出版社的《红楼梦》一书）

任务4　期刊版面排版实践

党刊杂志是政府机关单位系统的期刊。党刊以理论性、行业权威性、指导性为主的文章为内容特点。党刊通常不会页数很多，版式也相对固定。以文字为主，插图是配合文章内容的新闻图片，版面装饰也较少，基本没有表格和公式。

一、版面效果

党刊的版面效果如图11-4-1所示。

经济运行稳定恢复　发展韧性持续彰显

经济运行稳定恢复 发展韧性持续彰显

宁吉喆

今年前三季度，面对新冠肺炎疫情巨大冲击和复杂严峻国内外环境，以习近平同志为核心的党中央高瞻远瞩、统揽全局，以非常之举应对非常之事，果断作出统筹疫情防控和经济社会发展重大决策。各地区各部门团结奋战、迎难而上，坚决贯彻落实党中央、国务院决策部署，奋力夺取抗疫斗争和"六稳""六保"积极成果。在全国上下共同努力下，我国疫情防控取得重大战略成果，经济发展稳步恢复。前三季度，我国经济增长由降转升，供需关系逐步改善，市场活力不断增强，就业民生保障有力，社会大局保持稳定，创造了全球瞩目的发展成绩，为全面建成小康社会奠定了坚实基础。

一、统筹协调正确决策，经济运行逐步恢复

面对新冠肺炎疫情的空前挑战，以习近平同志为核心的党中央以坚定果断的勇气和坚韧不拔的决心，迅速打响疫情防控的人民战争、总体战、阻击战，统筹推进疫情防控和经济社会发展，抓紧恢复生产生活秩序，我国经济在巨大困难挑战中实现了持续稳定复苏。

经济景气逐步复苏。一季度主要经济指标大幅下降，国内生产总值(GDP)同比下降6.8%，固定资产投资下降16.1%，社会消费品零售总额下降19.0%。二季度主要经济指标止跌企稳，国内生产总值同比增长3.2%，社会消费品零售总额下降3.9%，上半年固定资产投资下降3.1%。三季度主要经济指标稳定恢复，国内生产总值同比增长4.9%，社会消费品零售总额增长0.9%，前三季度固定资产投资增长0.8%。

供需关系日益改善。工业率先恢复，服务业跟进复苏，4月份规模以上工业增加值增速转正，5月份服务业生产指数实现正增长。投资率先恢复，消费接续改善，4月份固定资产投资当月增速转正，8月份社会消费品零售总额恢复正增长。上游行业率先恢复，下游行业复苏步伐逐渐加快，4月份规模以上装备制造业增加值同比增速转正，9月份规模以上消费品制造业增加值同比由降转升。大中型企业率先回升，小微企业逐步恢复，9月份小型企业制造业采购经理指数(PMI)为50.1%，6月份以来首次升至荣枯线以上。

质量效益稳步提升。随着复工复产扎实推进、经济秩序逐步恢复，三季度，全国工业产能利用率达到76.7%，比二季度回升2.3个百分点，已恢复至近年较高水平。助企纾困政策取得积极成效，企业效益持续好转。9月份，规模以上工业企业利润同比增长10.1%，连续5个月正增长。

中国经济风景独好。全球主要经济体深度衰退，二季度美国、欧元区、日本GDP同比分别下降9.0%、14.8%、9.9%；英国共识公司预测，三季度美国、欧元区、日本GDP同比分别下降4.6%、7.3%、6.8%。国际货币基金组织(IMF)最新预测今年全球经济将萎缩4.4%，中国将是世界主要经济体中唯一保持正增长的国家。我国疫情防控和经济复苏走在全球前列，彰显了中国经济抗冲击的韧性、强大的修复能力和旺盛的生机活力。

二、精准实施宏观政策，四大宏观指标稳中有进

今年以来，我国强化宏观政策整体谋划和跨周期设计，创新宏观政策实施方式，财政政策更加积极有为、注重实效，货币政策更加灵活适度、精准导向，就业优先政策全面强化，一系列宏观经济政策有力有效、成果凸显，四大宏观指标持续恢复。

经济增长由负转正。初步核算，前三季度，国内生产总值722786亿元，同比增长0.7%，上半年为下降1.6%。其中，第一产业增长2.3%，第二产业增长0.9%，第三产业增长0.4%，三次产业增速全部转正。

就业总体稳定。前三季度，城镇新增就业898万人，基本完成全年900万人的预期目标。

求是 QIUSHI 2020·21　30

31　求是 QIUSHI 2020·21

图11-4-1　党刊版面效果

（版面改编自《求是》2020年11月刊）

二、版面构成解析

杂志的页面包括封面、封二、导读、目录、正文、封三和封底。其中封面、封二、封三、封底一般是单独由美术编辑设计。

(一)页眉页脚

页眉就是版面最上面天头区域的装饰和内容,对于党刊来说,页眉一般是杂志栏目名或文章标题。页脚是版面最下面的地脚区域,对于这个版面来说,页脚由杂志名称和页码组成。

(二)版心的布局与元素

对于这一版面,版心主要由分两栏的文章主体和图片构成,一般党刊的文章根据重要性,或按照专栏划分,依次排序。每篇文章都是另起一页。版心排版的正文内容一般以字数为单位,分为两栏的情况比较常见。

三、排版步骤概述

(一)新建文件

这个版面设置以字为单位设置。新建一个文件,页面大小为:266mm×200mm,单击“高级”,在版心背景格中,将版心调整类型设置为自动调整边距,背景格类型设置为稿纸,字号为五号字,然后设置版心部分,先将栏间定义为2字后,将栏数设置为2栏,栏宽为20字,行距为0.6字,行数为36行;再将自动调整边距设置为先修改垂直—底边距,设置页面边距顶28mm,然后再设置“水平—外边距”,外空17mm。

设置缺省字属性,定义版心字的字体、标点和空格类型,这就确定了“基本段落”的文字属性。新建文件后,需要在“文件”→“工作环境设置”→“文件设置”→“默认排版设置”里设置适合出版物的排版设置。

通过以上一系列设置,党刊版面的基本设置就完成了。

(二)制作主页和可变页眉

当党刊版面中的页眉为可边页眉,即每个页眉上的文字都需要跟随文章标题变化时,就需要用到飞翔文本变量的段落文本功能,将应用了大标题段落样式的内容提取到文字块中。与此同时,在主页中也可以设定段落文本的格式和样式,以及用于页眉的装饰性元素。

(三)创建段落样式

一篇文章一般一定会包含几个样式:大标题、作者、小标题、正文,其中大标题的样式对书眉的产生至关重要。即使每篇文章的标题实际样式有所差别。但建议也是先应用这个大标题的样式后,再进行其他格式的设置。其他的样式,和大标题在格式上应有所区别。

(四)排入Word文件

单击选项卡“插入”→Word,选择需要排入的Word稿件,在“Word导入选项”对话框,建议选择“保留文本的样式和格式”,并且选择“自定义导入样式”,单击“样式映射”,把Word的样式映射到飞翔的样式上,这样就可以在导入Word时就将正文排入和样式应用一次性完成。

四、操作详解

可以扫描右侧的二维码查看完整的操作视频。

视频32:任务4操作详解

五、排版技巧总结与提升

对于可变页眉,可以使用段落文本变量的功能,无须逐一在页眉上录入。章标题的段落样式,设置为段落文本变量,边眉上的章标题就能自动提取出来,并能实时更新。

对于期刊的标题,由于在正文中有分栏的处理,所以如果直接更改标题字号、段前距和段后距,就会造成左右两栏文字无法对齐的结果,规范的处理是给这些标题设置纵向调整的参数,使其占正行的位置,这样才不会影响到其他对齐的效果。

此外,在段落中有一些小标题效果,并非和该段落的其他文本使用的是同一种字体,对于这种效果,可以通过段落样式的嵌套样式实现。这些段落中的标题如果没有标点符号的分割,或者其他样式上的规律,也可以应用正则表达式查找内容和替换为特定的格式。

实践练习

期刊的排版

如图11-4-2所示,这是4页《读者》的版面样例,属于图文混排的杂志版面。请您使用与任务四相似的排版思路和软件操作,结合练习素材,完成这4个版面的排版。

文苑

跳大海的人

◉[法]皮埃尔·贝勒马尔 ◎邓祚礼 译

男的个子矮小,膀大腰圆,肌肉发达。他以立正的姿势站在悬崖上,两只手顺着身子伸得笔直。游客像一群嗡嗡叫的苍蝇,围着他,向他晃着照相机。

这些游客是被一位导游带到阿卡普尔科城的一个大宾馆的。他们驱车来到墨西哥这个偏僻的海岸边,是受到这样一个口号的蛊惑:"去看一个可能死在您面前的人。"

站在悬崖边的人叫米亚,是印第安人。他的肤色有如红铜,眼睛恰似煤玉般黑亮。

他有多大年纪?30岁、40岁,还是50岁?很难说。这是一个面部光滑、看不出年纪的人,身上穿着褪了色的、大腿处撕裂的粗布短裤。

他的胸脯上横斜着好几道像被刺刀划过的伤痕。他的胸肌极为发达,肋骨隆起,肌肉滚圆。

他摆好姿势让游客拍照,但没有笑意,面部表情奇怪而凝重,既无欢乐,也无忧愁,表现出忍耐或极其顺从的神情。他不说话,任凭游客围着他转,几乎要碰着他的身体。他听着游客叽里呱啦地议论,始终一言不发。

导游向游客介绍,米亚是恰帕斯山的印第安人,他和他的妻子以及7个孩子住在附近的一个山洞里。

他的大儿子叫托克庞,13岁,将学习做一个"可能死在您面前的人"。因为米亚从事的是危险职业,要是明天他死了,不能养家了,托克庞就要继承他的衣钵。

为了得到每个游客10个比索,仅仅10个比索,等会儿米亚将要冒死往下一跳。

导游指着悬崖峭壁上的一个小平台给游客看——米亚要从那里跳下去。崖下是太平洋,海水在一个狭隘的小湾里翻涌,拍打着礁石,溅起浪花。从平台到水面高36米。

游客们胆战心惊地俯身去看,发出轻微的惊叫声。一位夫人看了头晕,连忙挽住丈夫的手臂;另一位夫人则用绳子拉住她的小孩。

导游还解释,低潮时,海湾里的水不够多,不能跳。因此,要等到涨潮时才能跳,届时水深将会达到3.6米。多年来,当有游客来时,印第安人米亚就会这样做,若不能成功,相当于自杀!

20分钟后水位才能达到最深。在此期间,"这些游客能乐意买些纪念品就好了",如一些明信片、贝壳、项链。米亚现在需要养精蓄锐,尤其是晚上,每只手拿着火把跳时更应如此。这可是加倍的冒险。为了这加倍的冒险,这些游客会多给几个比索……导游滔滔不绝,很会做生意,麻利地继续他的小买卖。他从口袋里掏出常卖的小玩意儿,一只手递给游客,一只手收钱。他有如安装在弹簧上的黄鼠狼玩具一样,伸缩着手臂。只有那印第安人米亚,在悬崖上用慢动作做着准备。他开始往自己身上擦一种暗绿色的荧光药膏。夕阳的余晖将

1

文苑

他裹起来,将他变成一尊雕像。

托克庞坐在他父亲脚下,像供祭器一样地替父亲托着膏药盘子。他既害怕,又很骄傲,因为这是他第一次为父亲做事。对富有阅历的游客来说,这是一张壮丽的照片。父亲和儿子似乎没意识到他们所展现的形象……但他们真是这样的吗?由导游孜孜不倦地进行评述的

这些演出,不会是在装腔作势吧?然而父亲和儿子看起来完全超然于观众之外。现在,米亚跪在深渊之上,双手合十,脑袋低垂。孩子的姿势和他一样。

导游站得远远地说,米亚正在冥思和祈求上帝让他活下去。时间近了,离米亚冒死一跳只差10分钟,为了一饱眼福,游客必须离开当跳台的岩石,聚集到100米以外的另一处悬崖上去。

叽里呱啦的人群尾随导游迅速离开。此时,一个配有电灯的卖香肠和汽水的小贩出现了,向游客推销两比索一份的三明治。

那边岩石上,米亚和他的儿子托克庞始终在两盏聚光灯的光束中祷告。

天气闷热,太阳整个儿沉到大洋中,留下的金色的雾霭逐渐化为青蓝色。

米亚站起来,那1.6米高的荧光发亮的身形剪影,在夜色中使游人发出"啧啧"的赞美声。

游客俯身赞叹波浪起伏的大洋。沿悬崖安装的聚光灯,照亮跳海者将要跳下去的路线。

人们低声议论,发出感叹,谈论着那沿峭壁凸出的岩石所显露的危险。

在完成唯有他知道的跳水仪式时,米亚做着一些姿态奇特的低头弯腰的动作,后退,前进,再后退,拉长四肢兀立在夜色中,犹如他拿着光在演出一样。他脑瓜上扣了一顶黑色棉帽子,现在只穿一条很小的缀着闪光片的游泳裤。

最后,他站在岩上不动,手握着儿子递给他的两支火把。

他的脚在慢慢地向岩边挪动,直到脚趾伸过岩石,牢牢钩住石头,不再动弹。

托克庞和他父亲一样,一动也不动,身穿一条没有花色的短运动裤,俨然是他父亲的小化身:同样的体形,同样神秘的面孔,同样聚精会神,也许将来有一天会学父亲做同样的营生。

时间一秒秒过去,只听到36米深的深渊之下惊涛拍岸的声音。大家默不作声。一种紧张感从印第安人的肉体上显现出来,它告诉游客,跳的时刻就要到了。

米亚伸展身子,从胸腔里爆发出一声大叫——一声声嘶力竭的狂叫。他举起双手,身子突然一松,便朝着闪光的水面飞去。几乎同时,他身子在那里砸起一个白色的麦束状水柱。他跳时扔出的火把在水面熄灭,发出"嗞嗞"的响声。

这一切转瞬即逝,游客只来得及发出一阵"啊啊"的惊呼声。大家俯下身子,在光线强烈的聚光灯下搜寻那即将露出水面的潜水者的脑袋。他本应一下就浮出水面。但有人号叫起来……起初,大家既不知道是谁在叫,也不知为什么叫,因为在那下面什么都看不见。但声音是从上面发出来的。原来是托克庞!他明白了,他比大家更早明白了父亲为什么还没浮出来!

他站在悬崖边上叫喊,整个身体朝向天空。人们注视着他,寻思着这场戏是否还要继续下去。在下面,在他父亲身体消失5秒到10秒的地方,海水又卷起一个漩涡。而这漩涡尚未合拢又打开了,因为站在崖边号叫的托克庞跳下去了,而且那号叫之声湮没在另一个、比先前小得多的麦束状水柱里。

这天晚上,在阿卡普尔科的海岸边,米亚双手抱着他儿子托克庞的尸体从水里浮出来。他13岁的儿子死了,颅骨摔碎了。

米亚原想教他的儿子怎样做一个"可能死在您面前的人",这是他教的第一课。

然而为了这第一课,这一晚,米亚忘了告诉他儿子,有时为了吓一吓游客,他要在水下多待一会儿,让他们认为自己险些淹死了,为此好多获得一些小费。当游客多的时候,这样做值得……他忘记了他的生命是一种买卖。于是,他为游客献出了一个孩子,孩子在游客面前死了。

(秋水长天摘自花城出版社《有一天发生的事1》一书,李晓林图)

2

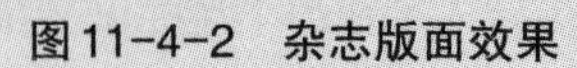

图11-4-2 杂志版面效果

话　题

钱的匮乏始于爱的匮乏

●陈海贤

知乎上有一个关于"贫穷会导致判断力下降吗?"的帖子,让我受益良多。排名第一的答案,是某位"知友"的自述。

这位"知友"小时候家里很穷。少年时代,他的父母又相继过世,家里只剩一个哥哥和一个弟弟。上大学时,他的学费要靠亲戚和刚上班的哥哥接济,生活费则要靠自己做家教、写文章挣取,生活非常困顿。因为贫穷,他放弃了当导演的梦想,早早开始工作,努力挣钱。为了挣更多的钱,他变得短视,不停地在各个互联网公司之间跳来跳去。他说:"那时候,只要别人给的薪水比正从事的工作高,不管是高500元还是1000元,我都会毫不迟疑地跳槽。我面对的问题,往往不是耐不耐得住贫穷的问题,而是多100元总比少100元要好得多的问题。"

因为频繁跳槽,他失去了好几次真正摆脱贫穷的机会——这些机会只需要他放弃挣扎、安心等待就可以得到。他待过的好几家公司,要么上市,要么被收购,如果继续待着,他很可能因为期权变得身家千万甚至上亿,但他等不了。蹉跎多年以后,他总结说:"如果把我走过的这40年比作一场战争,那我就是一支一直粮草不足的军队。做不了正规军,只能做胸无大志、不想明天的流寇。"

从文章的描述看,这位"知友"无疑非常努力上进,在他的圈子里也很厉害。可就是这样的人,在年轻时也没能摆脱贫穷的影响,这真让人感慨。

贫穷导致的匮乏,大部分以"缺爱"始,以"不安"终。因为孩子最初并不会知道喝米汤和喝进口奶粉、在农村和在繁华都市、住集体宿舍和住豪华别墅的区别。他们对世界的观感仅限于当他们渴了、饿了,有没有人来满足他们;当他们需要时,母亲能否提供温暖的怀抱,这是安全感最初的来源。可糟糕的是,贫穷也会影响母亲。处于匮乏中的母亲会更焦虑,对孩子更不上心。她们无法给孩子提供安全的依恋感,反而很容易把她们自身的焦虑传递给孩子。

如果把人的大脑比作一个火警报警器,早期的匮乏会让这个报警器更加敏感。而当下的、将来的或想象中的匮乏又会变成触发警报的信号,让大脑处于一片慌乱之中。当大脑兴师动众地组织救火时,却常常发现自己只是在应付一个冒火的垃圾桶。久而久之,大脑里的这支"消防队"就会极度疲惫,人也很难沉下心来专心做事、谋划未来。

匮乏会俘获我们的注意力。一个常年吃饱饭的人,偶尔饿一顿,可以心安理得地把它当作减肥。而一个常年挨饿的人,会因为挨饿而产生恐惧。这种恐惧会让他把所有的注意力都集中在获取食物上。同样,一个穷人,也会只想着挣钱,不顾其他。

行为经济学家穆来纳森和沙菲尔在《稀缺》一书中指出,长期的资源匮乏会导致大脑的注意力

3

点　滴

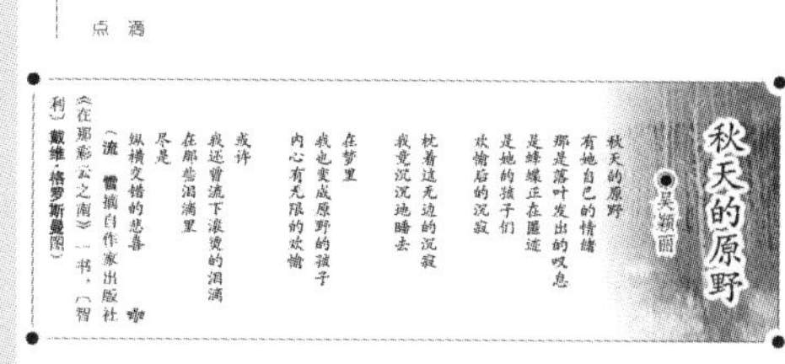

被稀缺资源俘获。当注意力被太多的稀缺资源占据后,人会失去理智决策所需要的认知资源。他们把这种认知资源叫作"带宽"。"带宽"的缺乏会导致人们过度关注当前利益而无法考虑长远利益。一个穷人为了满足当前的生活,不得不精打细算,没有任何"带宽"来考虑投资和发展事宜。而一个过度忙碌的人,为了赶截止日期,也不得不被那些最紧急的任务拖累,没有时间去做真正重要的事情。

所以,匮乏并不只是一种客观状态,也是一种心理模式。即便有人幸运地暂时摆脱了匮乏的状态,也会被这种匮乏造成的心理模式纠缠很久,这种心理模式很容易让他重新陷入匮乏。

我的家乡所在的城市有座小岛,岛上的人很穷,世代以捕鱼为生。二三十年前,上海市要在那边建造一个港口,开始对岛上的居民进行拆迁补偿。于是,这些原本贫穷的渔民每家都拿到了一笔几十万元的拆迁补助,这在当时可算是一笔巨款。按当时的政策,他们可以选择在舟山的其他岛上落户,政府帮他们建房子,他们继续捕鱼;也可以选择在上海落户,当时这笔钱够他们直接在上海买房子。

可是前几年,我去当地调研,却惊奇地发现岛上不少人重新回归贫穷。究其原因,是这些原本贫穷的渔民忽然变得有钱以后,并不知道怎么用这笔钱来发展持续的竞争力。他们当时的感觉是:终于不用捕鱼了,有这么多钱,我可以享清福了!于是一些人开始游手好闲,还有一些人开始赌博。20年后,他们发现原先补助的那些钱,要么被花光了,要么已经大幅贬值,他们又回到了起点。

对穷的焦虑,除了匮乏,还有一些别的。设想一下,假如以我们现在的物质水平,回到20年前,会怎么样?不提房子了,一提房子,什么理论都失效。如果只是比较绝对的物质水平,我们很多人在那时候都算富人了。别的不说,现在人人都有的智能手机,在那时候,怎么也算奢侈品了。

那为什么我们不觉得自己富呢?因为穷和富说的并不是物质水平的高低——物质水平总会随着社会的发展水涨船高,穷和富说的是社会阶层和社会地位的高低。我们害怕穷的标签,不仅是怕物质的匮乏,更是担心因此被看作社会底层的失败者,被人看不起。

我曾在佛学院教过一段时间心理学。上课的大都是出家人,他们没有钱,但也没有"钱越多越有价值"的想法。因此,物质匮乏很少让他们产生困扰——既然有饭吃,有床睡,还要求什么呢?

我自己也感受过穷的窘迫。在我上初中那年,因为要读好一点的学校,父母带着我从小岛搬到市区。现在想来,那也不过是座更大的岛,但对当时的我来说,那已经是更大的世界了。那时候,看着班里的同学,我经常觉得自己穷。这种感觉直到上了大学才彻底扭转。不是因为我们家忽然变富了,而是因为大学寝室的同学来自全国各地,有陕西、山西、辽宁、山东等,其中还有几个是从农村出来的。我因为来自相对富裕的沿海城市,被大家当作富人了。虽然是"被富裕"的,但我仍然感觉好极了。

（刘　振摘自江西人民出版社《幸福课》一书,辛　刚图）

4

图　11-4-2(续)

（版面改编自《读者》2021年第1期）

任务5　公文的排版实践

公文版式是一种对格式要求相对严格的版式。下面我们用一个示例来介绍一下针对格式要求严格的板式应该如何制作。

一、版面效果

通过公文版面的效果图,可以看到公文的版面元素、布局结构与效果,如图11-5-1所示。版面中的元素包括版心和边空、内容主体、页码;版头、标题、版记、盖章等。

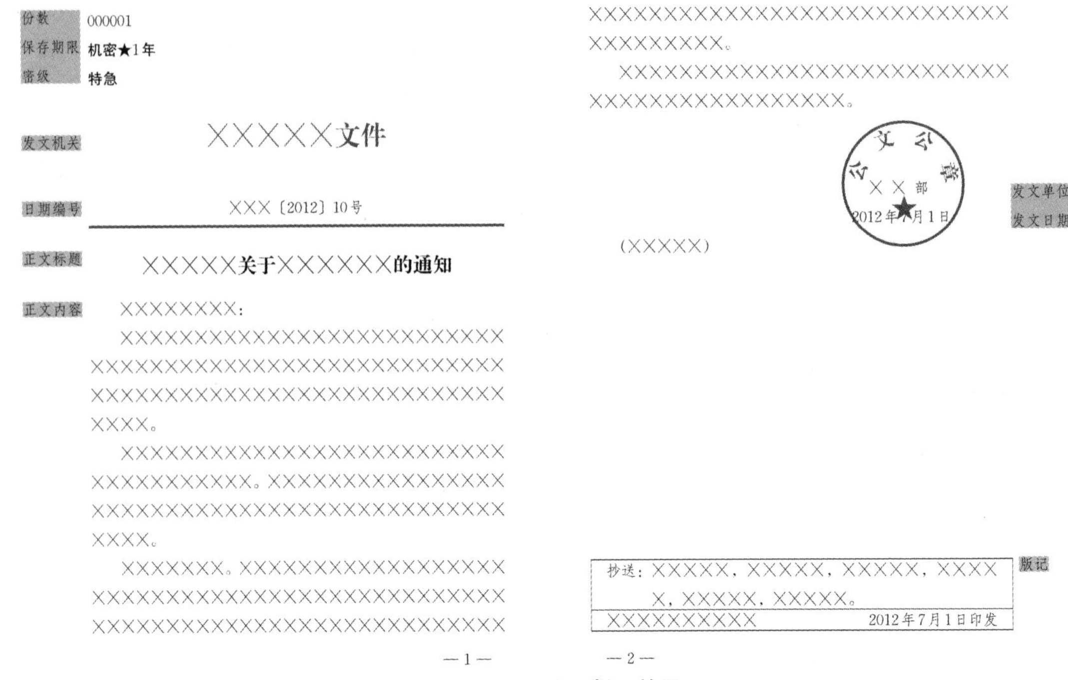

图11-5-1 公文版面效果

二、版面构成解析

（一）版式与布局

这一公文版面符合公文排版的一般规范，页面大小为A4，此外，天头（上页边距）为37mm，订口（左页边距）为28mm，版心尺寸为156mm×225mm。版心内字体为三号仿宋，版心可容纳22行，每行28字，行距为7/8。

在排版时，字号与mm的换算并非整数，所以由此字为单位设置的会与之前的版心尺寸有偏差，在这个案例中，我们以字为单位来讲解具体的设置和操作。

（二）页码

公文中存在页码，以让读者辨别公文页面的顺序。页码为四号白体，页码的前后装饰为一字线，页码距版心底边边距为7mm，外边边距为1字。

（三）版头

公文的版头由份号、密级、保密期限、发文机关、版头分割线五部分个构成，如图11-5-2所示。

份号为6位数字版心，位于页面左上角第一行；密级和保密期限为三号黑体，位于页面左上角第二、三行；发文机关在此版面中的格式为一号小标宋字体，在页面中居中放置；版头分割线要求在发文机关内容之下4mm，与版心等宽，采用1mm的红色实线。

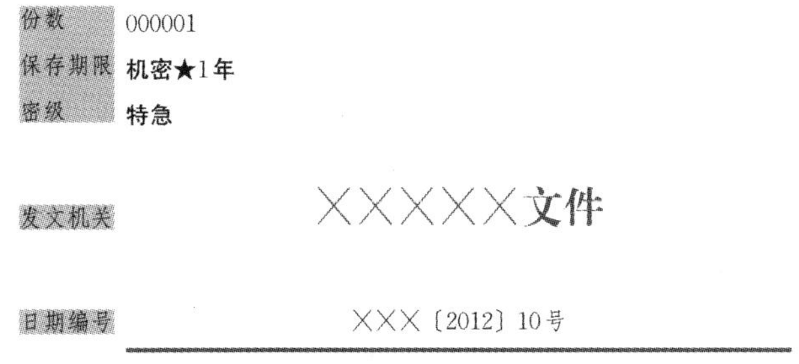

图11-5-2 公文版头

（四）公文文本

在公文的文本中，标题一般使用的是二号小标宋，居中放置；正文在这一版面中为三号仿宋。

（五）单位落款及盖章

在此公文版面中，也可以通过方正飞翔来模拟一下公文中单位落款及盖章的效果，如图11-5-3所示。

图11-5-3 公文落款

在此效果中，单位落款一般的位置是居右空5.5字，日期的位置为居右空4字。

（六）版记

版记的效果如图11-5-4所示。版记的水平分隔线，为首末为0.35mm的粗线，中间为0.25mm的细线。版记一般使用四号仿宋，左右缩进量为1字，并且要求使用全身冒号，折行与冒号后文字对齐。

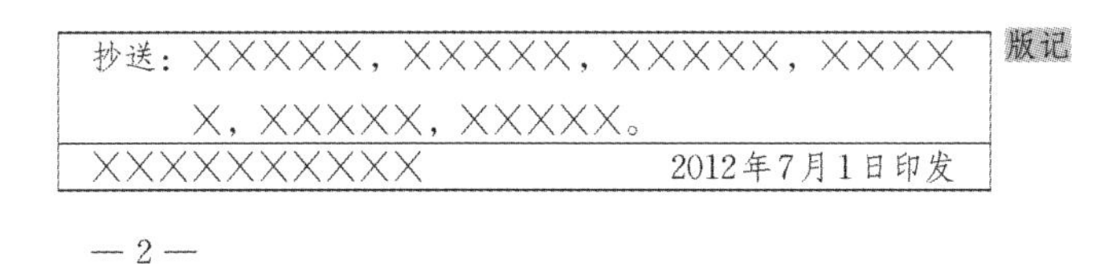

图11-5-4 版记

三、排版步骤概述

（一）新建版面

将页面大小位置为A4，在版心背景格中，将版心调整类型设置为自动调整边距。背景格类型设置为稿纸，背景格字号设置为三号。然后设置版心部分，先将栏间定义1字后，将栏数设置1栏，栏宽28字，行距0.875字(或输入7/8)，行数为22行，再将自动调整边距设置为先修改垂直—底边距，设置页面边距为顶37mm；再设置为“水平—外边距”，设置页面边距为内28mm。

切换到“标记出血设置”，将出血及警戒内空设置为0。在“缺省字属性”中，将中文字体设置为方正仿宋_GBK，英文字体设置为白体，标点类型设置为公文常用的全身，段首缩进设置为2字，空格类型定义为二分空，单击“确定”后，即可生成排版文件的空白版面。

(二) 符号风格设置

事实上，对于符号风格的要求在公文标准中并未涉及，但由于在使用方正英文字体时，会影响到数字的效果，因此我们在排版时也需要特别注意，对于符号风格的设置在“文件”→“工作环境设置”→“文件设置”→“默认排版设置”中，在这里，我们将“符号风格”定义为S92风格。

(三) 页码设置

在页码设置中，单击“更多设置”，将页码的前后缀设置为一字线，这个符号是破折号的一半，可以先在版面中输入后复制到页码设置中，对齐方式选择前后缀对齐，左右页码对称。确定后在主页上出现页码块。

此时添加的页码是与正文相同的三号仿宋字体，按照要求，页码应为四号白体，因此要修改一下页码的格式。页码的修改是和版面上的普通文字不同的，需要将左右页的页码块用拾取工具同时选中，然后在编辑选项卡中修改字体字号。

接下来，需要调整页码的位置。以右页为例，在设置捕捉版心的设置下，将页码块移动到上边与版心下边重合，右边与版心外边一致，在对象选项卡的位置中针对X原有数值的基础上添加减1字，Y原有数值后添加加7mm，就可以达到“页码距版心底边边距为7mm，外边边距为1字”的要求。

(四) 段落样式的定义

接下来，根据各部分文字内容部分的效果，进行各个部分段落样式的定义。

份号、密级和保密期限：可以设置同一个段落样式，即三号方正黑体_GBK，无段首缩进。

发文机关级编号标志，样式中的设置内容是：一号方正小标宋_GBK，红色，居中，段落纵向调整为3行，纵向对齐为居中。

发文日期及版头分割线：设置段落样式为三号方正仿宋_GBK，居中，段落纵向调整为2行，纵向对齐为居中；此外还需设置段落装饰为通栏的下划线，线宽为1mm，红色，离字距离4mm。

正文标题：标题为二号方正小标宋_GBK；正文段落为格式居中；段落纵向调整2行，纵向对齐为居中。

单位落款:设置为三号方正仿宋_GBK,居右,右缩进5.5字。

日期:设置为三号方正仿宋_GBK,居右,右缩进4字。

版记:设置为四号方正仿宋。

通过以上操作,就将公文版面中各个文字内容部分的格式以段落样式的方式设置好了。

(五) 公文元素的排版

排入预先超级好的公文内容的文本,对照效果图,对各部分内容应用相应的段落样式。

版记部分与公文主体不同,它是单独的块。这里是通过表格来实现的排版效果的。首先排入版记后,使用"正文转表格"功能将内容生成2行1列的表格。将表格的宽度调整为版心的宽度,设置上下边线粗细为0.35mm,内线为0.25mm。在单元格属性中将文字内空的左右设置为1字,还需要将这部分内容取消段首缩进。

针对图11-5-5中的折行对齐,可在冒号后用设置对齐标记的方式实现;版记中的日期内容,可执行部分文字居右实现。

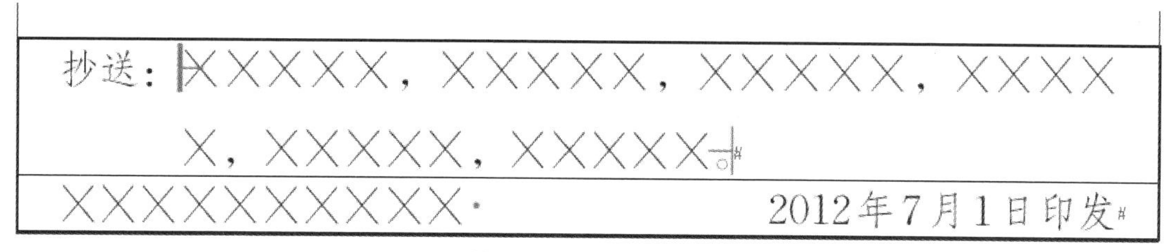

图11-5-5 折行对齐

公文版面中的图章可以用沿线排版功能来模拟一下大致的效果。用圆形工具做一个正圆,调整图元对象为45mm×45mm,设置图元边线的粗细为1mm,用沿线排版工具点在图元上,进行文字录入,将图章文字设置为2号方正小标宋,然后在"编辑沿线排版"里调整文字离线距离,将沿线排版文字设置为撑满,通过拾取工具可以调整沿线排版的起始和终止的位置,最后通过色样窗口可以分别定义线和文字的颜色。

四、操作详解

视频33:任务5操作详解

可以扫描右侧的二维码查看完整的操作视频。

五、排版技巧总结与提升

公文排版的内容其实并不复杂。但版面的格式要求比较严格。对于内容格式用段落样式来规范是最佳的方式。所以在操作讲解中针对每个内容部分都基本设置了样式。希望通过本章的学习,对于版面的参数设置和样式的设置应用加深了解。

实践练习

公文的排版

图 11-5-6 是一个公文版面的样例。请您使用与任务五相似的排版思路和软件操作,结合练习素材,完成这个公文版面的排版。

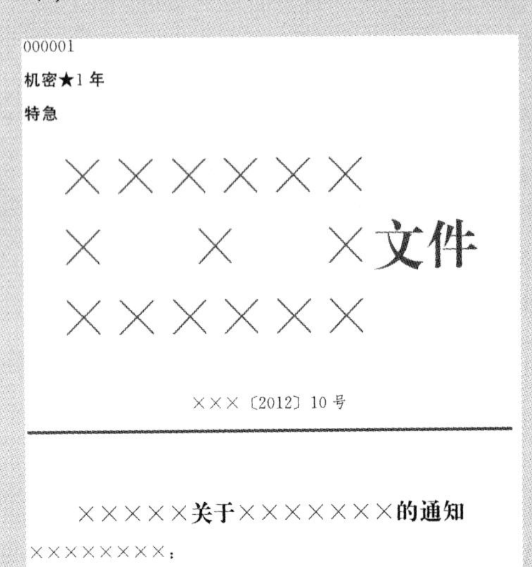

000001

机密★1 年

特急

××××××

× × ×文件

××××××

×××〔2012〕10 号

×××××关于×××××××的通知

××××××××:

××。

××。××××××××××××××××

— 1 —

×××××××××××××××××××××××××××××××××××。

×××××××。×××××××××××××××××××××××××××。

公文公章 ×部 公文公章 ×部

2012 年 7 月 1 日

(×××××)

抄送:×××××,×××××,×××××,×××××,×××××。

××××××××××　2012 年 7 月 1 日印发

— 2 —

图 11-5-6　公文版面样例

参考文献

[1] 国家新闻出版广电总局出版专业资格考试办公室. 全国出版专业技术人员职业资格考试辅导教材:出版专业基础[M]. 2版. 北京:商务印书馆,1962.

[2] 中国标准出版社. 作者编辑常用标准及规范[M]. 北京:中国标准出版社,2019.

[3] 于光宗. 排版与校对规范[M]. 北京:印刷工业出版社,2019.

[4] 国家技术监督局. GB 3102.11—1993 物理科学和技术中使用的数学符号[S]. 北京:中国标准出版社,2019.

[5] 版面与排版基础知识——书籍制作必备. 百度文库, https://wenku.baidu.com/view/6f35eaf07ed184254b35eefdc8d376eeafaa1771.

[6] 版面构成与排版规则. 百度文库, https://wenku.baidu.com/view/7b2d82199989680203d8ce2f0066f5335b8167e2.

[7] 各种图片格式优缺点. 百度文库, https://wenku.baidu.com/view/4bba204e6bdc5022aaea998fcc22bcd127ff426f.